건물공조제어의 이해와 응용

다카하시 다카오(高橋隆勇) 저
송영학 · 이건호 · 이정재 공역

도서출판 세진사

머리말

지구온난화와 기후변화 등의 단어가 더 이상은 새롭지 않은 시대에 살고 있다. 수많은 텍스트와 자료들이 건물에너지 사용량과 이산화탄소 배출량을 줄여야 하는 당위성에 대해 말하고 있지만 구체적인 방법론에 대해 자세히 언급한 적은 드물었다. 이 분야가 건축과 기계의 중간 접점에 있다 보니, 학제적으로 소홀한 부분도 있었다고 생각한다.

건물에 투입되는 에너지의 50～60%가 공조에 사용되고 있으며, 많은 건물들이 공조에너지의 효율을 높이기 위해 자동제어 시스템을 도입하고 있다. 하지만, 제어는 소프트웨어적인 측면이 크므로, 하드웨어적인 장비만 구축한다고 해서 효과적인 운용을 보장받는 것은 아니다. 제어가 이루어지는 원리와 이를 통해 무엇을 얻을 것인가에 대해 구체적인 목적이 있어야만 하기 때문이다.

본서는 이 분야에서 오랜 기간 종사해 온 다카하시 다카오씨가 일본의 Ohmsha 출판사를 통해 발행한 "실용 공조설비의 자동제어"를 한국어판으로 번역한 것이다. 제어에 필요한 건축, 기계, 통신 등 거의 모든 분야를 다루고 있으며, 실용성을 중심으로 작성되었으나 기본적인 면에 있어서도 대단히 충실하다.

이 책이 건물의 에너지와 환경, 특히 공조제어 등을 전공으로 하는 학생과 이 분야 종사자에게 많은 분들에게 도움이 되었으면 한다.

2012. 2
역자 씀

차 례

제2장 폐회로시스템 열원의 제어

일러두기

주요약어

약어	영문	한글
AHU	Air Handling Unit	공기조화기
AI	Analog Input	아날로그 입력
AL	Alarm	경보
AO	Analog output	아날로그 출력
C	Chilled Water	냉수
COP	Coefficient Of Power	에너지 소비효율, 냉동기 성적계수
CC	Chilled Water Coil	냉수 코일
CH	Chilled and Heated Water Coil	냉온수 코일
COND	Condenser	응축기
CPU	Central Processing Unit	중앙처리장치
DA	Direct Action	정동작
DDC	Direct Digital Control	직접 디지털 제어
DHC	District Heating and Cooling	지역 냉난방
DI	Digital Input	디지털 입력
DO	Digital Output	디지털 출력
EA	Exhaust Air	배기
EEPROM	Electrically EPROM	EEPROM
EPROM	Erasable Programmable ROM	EPROM
EVP	Evapolator	증발기
FS오차	Full Scale	풀 스케일 오차
H	Heated Water	온수
HE	Humidity Element	습도 계측기
HEX	Heat Exchanger	열교환기
INT	Inter-lock	인터락
INV	Inverter	인버터
LAN	Local Area Network	구내 통신망
M	Motor Damper Actuator	전동댐퍼 조작기
MC	Main Control	메인 컨트롤러
MD	Motor Damper	전동 댐퍼
MPU	Micro Processing Unit	마이크로 프로세서

OA	Out Air	외기
OR	Of Reading	읽기 오차
OSI	Open Systems Interconnection	개방형 시스템간 상호접속
PC	Personal Computer	퍼스널 컴퓨터
PI	Pulse Input	펄스 입력
PIC	Pressure Indicate Controller	압력지시 조절기
PID	Proportional +Integral+Differential	비례+적분+미분
PV	Process Variable	계측값
RA	Return Air	재사용 공기
RA	Reverse Action	역동작
RAM	Random Access Memory	RAM
RB	Ratio Bias	비례설정기
REF	Refrigerator	냉동기
REF-AR	Absorb Refrigerator	흡수식 냉동기
REF-TR	Turbo Refrigerator	터보 냉동기
RF	Return Fan	환기 팬
RH	Return Hedda	환수 헤더
ROM	Read Only Memory	ROM
RS	Remote Station	리모트 스테이션
SF	Supply Fan	급기 팬
SH	Supply Header	송수 헤더
SHF	Sensible Heat Factor	현열비
SP	Set Point	설정값
ST	Status	On/Off 상태
STRG	Storage	축열조
T	Transformer	트랜스
TCP/IP	Transmission Control Protocol / Internet Protocol	표준통신 네트워크 프로토콜
TE	Temperature Element	온도계측기
TIC	Temperature Indicate Controller	온도지시조절기
V	Valve	자동제어 밸브
VAV	Variable Air Volume	가변풍량 제어
W	Water Humidifier	물 가습기
WU	Warming up	워밍업

제1장 공조기 제어

1.1 블록선도의 표현방식

여기에서는 공조기 블록선도(Block Diagram)를 이용하여 공조기 제어내용을 설명한다. 건물의 공조설비 분야에서는 “DDC(Direct Digital Control) 방식”이 주류를 이루고 있으며, 계장도(Instrumentation Drawing)는 그림1.1과 같이 표현한다. DDC방식에서는 마이크로컴퓨터 프로그램이 제어처리를 하므로 자동제어기기 구성을 보고 해당 제어내용을 파악하기 힘들다.

이를 위해 간단한 안내도가 포함되어 있는 설명란을 제시하는 방식을 주로 사용하는데, 글 작성 시 표현의 개인차가 있으므로 제3자가 오인하는 경우가 발생하기도 한다. 프로그램 전문가 수준에서는 구(舊)MIL규격(미국규격) 등을 본떠 플로차트로 표현하는 경우도 있지만, 일반적으로 자동제어전문가가 아닌 경우에는 이해하기 힘든 부분이 많으므로 블록선도 표현방식을 주로 이용한다.

블록선도는 이전부터 존재하던 플로차트 방식이지만 공조제어의 특징을 알기 쉽게 표현한 것이며 크게 입력부 · DDC처리부 · 출력부로 나뉜다.

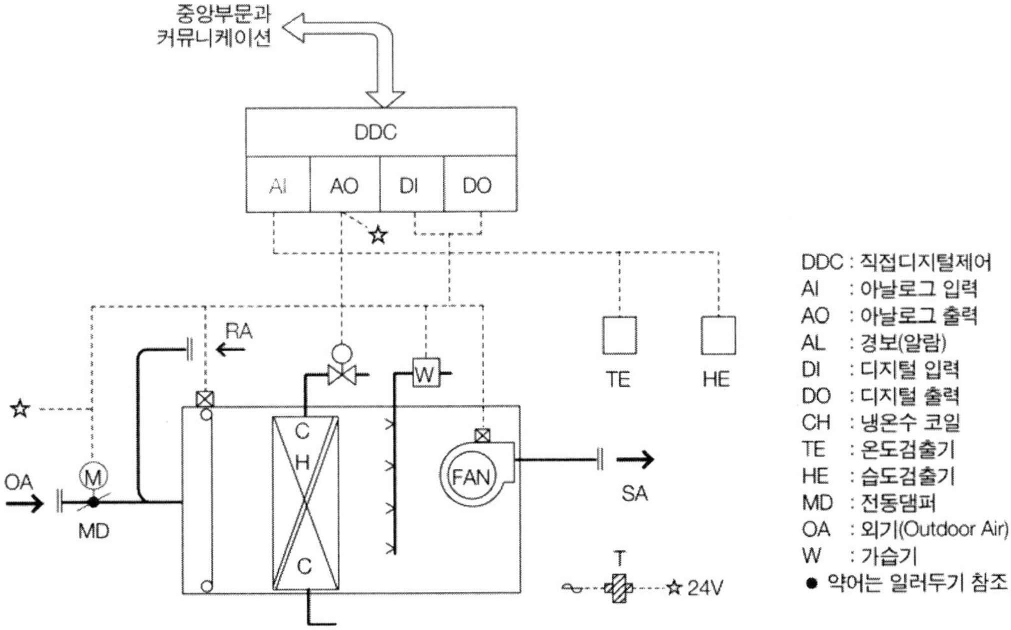

그림1.1 DDC의 계장도

그리고 입력부와 출력부는 중앙감시부와 각 현장으로 나누어 표현한다. DDC 처리부분은 AI(아날로그 입력), PID, 스위치, INT(인터로크), AO(아날로그 출력) 등의 기호를 이용하여 표현한다. 기호에 대한 설명은 공조기 제어 관련 사례를 들어 차차 설명해 나갈 것이다.

1.2 냉방전용방식

냉방전용방식은 전기실, 서버실 등, 냉방부하만이 발생하는 경우에 이용한다.

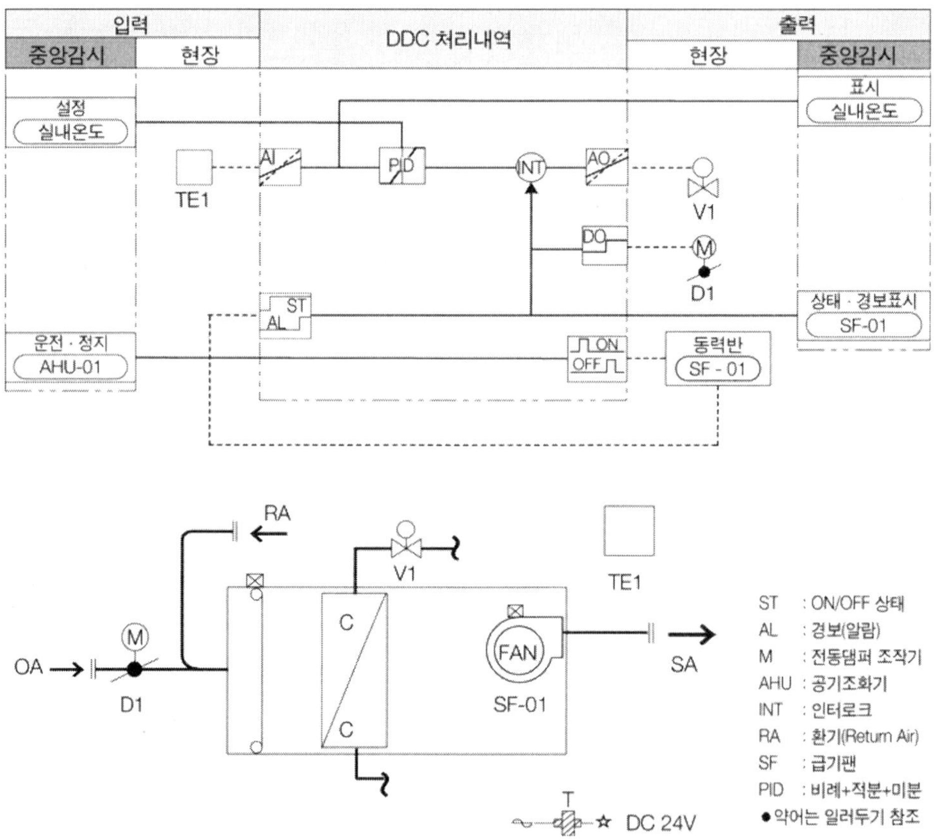

예제그림1.1 냉방전용

1.2.1 아날로그 입력(AI) 모듈(그림1.2)

Pt(백금) 등의 측온저항체나 DC(직류) 4～20mA의 입력부에 이용한다. 그림1.2에서 실선은 센서신호의 범위(Range)가 다양한 것을 나타내며, 점선은 이러한 다양한 신호가 DDC 내부의 로직에서 0～100%의 범위로 취급된다는 것을 의미한다. 이 모듈은 아날로그 → 디지털 변환기능을 가지고 있다.

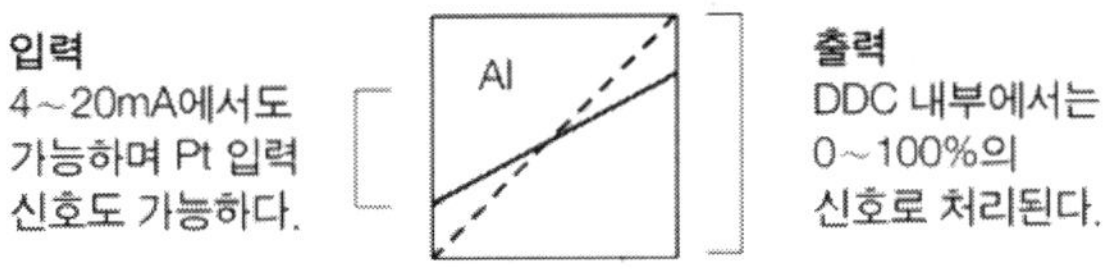

그림1.2 아날로그 입력 모듈

1.2.2 아날로그 출력(AO) 모듈(그림1.3)

전동밸브, 댐퍼 및 인버터 등에 대한 출력부에 이용한다. 점선은 DDC 내부 로직에서 0～100%로 취급되던 것을 4～20mA 및 0～100mV의 신호 등으로 변환하여 출력하는 것을 의미한다.

디지털 → 아날로그 변환기능이 이 모듈에 포함되어 있다. 풀 스팬(Full Span)과 하프 스팬(Half Span)의 차이 및 개폐출력을 포텐셜미터로 피드백 하는 방식 등도 이 표현으로 통일한다(제6장 6항 「자동제어밸브와 댐퍼 조작기」 참조).

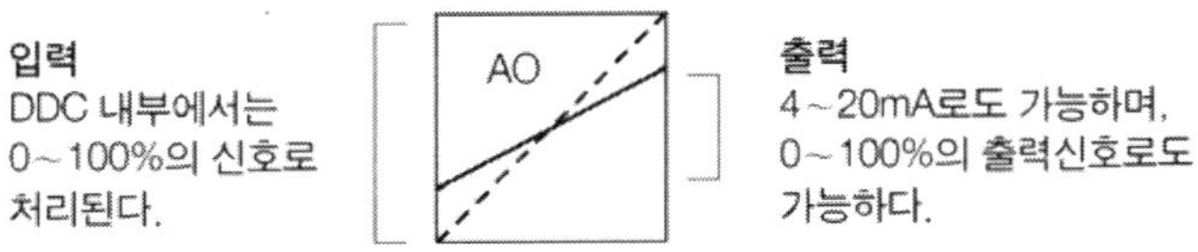

그림1.3 아날로그 출력 모듈

1.2.3 PID 모듈

설정값에 대하여 아날로그 입력신호가 PID 연산되어 출력되는 것을 의미한다.

보통은 그림1.4와 같이 설정값과 입력값을 포함하여 상세하게 나타내야 되지만 공조

시스템 전체의 스토리를 나타내는 것이 목적이므로, 표현상 지극히 당연하다고 여겨지는 부분이나 프로그램 제어자 등 극히 한정된 사람에게만 필요한 부분은 여기서 생략한다 (제5장 「PID제어」 참조).

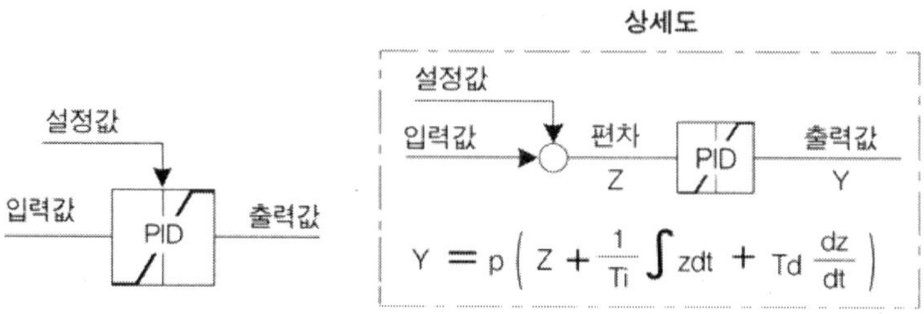

그림1.4 PID모듈

1.2.4 동력의 운전 · 정지 상태, 고장(DI, DO)

동력의 운전 · 정지 출력과 해당 상태의 고장입력은 일반적으로 그림1.5(c)의 회로도와 같이 표현한다. 일반적으로 CX/TX방식 동력의 운전 · 정지라고 하는데, 100～500 msec 정도의 펄스에서 CX 또는 TX를 동작시킨다. 그리고 자동홀딩은 동력반 등의 로컬측에서 담당한다.

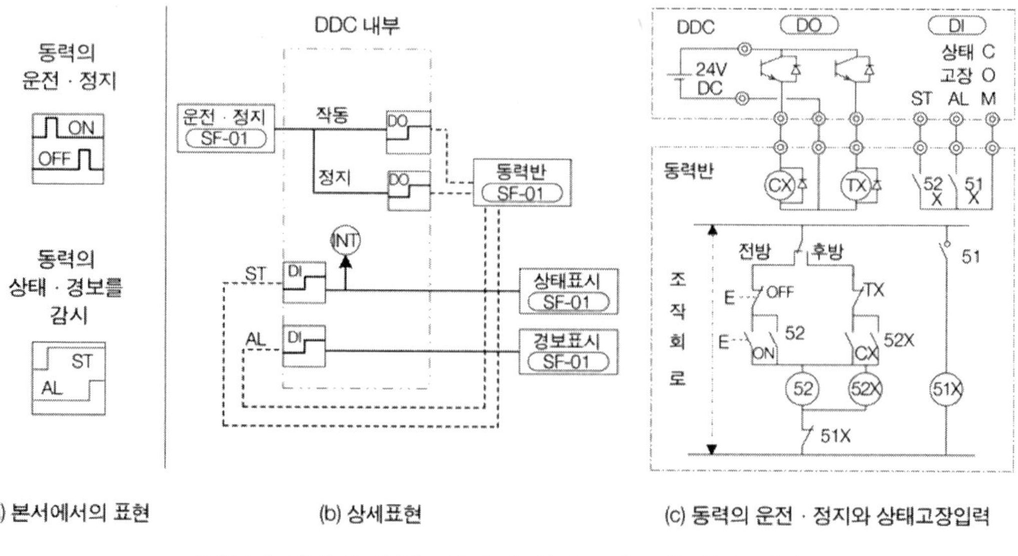

그림1.5 동력의 운전 · 정지와 상태 · 경보에 대한 감시

이 방식은 운전 시에 연속접점 출력으로 하는 방식에 비해 입출력점 수도 많고 복잡하지만, 정전 후 다시 전원이 복귀될 때 건물 내의 동력이 일제히 시동되어 전류차단기(Breaker)가 트립(Trip)되는 사고를 막는다는 의미에서 중요한 방식이다. 원래는 그림1.5(b)에서 상세하게 표현한 바와 같이 DO, DI 모듈을 이용해서 나타내야 하지만, 이것은 지극히 당연한 표현이며 사용되는 빈도도 높기 때문에 그림1.5(a)와 같이 단순하게 표현한다.

1.2.5 인터로크와 2입력전환스위치

"인터로크"는 DDC내부 동력기기의 정지신호로 밸브 및 댐퍼에 인터로크를 걸 때 이용한다. 보통은 그림1.6(b)의 2입력 전환모듈을 이용하여 송풍기 등의 동력이 운전되고 있을 때만 입력값을 출력하고 동력 정지 시에는 완전차단 신호를 선택해야 하지만, 자주 사용되는 제어인데다 반복적으로 등장하는 모듈이므로 그림1.6(a)과 같이 간략히 표현한다.

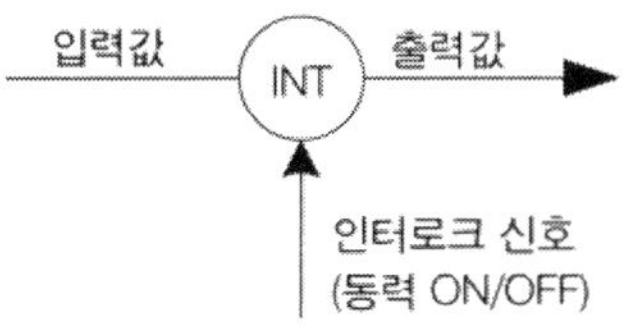

(a) 본서에서의 표현방법

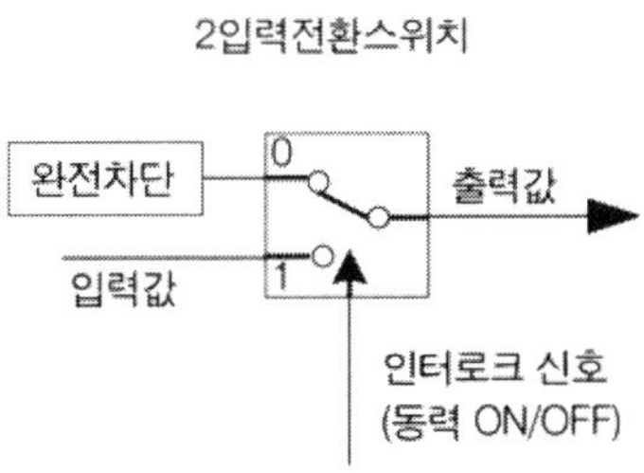

(b) 2입력전환스위치를 이용한 인터로크 표현

그림1.6 인터로크와 2입력전환스위치

1.2.6 배선 접속과 비접속, 선의 종류에 대한 표현(그림1.7)

배선 분기시의 방식으로 표현할 때는 접속되어 있는 것을 의미하며 교차되는 방식으로 표현할 때는 접속되어 있지 않음을 의미한다.

실선은 DDC 내부의 연결을 나타내며 점선은 DDC와 동력반 및 밸브와 센서 등의 계장기기의 외부신호 배선을 뜻한다. DDC의 경계 및 밸브 동작에 대한 안내사항(Guidance)을 식별하는 선은 2점쇄선을 이용한다.

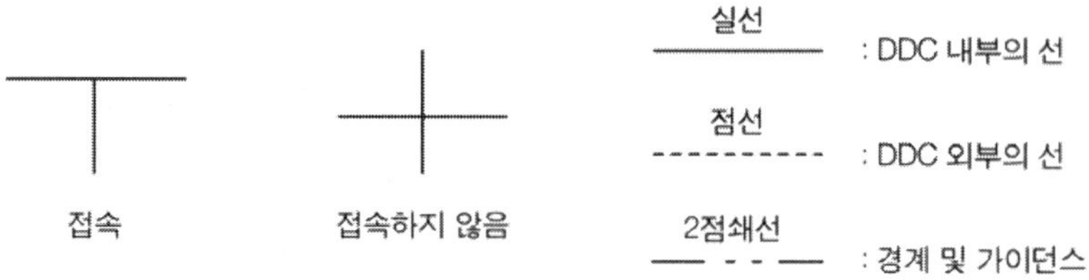

그림1.7 배선의 접속과 비접속 및 표시선의 종류

1.3 냉난방전환방식(예제그림2)

2관 1코일 방식으로 계절에 따라 냉난방 전환을 제어하는 경우이며 운전ㆍ정지, 인터로크는 냉방전용과 동일하다. 온도제어는 냉수와 온수 중 어느 쪽이 공급되고 있는가에 의해 중앙감시반에서 수동으로 전환을 조작한다.

1.3.1 냉난방전환출력과 역전릴레이(역전계전기)

2관 1코일 공조시스템의 냉난방전환모듈로 이용하며 냉방 및 난방요구에 따라 출력이 전환되는 것을 뜻한다. 엄밀하게는 그림1.8과 같이 전환스위치와 역전릴레이모듈(INV)을 사용하여 표현해야 하지만, 실제로는 간략한 표현이 주로 사용된다.

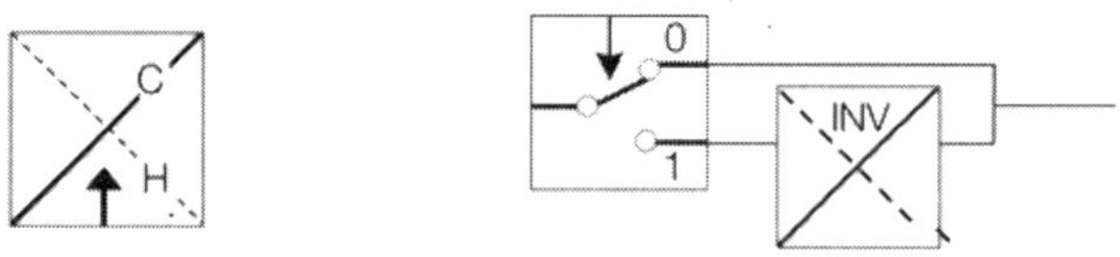

(a) 본서에서의 표현　　(b) 전환스위치와 역전릴레이를 이용한 표현

그림1.8 냉난방전환

역전릴레이는 0～100%의 입력신호를 100～0% 신호로 역전하여 출력하는 것이다. 예를 들어 입력이 30%라면 출력은 70%가 된다.

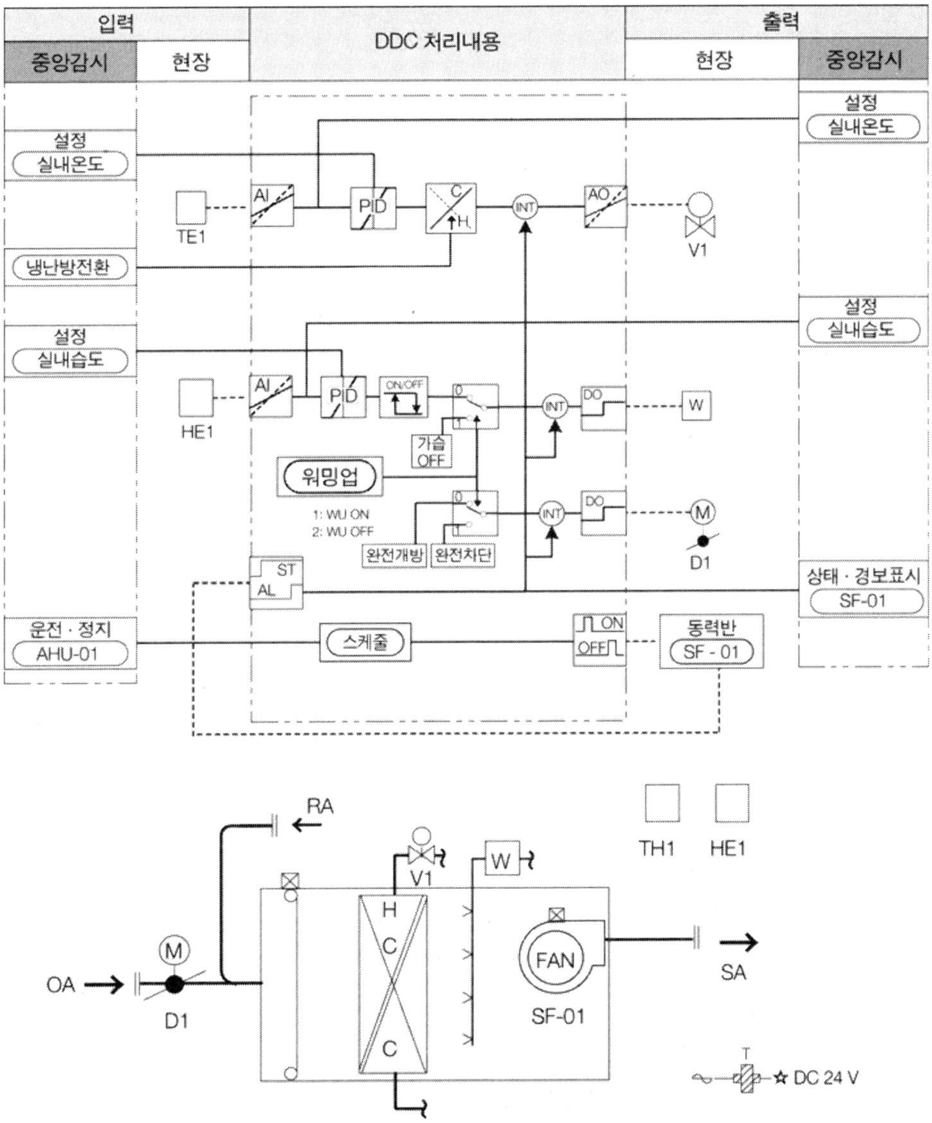

예제그림2 냉난방전환

1.3.2 일정(Schedule)

공조기 등의 주간 운전일정을 DDC 내에 저장하고 있는 경우 등에 이용한다. 공조용 DDC에서는 그림1.9와 같이 일주일분의 마스터스케줄(Master Schedule)을 보관하고 있는 경우가 많으므로 이러한 내용이 표현된다.

스케줄
운전 · 정지모듈

마스터스케줄							
	일	월	화	수	목	금	토
운전1							
정지2							
운전1							
정지2							

그림1.9 스케줄 운전 · 정지 모듈

1.3.3 워밍업

공조기가 시동되어 정상운전에 이르기까지의 운전을 워밍업(Warming Up, 냉방 시에는 쿨링다운(Cooling Down)이지만 일반적으로 워밍업으로 통일하여 부른다)이라하며 이는 특별한 처리를 하는 경우의 기호이다.

일반적으로 거주자가 없는 시간대에 워밍업을 실시하며 외기(Outdoor Air) 유입과 가습을 금지한다(그림1.10).

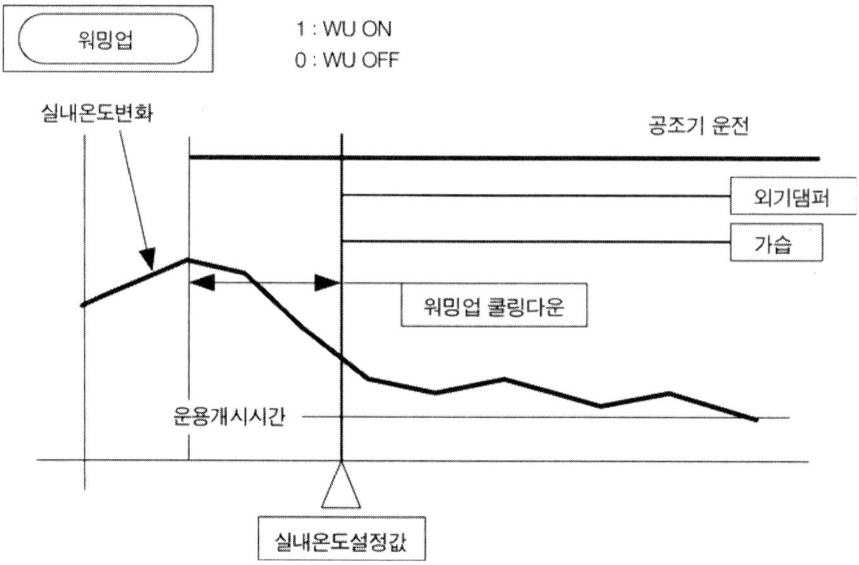

그림1.10 워밍업 모듈

1.3.4 실내습도 제어

온도제어와 마찬가지로 PID처리된 아날로그 신호는 ON/OFF 신호로 변환되어 가습밸브로 출력된다. 일반적으로 가습은 ON/OFF 방식으로 하는 경우가 많으므로 출력형식 역시 ON/OFF 신호가 된다(그림1.11).

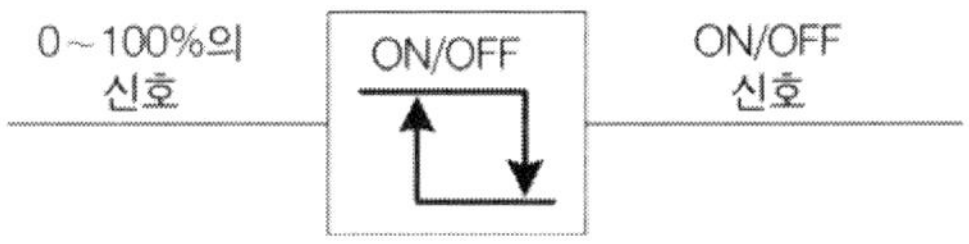

그림1.11 아날로그→ON/OFF 변환

1.3.5 중앙감시반의 입출력 표현(그림1.12)

(1) 설 정

온도 및 습도 등의 아날로그설정 항목을 표현한다.

(2) 운전 · 정지

공조기 등의 동력 운전 · 정지 출력을 나타낸다.

(3) 표 시

중앙감시반의 CRT에 그래프화면(영상) 및 경보일람표 등의 형태로 표현되는 것을 나타낸다.

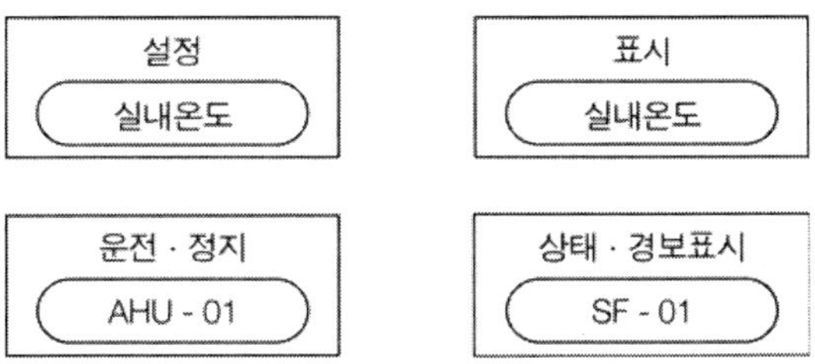

그림1.12 중앙감시반의 입출력 표현

1.4 외기냉방 미적용 2코일 방식(예제그림3)

냉수와 온수가 항상 공급되는 4관식 방식은 실내의 냉방 및 난방 열부하 모두에 대하여 항상 대응할 수 있다.

1.4.1 온도제어

온수제어밸브와 냉수제어밸브에 대한 신호출력을 그림1.13(a)와 같이 구성하여 실내온도 설정값에 대해 실내온도가 A점에 있을 경우에는 냉수제어밸브를 필요한 만큼 열어서 대응한다. 이처럼 온도제어출력신호로 변환하는 방법으로, 그림1.13(a)와 같이 온도계측 신호와 설정 신호를 PID모듈에 입력한 다음 냉수제어밸브와 온수제어밸브의 출력신호를 결정한다.

Ratio Bias Module(RB = 신호의 기울기와 바이어스값을 변화시킴)을 삽입하여 PID출력 0~40%에 대해 온수제어밸브 출력은 0~100%, PID출력 60~100%에 대해 냉수제어밸브 출력은 0~100%가 되는 신호를 분할하는 방법이 기존 계장기기에서 사용되었던 방법이다.

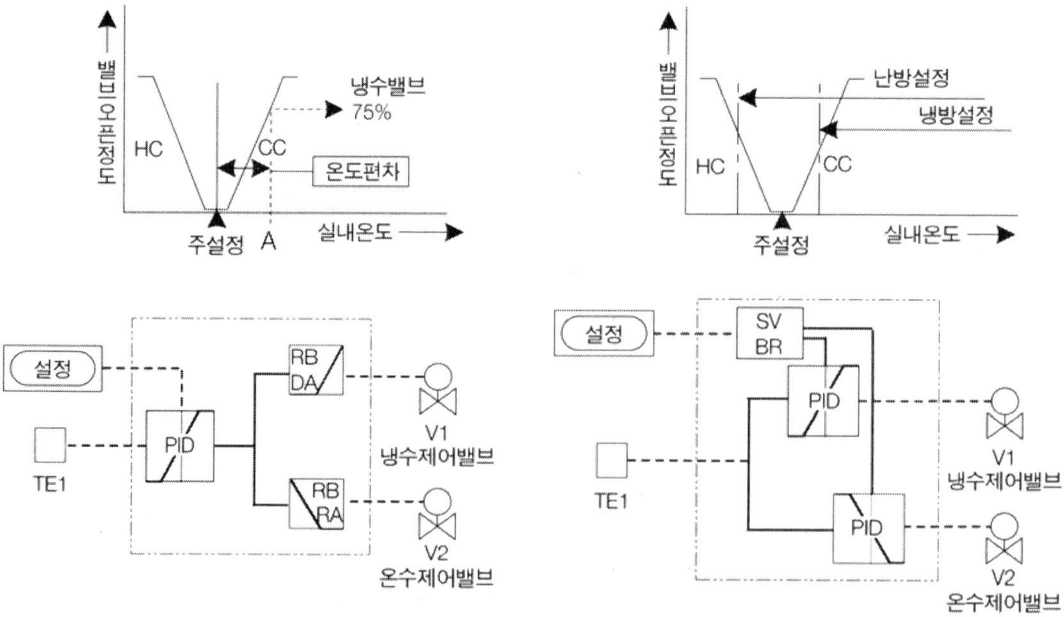

(a) Ratio Bias 표현

(b) 복수 개수로 PID 표현

그림1.13 PID 제어출력 표현

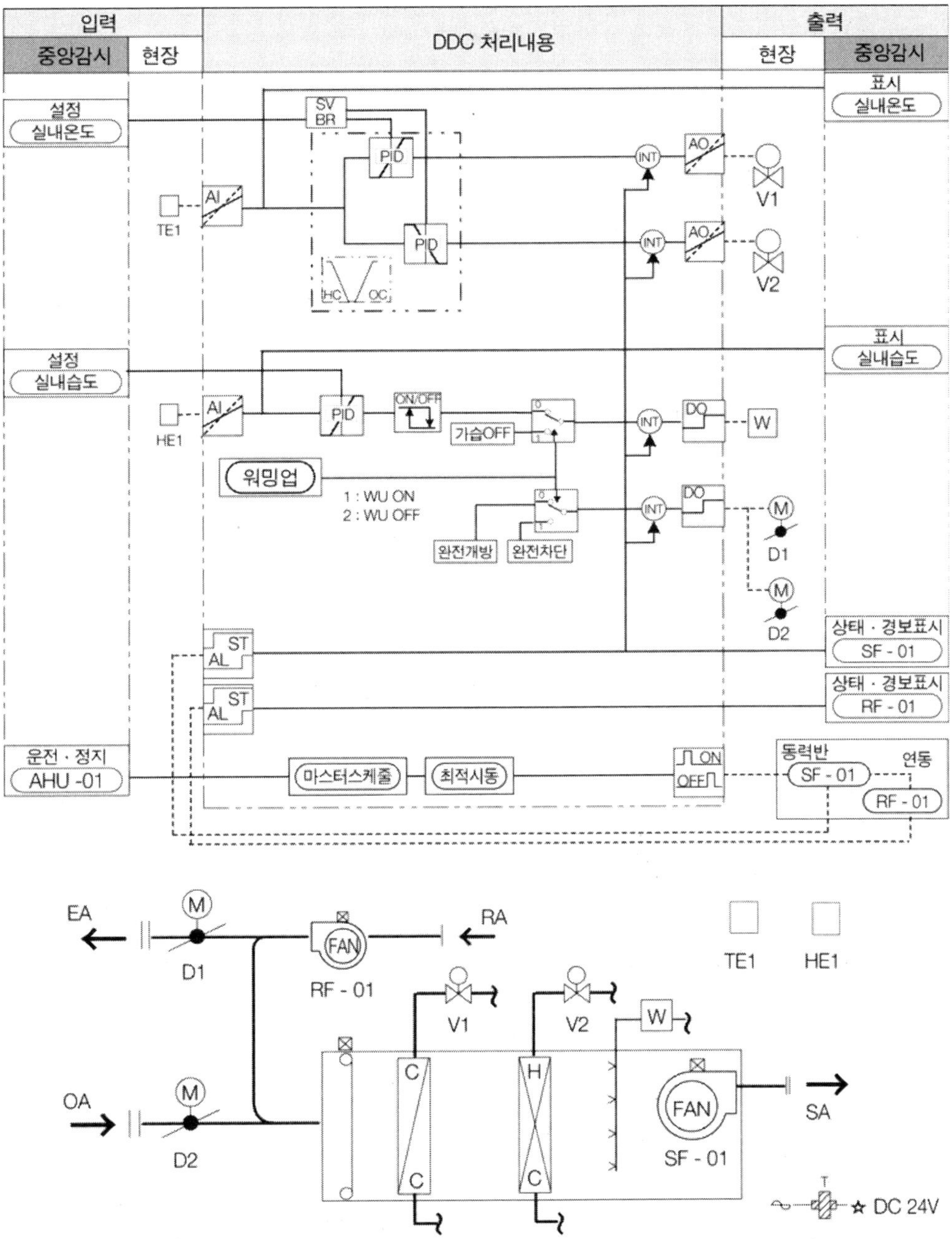

예제그림3 외기냉방이 없는 2코일 방식

하지만 일반적인 DDC에서는 그림1.13(b)와 같이 냉수, 온수 각각에 PID모듈을 연결하여 냉온수 설정값에 차이를 부과하는 SV_BR를 통해 그림1.13(a)와 동일한 결과를 얻는 방법을 많이 이용한다. 이 책에서는 로직 표현의 편의상 SV_BR이라는 모듈이 존재하는 것처럼 표현하였지만 실제로는 파라미터 설정을 조금 변경하는 정도로 이러한 기능이 가능하다.

1.4.2 SF와 RF의 연동(그림1.14)

송풍기를 급기팬(SF)과 환기팬(RF)으로 분할하는 시스템에서는 동력전원과 동일한 레벨로 연동제어를 실시한다. 연동은 컴퓨터로 할 수도 있지만 컴퓨터가 다운되었을 때에도 로컬운전을 통해 최소한의 대응을 할 수 있도록 하거나, 시운전 시의 편의를 도모하기 위해 동력반 레벨로 연동하는 편이 낫다.

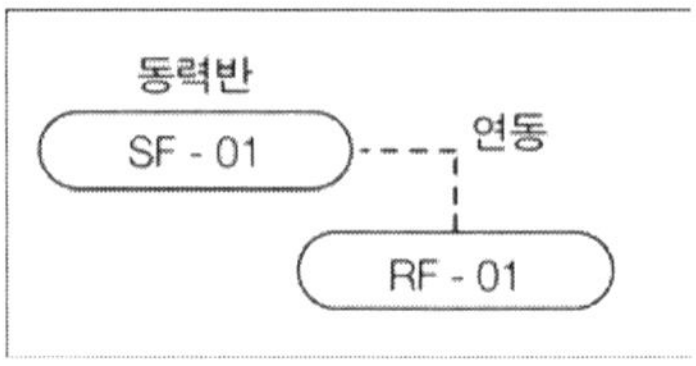

그림1.14 SF와 RF의 연동

1.4.3 최적시동(그림1.15)

그림1.10에서 언급한 워밍업시간에 학습요소를 부가시켜 자동 계산으로 적절한 워밍업 시간을 조정하는 제어가 "최적시동제어"이다. 금일의 운전실적을 가지고 목표온도에 도달하는데 걸리는 시간을 기억한 뒤 다음 날의 공조기 시동시간을 예측한다.

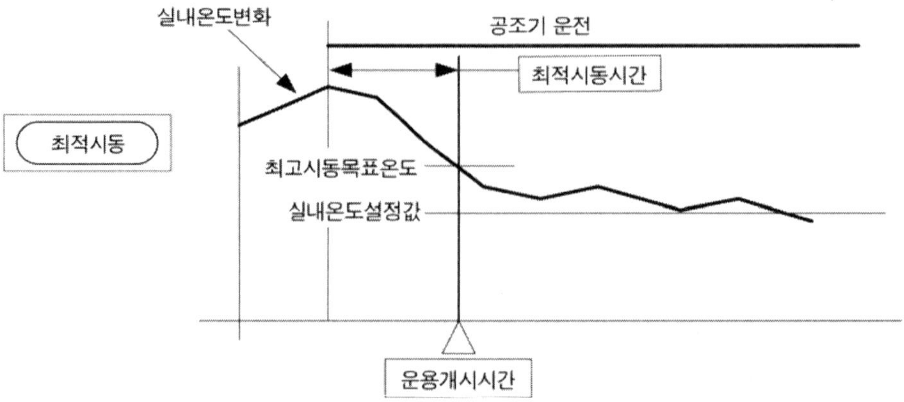

그림1.15 최적시동 모듈

1.5 외기냉방

외기냉방의 기본은 주로 중간기(봄, 가을)에 창문을 열어서 실내를 시원하게 하는 것으로 생각하면 된다. 주택에서는 대개 이러한 방식을 취하지만 빌딩의 경우에는 상황이 달라진다. 빌딩에서 창문을 여는 행위는 비행기에서 창문을 열어 공기를 밖으로 날려 보내는 것과 같다. 따라서 공조기를 사용하여 기계환기를 시키는 외기냉방 방식을 고려해야 한다. 외기냉방은 봄ㆍ가을의 중간기에 주로 이루어지나 여름철에 냉수 부하를 줄이고 겨울철에는 2관식 공조방식으로도 4관 2코일 방식의 역할을 하기도 한다. 하지만 외기 도입하는 방식이 제대로 이루어지지 않으면 실내 온열감각이 불쾌해지거나 에너지가 오히려 낭비되기도 하므로 충분한 검토 후에 실시되어야 한다.

1.5.1 냉방용 외기도입 조건

(1) 전체 외기 도입

그림1.16과 같은 경우는 외기 조건이 냉방열원으로 적합할 때이며 냉수 및 가열용 열원이 필요하지 않다. 하지만 이러한 조건이 장시간 유지되는 것이 아니므로 OA 및 EA댐퍼와 RA댐퍼를 역동작시켜서 실내온도 유지를 위한 제어를 한다.

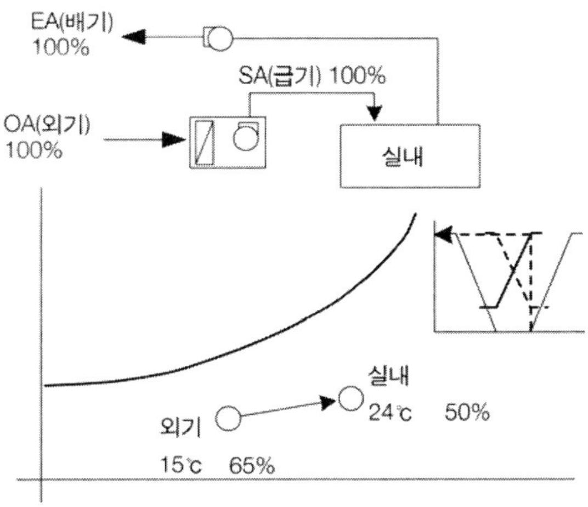

그림1.16 전체외기 도입 시의 공기선도

(2) 외기 일부도입①

그림1.17의 경우는 외기온도 조건이 낮아 약간의 외기만으로도 실내냉방 부하에 대응할 수 있을 때이다. 각 댐퍼(OA 및 EA와 RA)의 개도(開度, open)는 추측값을 사용한다. 이해의 편의를 위해 가습에 대한 설명은 생략하지만, 이 경우 댐퍼제어는 실내 실내온도를 기준으로 조절되며 실내 상대습도는 온도에 따라 변한다.

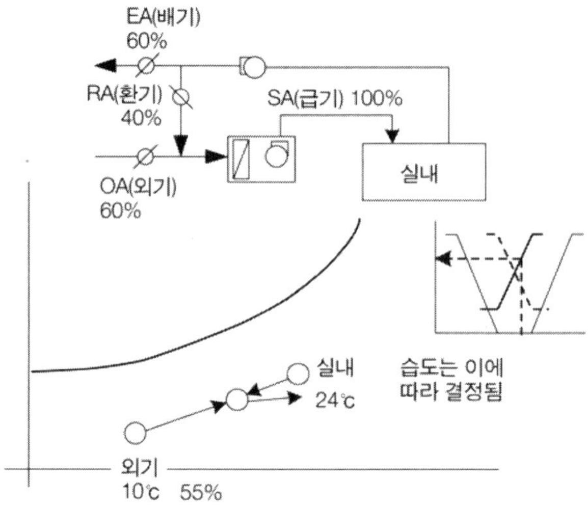

그림1.17 외기를 일부 도입하였을 때의 공기선도①

(3) 외기 일부도입②

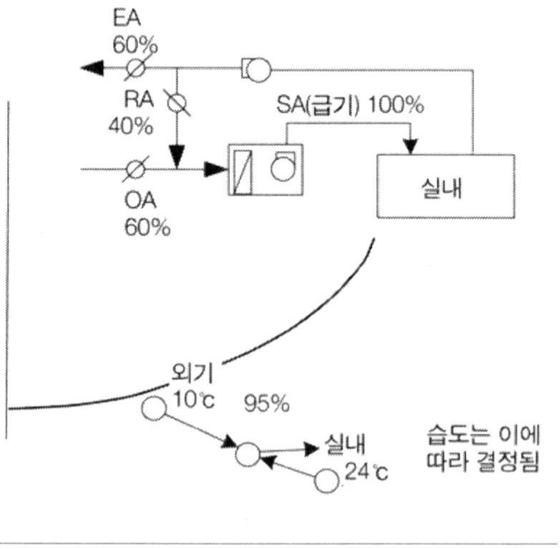

그림1.18 외기를 일부 도입하였을 때의 공기선도②

그림1.18의 경우, 외기온도는 외기냉방 조건에 맞지만 습도가 높은 상황이다. 실내온도조건은 만족시킬 수 있지만 습도를 제어하지 않으면 곧바로 상승해 버릴 우려가 있다.

이런 조건에서는 외기냉방이 적합하지 않다. 외기를 도입할 것인가에 대한 판단을 할 때는 건구온도뿐만 아니라 절대습도 또는 이슬점온도도 고려해야 한다.

(4) 외기댐퍼와 냉수코일의 병행이용

외기를 도입하더라도 냉방부하가 많을 때에는 냉수코일과 함께 이용한다. 외기를 도입하면 공기조건은 좋아지지만 100% 외기를 도입하더라도 실내부하를 모두 감당 할 만큼의 외기조건이 아닐 때에는 그림1.19와 같이 전체외기를 도입한 다음 냉수제어밸브를 열어 실내온도 조건을 만족시킨다.

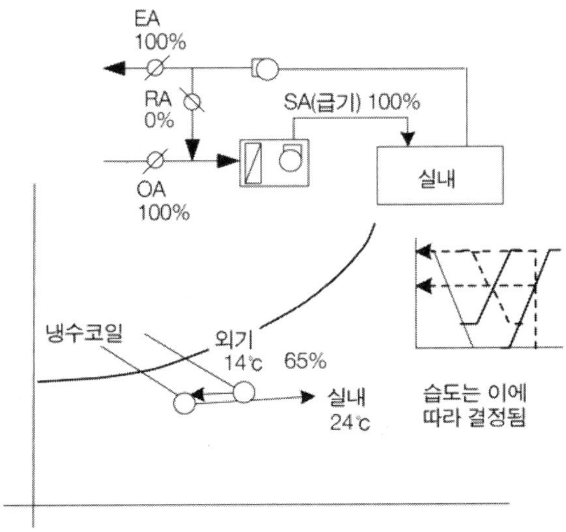

그림1.19 전체외기 + 냉수코일의 공기선도

(5) 난방시기의 외기냉방

겨울철에 난방으로 운전할 경우, 아침에는 난방 부하가 걸리지만 낮이 되면 냉방을 필요로 하는 경우가 자주 발생한다. 특히 고층건물 같이 기밀성이 높은 건물에서는 이러한 경향이 강하다. 난방운전 시간에 외기냉방을 필요로 하는 상태의 공기선도(Psychrometric Chart)는 그림1.20과 같으며 그림1.17과 비교 시, 수치는 다르지만 동일한 형태를 보인다.

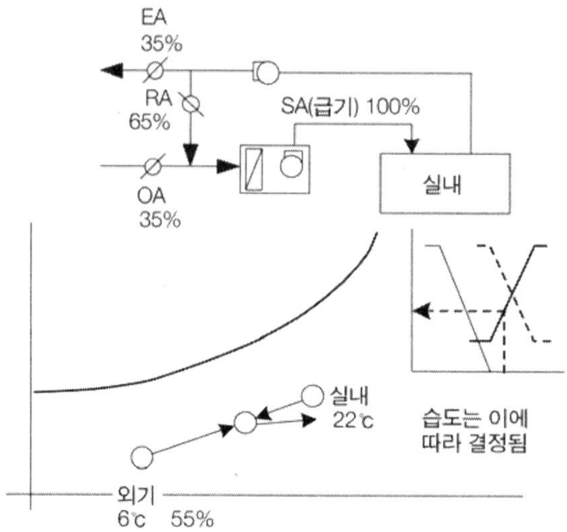

그림1.20 난방 시 외기냉방의 공기선도

(6) 외기냉방에 적합한 외기의 조건

상기의 조건을 모두 고려하여 적절한 외기냉방을 하기 위해서는 외기가 어떤 상태일 때 외기냉방을 실시해야 하는가? 다음은 각 경계값의 의미이다.

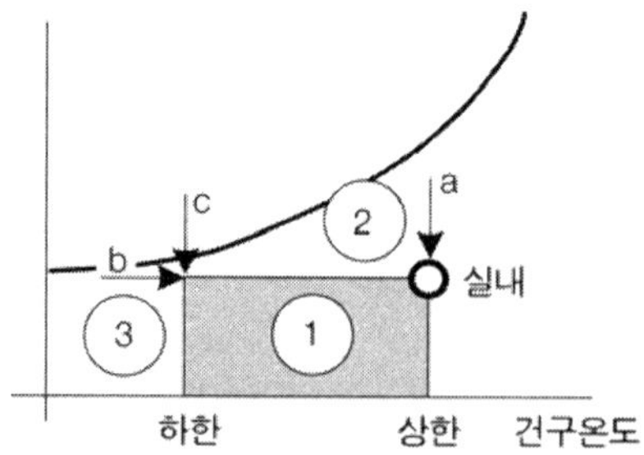

그림1.21 외기를 도입하는 영역

a. 건구(乾球)온도 상한 : 실내설정온도와 같거나 또는 다소 낮을 정도로 세팅한다.
b. 이슬점온도(절대습도) : 이슬점온도가 높은 공기를 도입하면 실내 습도가 상승한다.
c. 건구온도 하한 : 온도조건만 고려하면 건구온도의 하한 조건은 없지만 이 상태의 공기를 도입하면 가습능력이 부족해져 실내습도가 낮아진다.

이러한 조건으로 그림1.21을 수정하면 ①의 범위가 외기냉방에 적합한 공기도입 범위가 된다. ②는 습기가 높아 실내습도를 상승시키는 요인이 된다. ③의 경우, 온도는 만족하지만 가습이 필요한 영역이다.

1.5.2 외기 댐퍼 출력

외기댐퍼 출력의 로직은 그림1.22(a)와 같이 외기 유입댐퍼(D1)와 배기댐퍼(D3)를 대상으로 역전릴레이(INV)를 환기댐퍼(D2)에 연결하는 것이라 볼 수 있으며, 실제 동작 전환(역전)은 배선 연결로 구성할 수 있으므로 그림1.22(b)와 같은 방식을 취하는 경우가 많다.

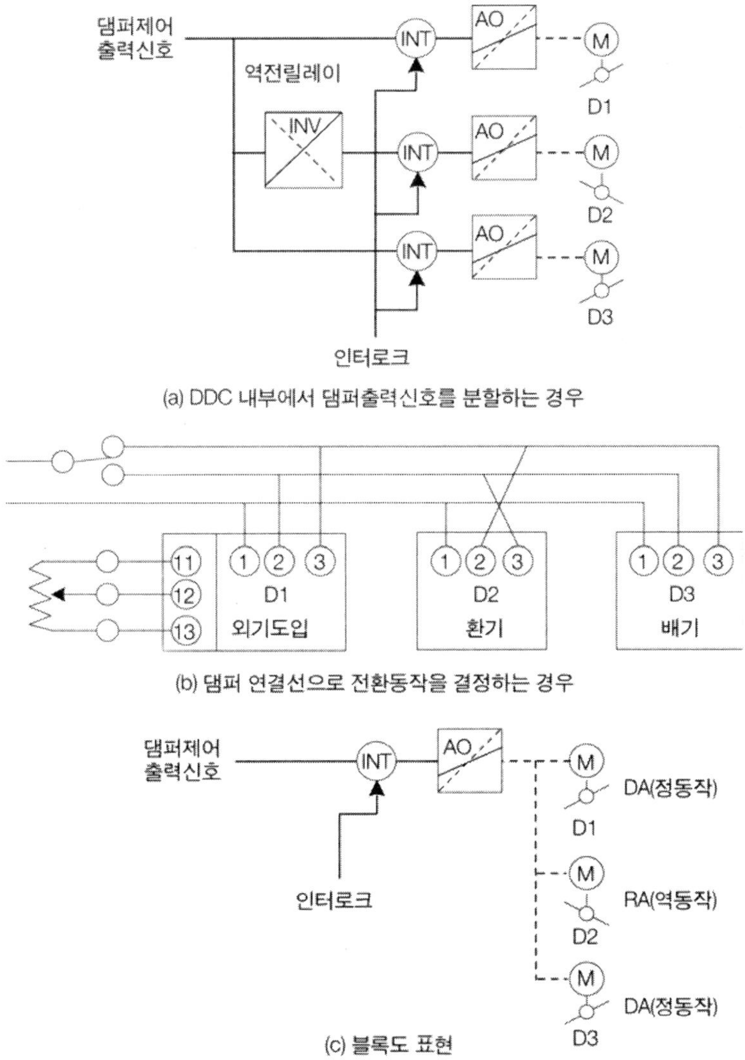

(a) DDC 내부에서 댐퍼출력신호를 분할하는 경우

(b) 댐퍼 연결선으로 전환동작을 결정하는 경우

(c) 블록도 표현

그림1.22 댐퍼출력신호

따라서 본 블록선도에서는 최종적으로 그림1.22(c)와 같은 표현방식으로 통일하고 댐퍼부에 DA(Direct Action, 정동작)과 RA(Reverse Action, 역동작) 표시를 하는 것으로 한다.

1.5.3 외기냉방의 블록선도

예제그림4는 외기냉방을 포함한 공조기 제어 블록선도를 나타낸 것이다.

(1) 외기냉방판단 DDC모듈

외기냉방에 적합한 외기조건(1장 5.1)에서 제시한 각종 설정은 이 모듈을 사용한다. 그림1.23과 같이 외기냉방판단에 필요한 온습도 계측값은 신호전송선을 통해 입력되며 절대습도 및 이슬점온도를 계산한다. 실내온습도 역시 동일한 계산을 행한다.

DDC모듈은 상기의 데이터에 건구(乾球)온도 상한값 및 하한값을 도입하여 외기냉방이 가능한지 여부를 판단하는 모듈이다. 외기냉방가능은 "1"로, 불가능은 "0"으로 출력된다.

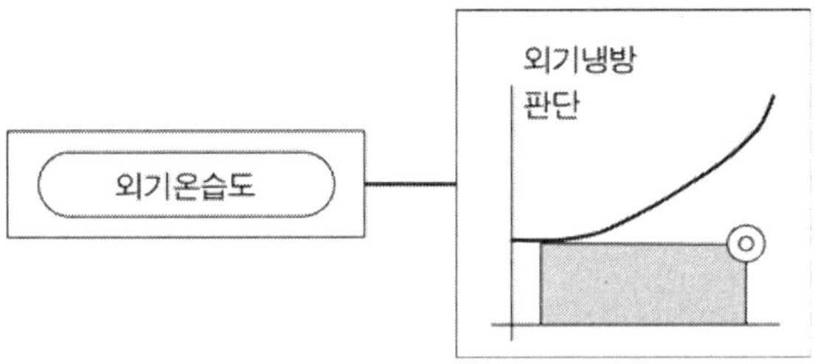

그림1.23 외기냉방판단 모듈

(2) 제어밸브와 댐퍼의 조합

그림1.24와 같이 일반적인 공조 운전 시에는 온수제어밸브, 냉수제어밸브의 신호 사이에 댐퍼를 결합하여 제어한다(OA 및 EA = 정동작, RA = 역동작). 이때 외기댐퍼는 실내 환경 유지를 위해 최소한의 오픈으로 설정한다.

일정한 실내온도를 유지하기 위해서 제어밸브 및 댐퍼와 같이 서로 다른 시간 정수(Time Constant)를 이용하는 제어를 할 경우, 각각에 PID(비례, 적분, 미분제어) 모듈을 구성할 수 있으며, 이 때 P(Proportion, 비례) 및 I(Integral, 적분) 값은 상당한 영향력을 발휘한다.

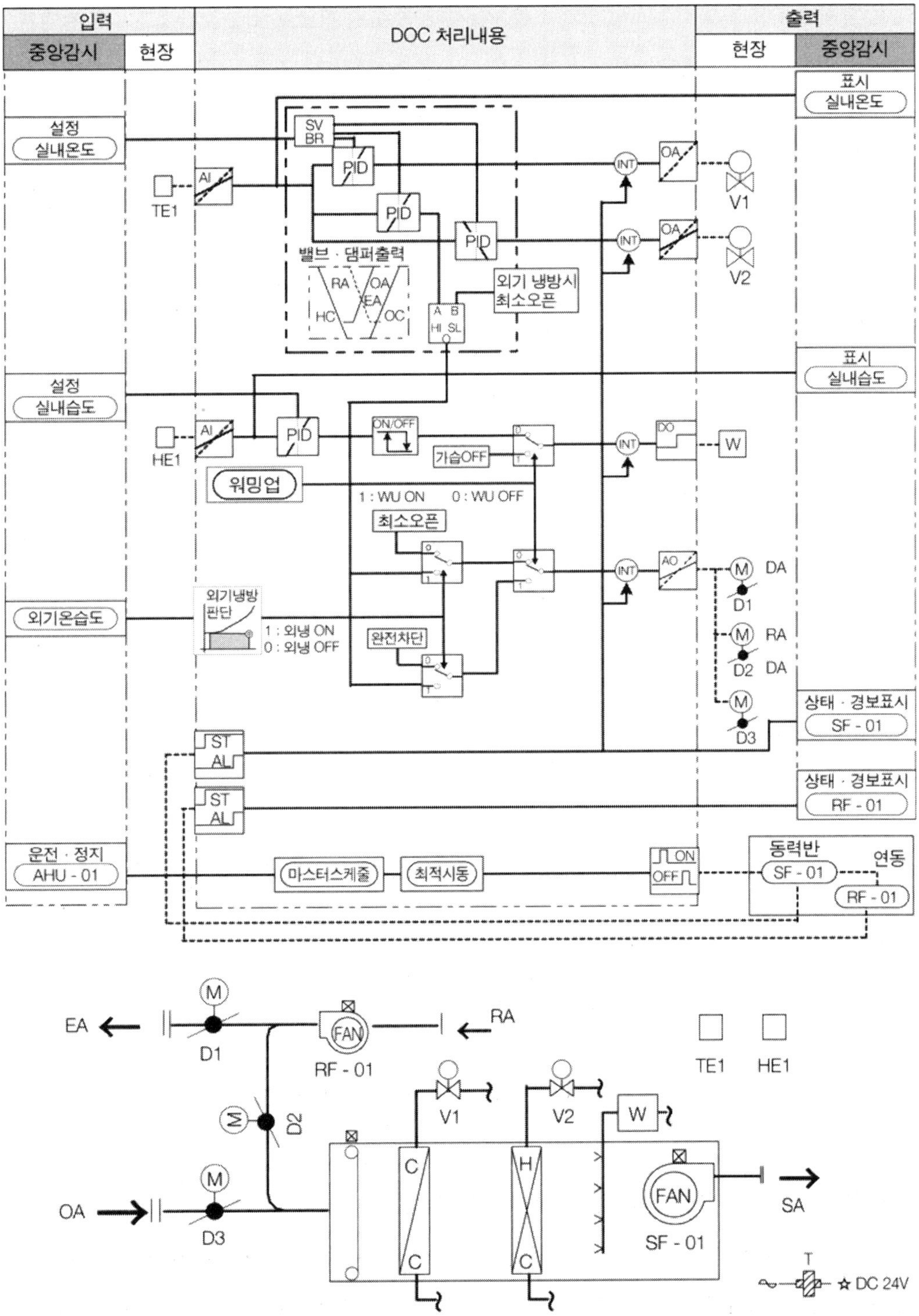

예제그림4 외기냉방 2코일 방식

DDC에서 PID모듈과 같은 연산기능은 간단히 수정할 수 있지만 설정값을 잘못 입력하면 냉수제어밸브와 온수제어밸브 양쪽 모두가 열려 균형이 이루어지는 것도 이론상으로는 가능하다. 따라서 그림1.24(a)의 DDC로직, 제어밸브, 제어댐퍼에 대한 특성을 충분히 이해한 다음 설정해야 한다.

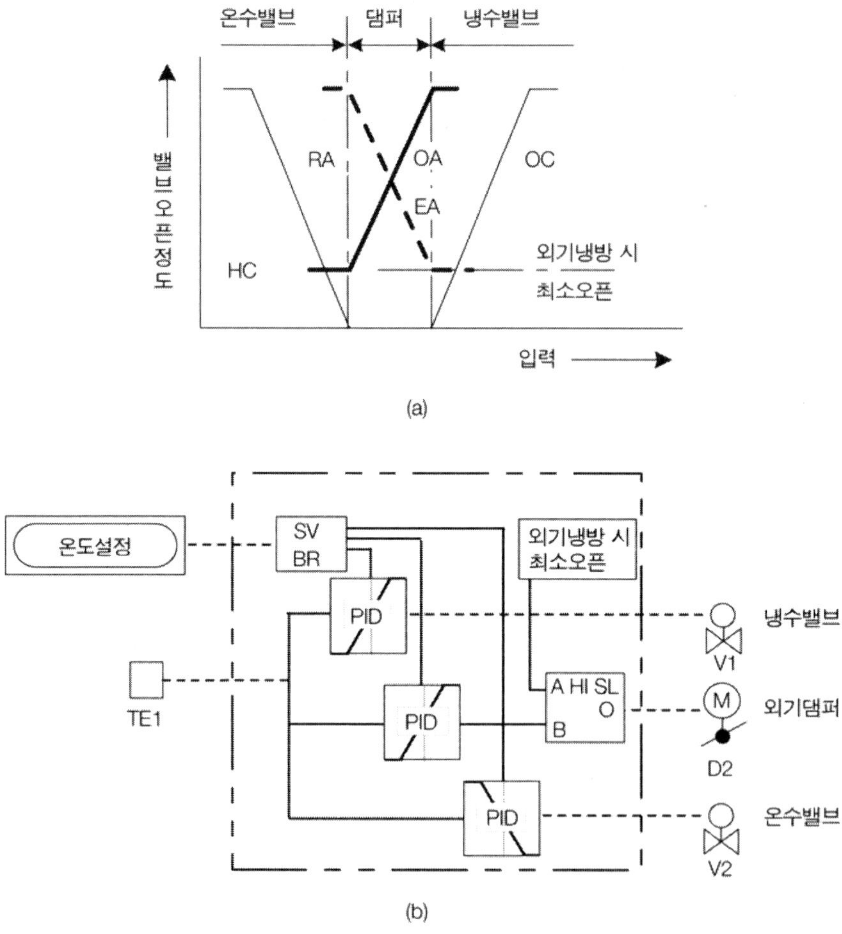

그림1.24 외기냉방 시의 밸브와 댐퍼출력

(3) 정상 운전과 워밍업 운전 시의 외기냉방

그림1.25는 정상운전 시와 마찬가지로 워밍업을 하는 동안에도 외기냉방이 가능할 때 외기를 도입하는 회로이다. 외기냉방이 불가능할 때, 워밍업은 외기댐퍼를 완전차단(全閉)으로 하고, 평소에는 최소 오픈으로 한다.

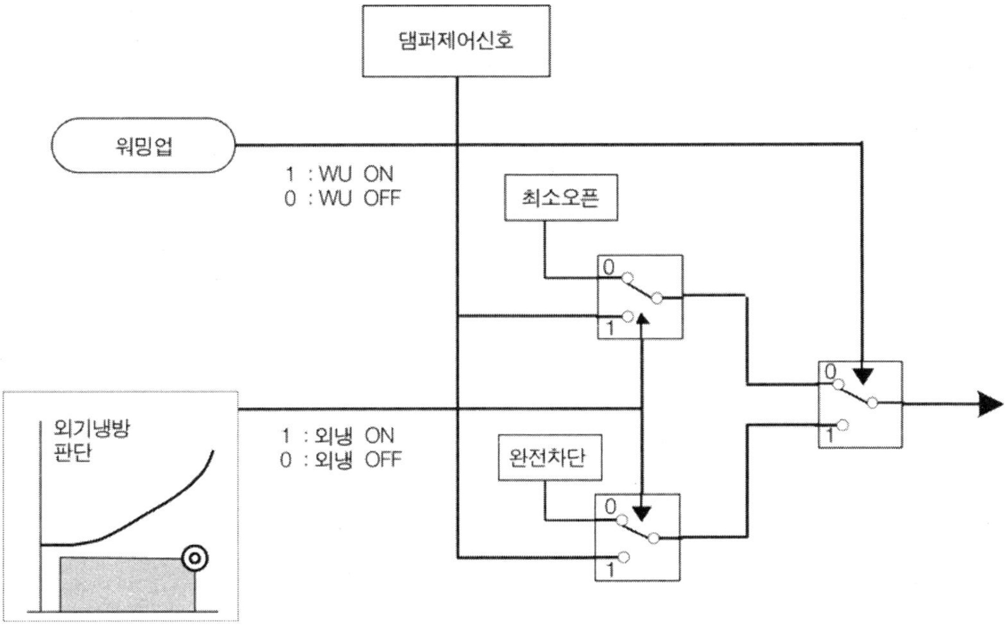

그림1.25 워밍업을 고려한 외기냉방

1.5.4 외기냉방 + CO_2제어 블록선도

예제그림5는 외기냉방에 CO_2제어를 추가하여 에너지절감 효율을 향상시키는 시스템의 블록선도를 나타낸 것이다.

그림1.26과 같이 온도제어에서 나온 신호와 CO_2제어에서 나온 신호 중에서 큰 값을 외기댐퍼로 보낸다. 건축 관련법에서는 CO_2에 대한 실내 환경 기준값을 1,000ppm으로 정하고 있다. 한편, 공조계획단계에서는 1인당 필요 외기량을 20m^3/h 이상으로 설계하는 경우가 많기 때문에 일반적으로는 700ppm 정도로 설정되더라도 공기환경이 그다지 나쁘지 않는 한 이 조건은 만족된다.

따라서 일반적인 외기냉방제어가 요구되는 조건 하에서는 CO_2 신호로 외기댐퍼가 동작하지는 않는다. CO_2제어 효과가 발휘되는 시점은 오히려 냉난방기 때 최소 외기량으로 운전하는 경우이다. CO_2를 제어하여 최소 외기량을 도입하는 것은 에너지절감 관점에서도 효과적인 수단이다.

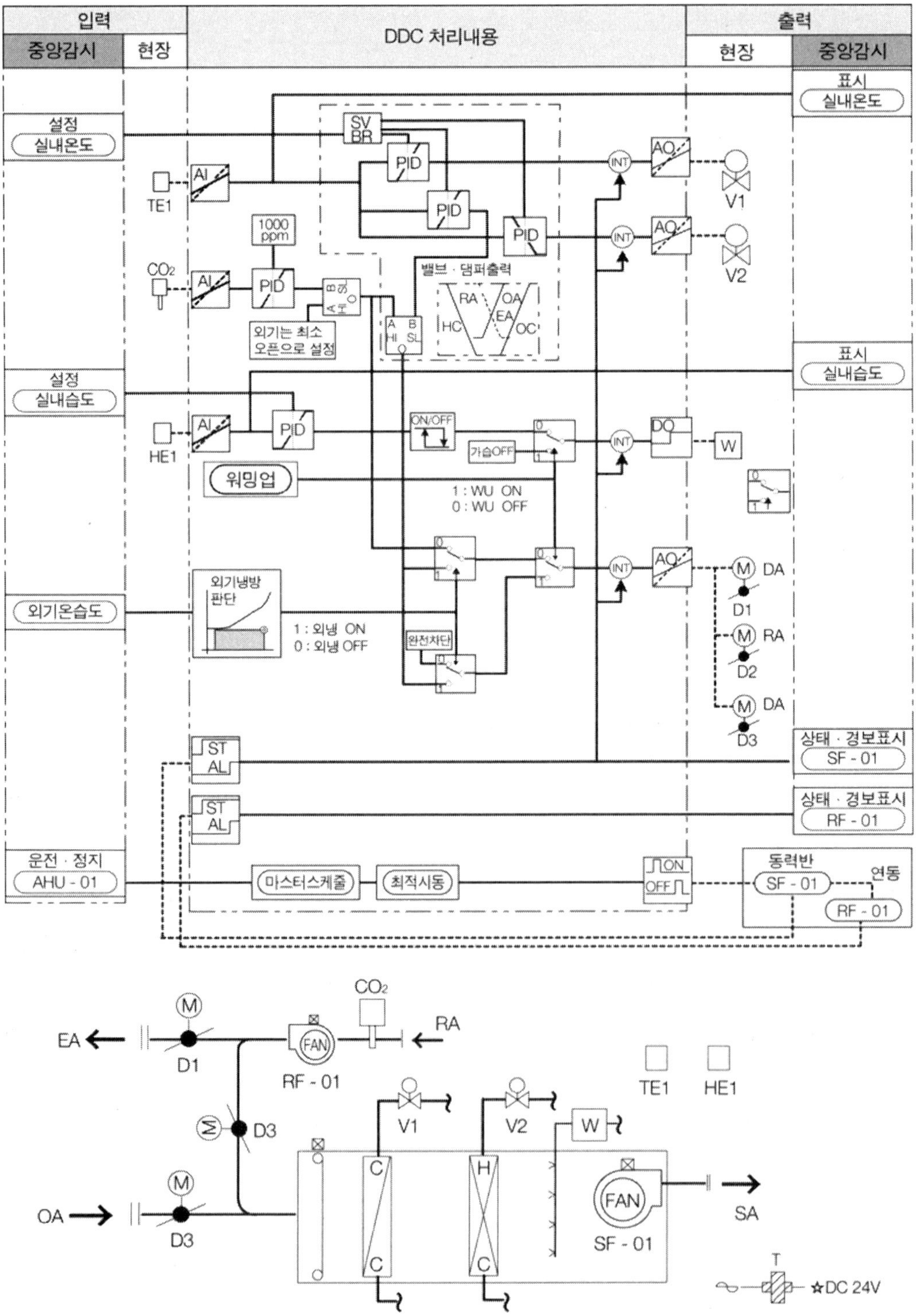

예제그림5 외기냉방 + CO_2

단, 이 경우에도 CO_2만을 기준으로 판단하면 외기댐퍼가 완전차단 되더라도 CO_2 농도가 적절한 수준으로 유지되는 상황도 발생할 수 있다. 이러한 상태로 운전이 계속되어 실내에 곰팡이가 발생한 사례도 있으므로 최소 오픈으로 유지하는 제어가 반드시 필요하다.

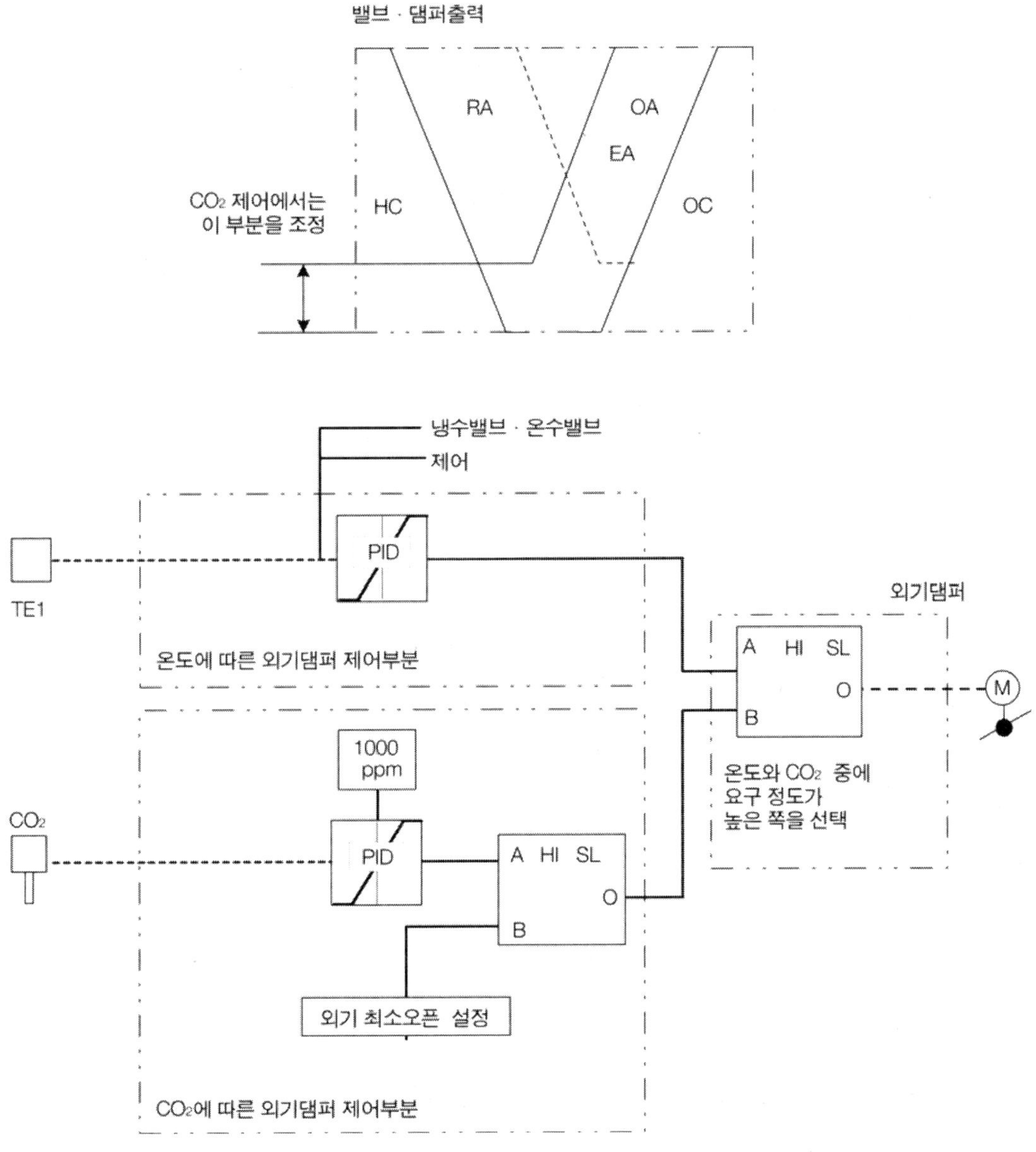

그림1.26 외기냉방과 CO_2제어의 신호비교

1.6 제습제어(예제그림6)

1.6.1 제습재열 제어

온도요구 신호와 습도요구 신호를 비교하여 습도요구가 클 때에는 습도신호로 냉수제어밸브를 제어한다. 습도 요구가 클 때 실내건구온도는 내려가므로 온도신호로 온수제어밸브를 열어 온도를 제어하여 온도와 습도 모두를 만족시키며 이를 제습재열 제어라고 한다.

이 방식은 습도변화에 대해 민감한 섬유공장의 공조 및 반도체 공장에서 제어하는 경우에 자주 이용하지만 사람을 대상으로 하는 일반 공조에서는 냉수와 온수를 동시에 사용하므로 에너지소비 측면에서 장려하지 않는 방식이다(그림1.27).

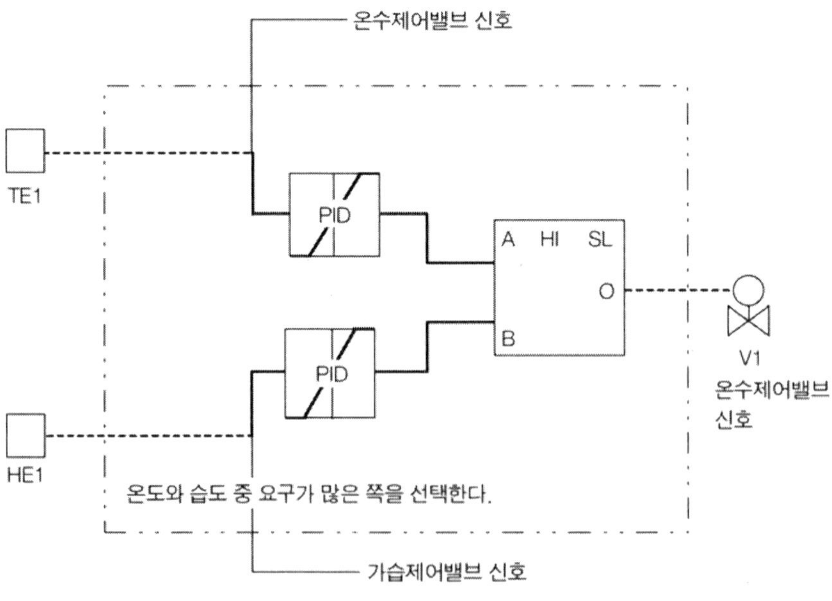

그림1.27 제습제어 회로

1.6.2 페이스 · 바이패스 댐퍼방식 제습제어

이 방식은 에너지 손실을 수반하지 않는 것이 특징이다. 공조기 코일표면의 페이스댐퍼와 바이패스댐퍼를 역동작시켜 습도를 조절하는 것이 제어의 기본 알고리듬이다.

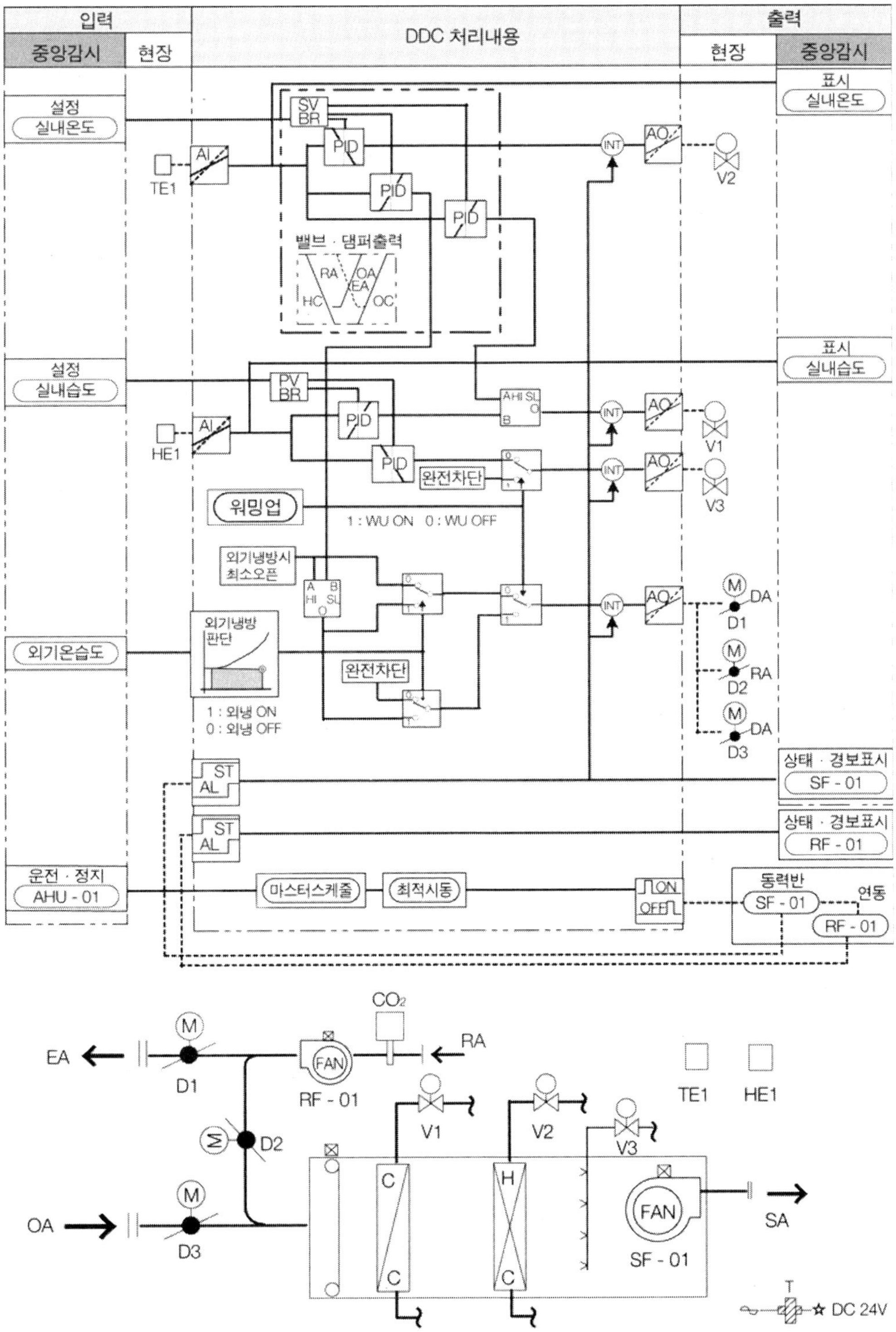

예제그림6 외기냉방 + 제습재열

그림1.28(a)는 냉수코일을 통과할 때의 공기 상태를 나타낸 것이다. 먼저 냉수코일 입구부근에서는 현열(顯熱)변화만이 나타난다. 이슬점온도에 도달하면 이슬점 온도선을 따라 제습되면서 냉각되는 것이 일반적인 공조기 내에서의 흐름이다. 하지만 실내부하가 작을 때에는 냉수제어밸브가 닫히기 때문에 급기(給氣)가 일어나는 P점이 되고 실내습도는 R점과 같이 상승한다.

공기선도 상에서 장치이슬점온도로 표기되어 있는 선은 바이패스 요소(factor)를 고려한 것이다.

공조기 코일표면을 통과하는 모든 공기가 코일과 접촉하는 것은 아니므로 이슬점온도보다는 상대습도선에서 약간 오른쪽으로 치우친 장치이슬점온도선을 따라서 공기상태가 변한다.

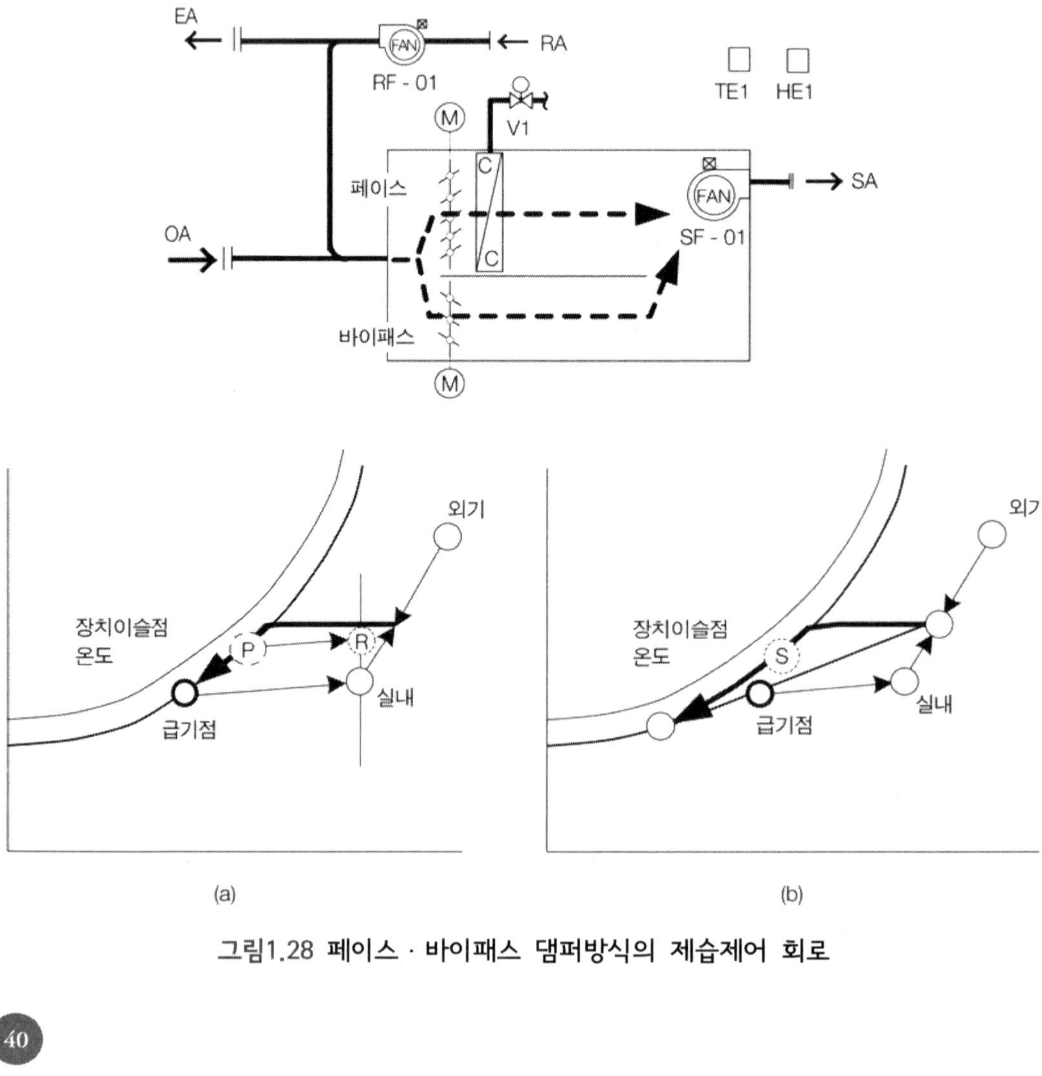

그림1.28 페이스 · 바이패스 댐퍼방식의 제습제어 회로

페이스ㆍ바이패스 댐퍼방식은 냉수와 온수를 동시에 사용할 경우에 사용된다. 코일표면의 페이스댐퍼와 바이패스댐퍼를 실내습도신호에 따라 역동작시키면 공기선도는 그림 1.28(b)와 같이 된다. 냉수코일출구의 상태는 공기량이 적어지므로 일반적인 급기점 S점보다 내려간다. 급기점은 이 점과 바이패스된 공기의 혼합점으로 이동하여 실내습도를 만족시키게 된다.

이 방식은 공기를 배합하는 제어가 되므로 응답속도가 늦고 바이패스면적 산출이 어려운 측면이 있다. 현장의 실무종사자들의 경우, 바이패스 경로에 펀칭메탈을 삽입하여 조절하는 방법을 택하기도 한다.

1.7 외기냉방 + 전열교환기(예제그림7)

외기냉방을 하지 않고 냉난방 기간에 전열교환기(Total Heat Exchanger)를 이용하여 열을 회수하는 방식이다. 예제그림7의 블록선도에서 전열교환기의 운전과 정지에 관련된 부분만을 별도로 그림1.29에 나타낸다.

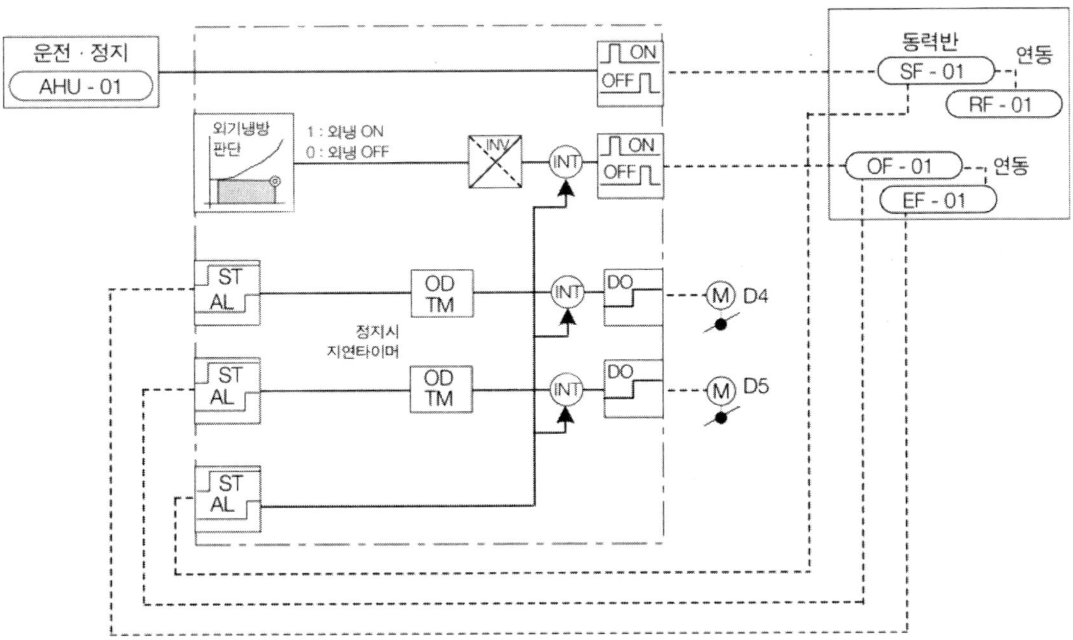

그림1.29 전열교환기의 시동정지

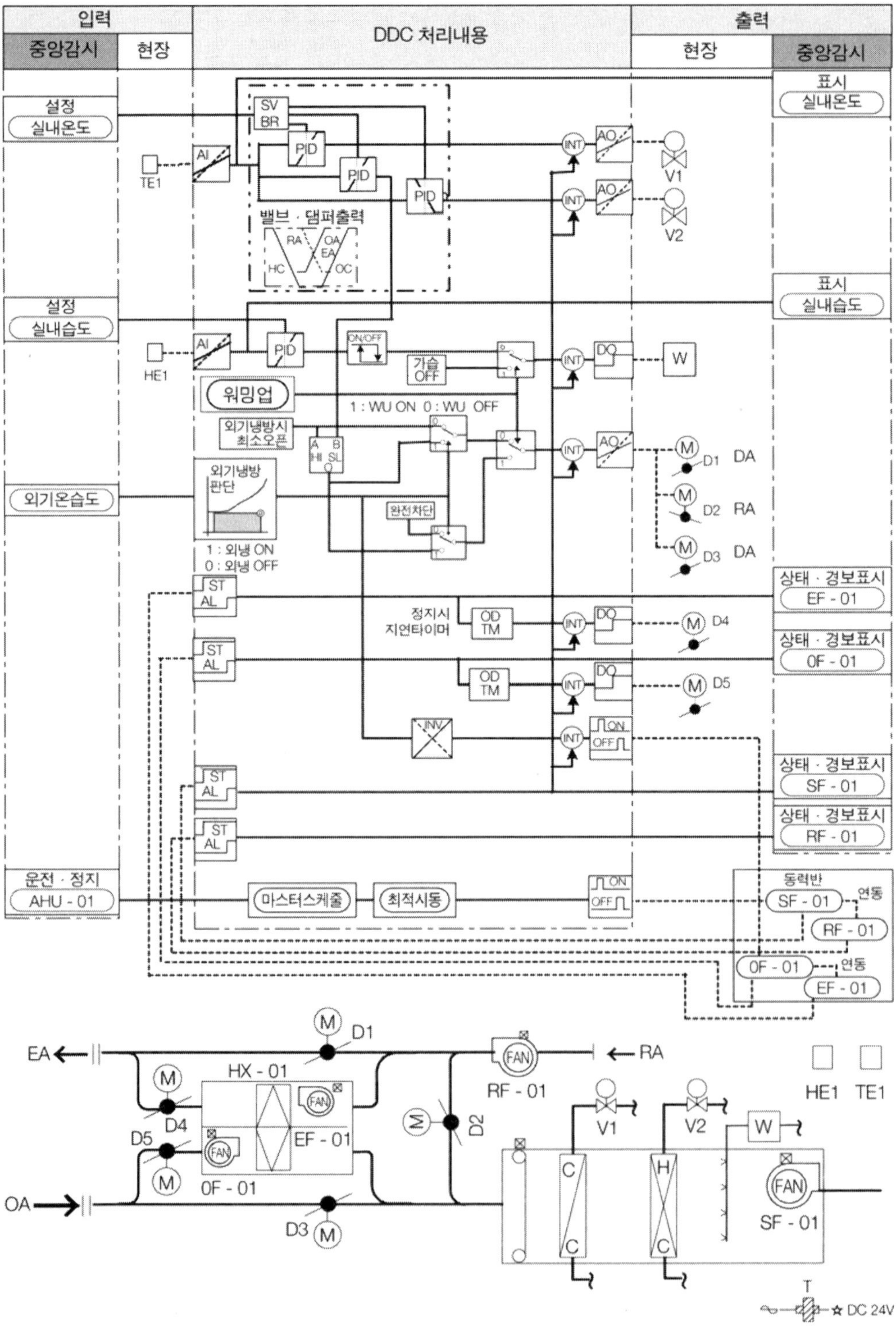

예제그림7 외기냉방 + 전열(全熱)교환기

외기냉방에 대한 요구가 없을 때 전열교환기 운전이 시작된다. OA와 EA팬이 운전상태가 되면 외기측에 설치된 ON/OFF댐퍼를 오픈으로 한다(OA, Outdoor Air : 외기, EA, Exhaust Air : 배기). 전열교환기 운전종료 시에는 댐퍼가 닫히는데, 팬의 잔류운전을 고려하여 타이머 셋업 후에 댐퍼를 닫는 것이 일반적이다.

1.8 VAV방식 제어

VAV방식(가변풍량제어)은 1대의 공조기에 연결되어 있는 여러 대의 VAV기기를 해당 구역(Area)의 열부하에 맞추어 바람의 양을 조정하여 온도를 제어하는 시스템이다.

거주자의 입장에서는 공조구역을 보다 세분화하여 제어할 수 있는 동시에, 송풍량을 조절하여 송풍 동력에 들어가는 에너지를 절감할 수 있는 제어방식이기도 하다(그림 1.30).

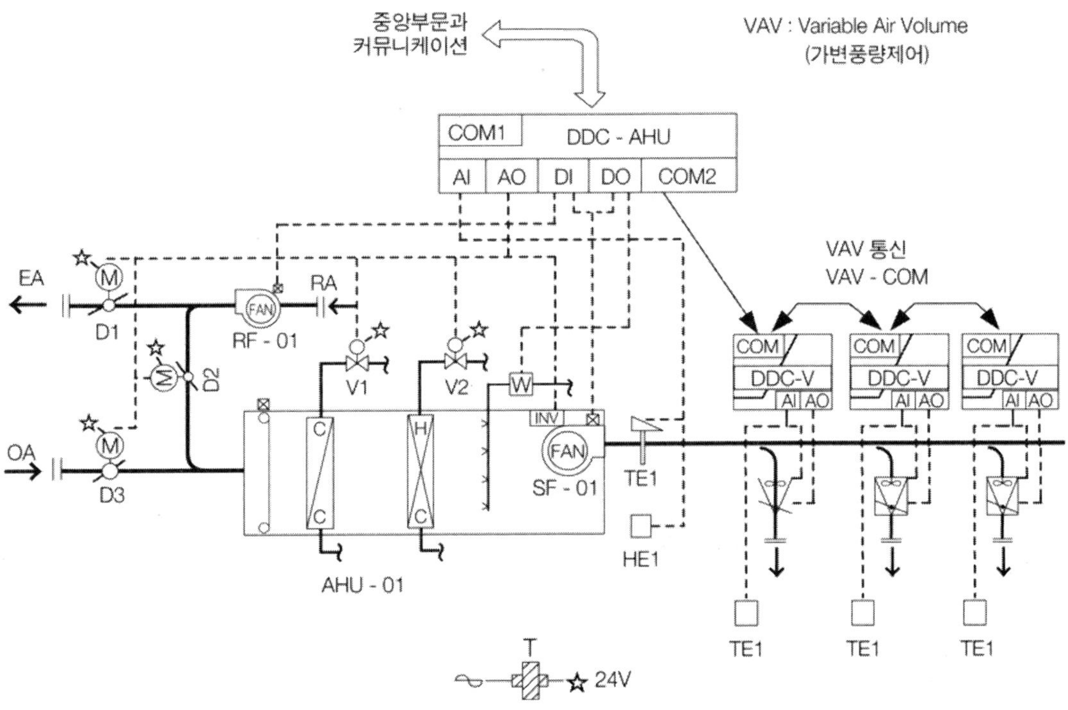

그림1.30 VAV방식의 계장도

1.8.1 VAV의 기본 제어

(1) VAV의 온도제어

각각의 VAV가 담당하는 구역에 설치된 온도조절기 신호에 따라 VAV 댐퍼를 잠그거나 열어 송풍량을 변화시키고 해당 VAV가 담당하는 구역의 온도를 일정하게 유지한다.

(2) VAV 설치위치와 풍량의 관계

그림1.31(a)와 같이 송풍기 가까이에 설치된 VAV와 멀리 설치된 VAV는 덕트 저항 영향이 달라 댐퍼의 개도가 동일하더라도 풍량의 차이가 발생한다. 이런 문제를 해결하기 위해 그림1.31(b)와 같이 각 VAV에 풍속센서(V)를 지닌 댐퍼제어 방식을 채택하게 되었다. 따라서 동일한 온도편차라도 송풍기에 가까이 위치한 VAV는 잠겨있는 상태에 가까운 운전을 하게 되며 먼 위치에 있는 VAV는 이보다는 열려있는 느낌으로 운전을 하게 되어 송풍기와 VAV 위치로 인한 문제가 해결되었다. 하지만 풍속센서를 정확하게 계측하기 위해서는 바람의 흐름이 일정한 직관(直管)부분의 충분한 길이확보가 필요한데 비해, VAV 기기 자체는 작은 것을 선호하므로 적절한 풍속측정이 되고 있는지 확인해야 한다.

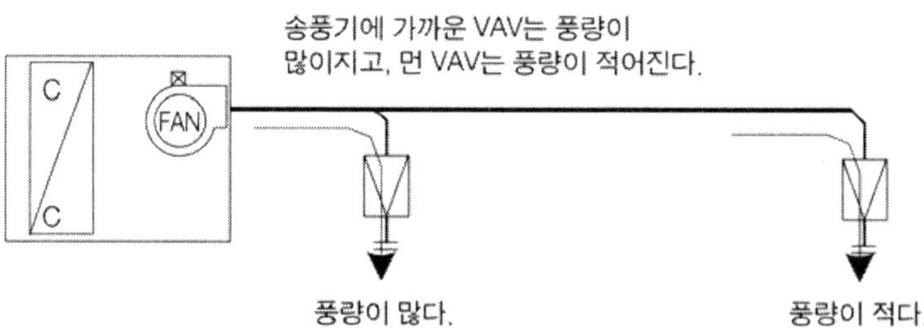

(a) 송풍기에 대한 VAV위치와 송풍량의 관계

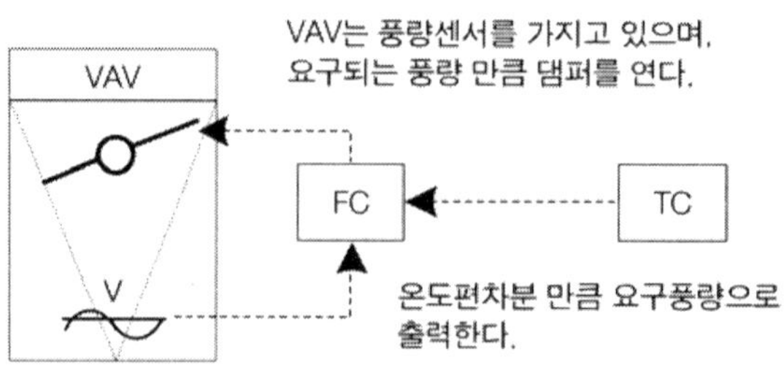

(b) VAV장치의 제어원리

그림1.31 VAV의 풍속제어

일반적으로 풍속센서와 제어댐퍼는 VAV 제조업체에 의존하는 경우가 많다(제6장 5.4항 「VAV용」 참조).

(3) 온도편차로 인한 풍량설정값의 캐스케이드(cascade) 제어

그림1.32와 같이 해당 VAV에 해당하는 구역의 온도실측값(TE)과 온도설정값(TS)과의 편차로 풍량설정값(FS)을 구한다. 이 풍량설정값을 유지하기 위해 VAV에 내장된 풍속센서(V)의 신호에 따라서 댐퍼를 제어한다. 이렇게 온도제어신호로 설정값을 구하여 풍량을 제어하는 제어방식을 캐스케이드(cascade) 제어라고 한다(제5장 1.4항 참조).

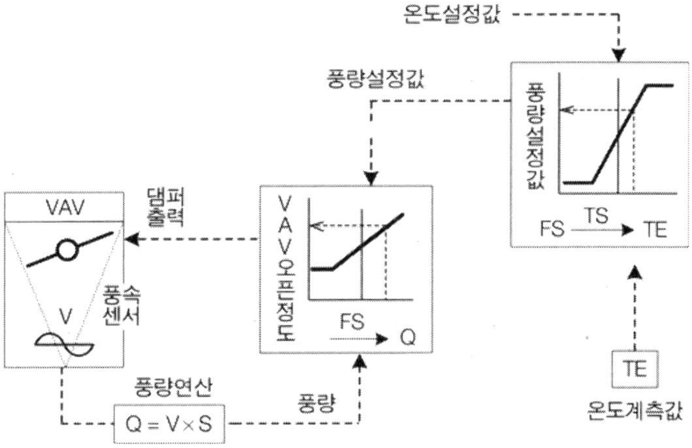

그림1.32 VAV 기기 제어

(4) 인버터 회전수 연산

VAV의 댐퍼가 잠긴 상태로 운전되면 공조기의 풍량도 그에 맞게 필요한 양만 보낸다. 그림1.32와 같이 각 VAV는 풍속(V)을 측정하고 있으므로 이를 바탕으로 각 VAV 내의 풍량을 계산한다. 예를 들어 그림1.33과 같이 5대의 VAV가 각각의 풍량으로 운전되고 있을 때, 각 VAV의 풍량정보를 공조기DDC로 모아서 합계 풍량을 계산하고 정격풍량으로 나누어 풍량비율(FR)을 구한 후 인버터 회전수를 결정한다.

제어상태의 VAV 댐퍼 오픈 신호로 정압(靜壓)의 만족/불만족 판단을 추가하여 최종적인 회전수를 결정하는 인버터 방식도 보급되어 있지만, 조작기의 오픈정도를 가지고 출력값을 변경시키는 것은 피드백(feedback) 제어와는 이질적인 면이 있으므로 여기에서는 생략한다.

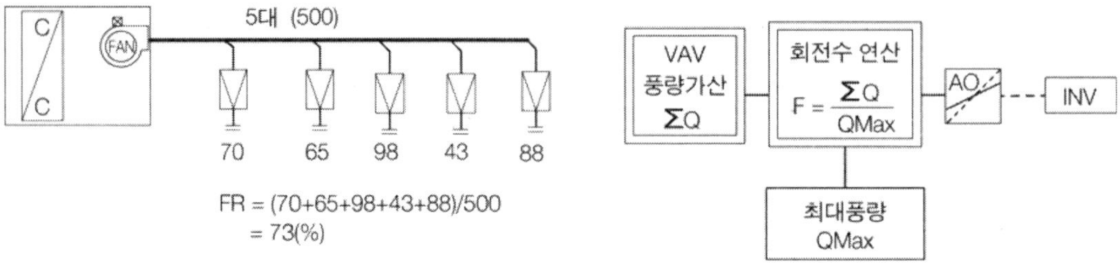

그림1.33 인버터 회전수 연산

(5) 공조기 급기 온도제어

VAV방식에서는 로드 리셋이라고 하는 급기온도 설정값 자동변경로직을 이용하는 경우가 많다. 각각의 VAV가 오픈되어 있는 정도를 가지고 VAV가 전체가 너무 닫혀 있으면 급기설정온도를 올리고, 반대로 각각의 VAV의 오픈정도가 전체에 대하여 너무 열려 있으면 급기설정온도를 낮추는 로직이다. 수많은 공조기의 급기온도설정을 자동으로 변경해 주므로 신호전송 기술이 미숙했던 시절에는 이러한 방식도 일정한 역할을 하였다. 하지만 이런 방식은 실시간으로 급기온도 설정값을 변경시키는 결과를 가져오며 건물 전체의 관점에서 보았을 때 위험성이 존재한다. VAV시스템은 공조기의 송풍동력을 적절하게 컨트롤하여 에너지절감을 유도하는 것이므로 송풍온도가 로드 리셋으로 인하여 변경되어 버리면 이러한 목적을 달성할 수 없다.

월	실내온도	급기온도	월	실내온도	급기온도
1	22.0	22.0	7	26.0	16.5
2	22.0	22.0	8	26.0	16.0
3	21.0	20.0	9	25.0	17.0
4	24.0	19.5	10	24.5	17.5
5	24.5	18.0	11	24.0	18.0
6	25.5	17.0	12	22.0	22.0

그림1.34 실내온도 및 송풍온도 설정의 예

또한 최근의 오피스빌딩에서는 향후 열부하가 증가될 것에 대비하여 공조환기회수를 크게 설정하는 경우가 많은데 이런 방식은 일률적으로 송풍온도를 높게 유도해 버리므로 당장의 송풍량 억제 목적에도 부합하지 않는다. 실무상으로는 그림1.34와 같이 월별로 VAV 댐퍼 개도의 설정값을 지정하는 정도로도 매우 효과적이다. 실내온도제어를 담당하는 VAV 온도제어와 공조기의 급기온도제어는 관련되는 것이므로 나란히 표시한다. 여름철 최대부하가 걸릴 때를 설정값 조건으로 하고, 그 외의 계절에는 이 값을 참고로 하여 배정한다. 하지만 그림1.34는 전기공사가 담당하는 중앙감시반에 해당하는 것이며 공조기와 VAV는 공조공사 영역이며 이를 서로 연결하는 신호전송은 통신공사이므로 실제 현실에서의 구현은 그리 간단하지 않다.

(6) 최적시동제어를 도입한 경우의 VAV제어

실내 환경에 영향을 주지 않고 공조기의 운전시간을 줄여 동력전원을 절감하기 위해 시동 시에는 최적시동제어를 채택하는 경우가 많다. 냉방의 경우 그림1.15와 같이 실내운전 시작 시간까지는 목표온도까지 내려가게 해 두면 되므로, 전날의 운전 실적을 참고하여 공조기의 운전개시시간을 정해 두는 학습제어를 이용할 수 있다. 실내 공기 상태가 제어범위 내에 있어 각각의 VAV 댐퍼를 모두 닫으면 쿨링다운 시간도 길어지게 되어 에너지절감과는 상반될 수도 있다.

따라서 VAV시스템에서 최적시동제어를 할 때는 VAV를 완전개방해야 한다. 한편, 이러한 VAV시스템에서의 최적시동제어 및 앞에서 언급했던[제1장 5.1항목의 (3)] 워밍업 시의 외기 도입 등은 에너지절감에 공헌하는 정도가 미미하다. 일반적으로 공조기 워밍업을 할 때 외기도입의 의한 에너지절감양은 연간 송풍동력의 2%에 지나지 않는다.

현재 보급되고 있는 일반 DDC에서는 채택하고 있지 않은 제어이다. 하지만 기술 세계에서는 작은 문제라고 해서 간과해서는 안 된다. 로직상 합당하다고 여겨지는 것은 채택해야 한다. DDC에서 한 번 만든 프로그램은 몇 번이건 복사하여 사용하도록 한다.

1.8.2 VAV방식의 블록선도(예제그림8)

(1) 중앙감시반 CRT에 표시되는 여러 가지 항목(그림1.35)

VAV 제어에서 실내온도설정이나 VAV로 제어하는 실내온도·풍량에 대한 표시에는 동일한 표시항목이 여러 개 나타난다.

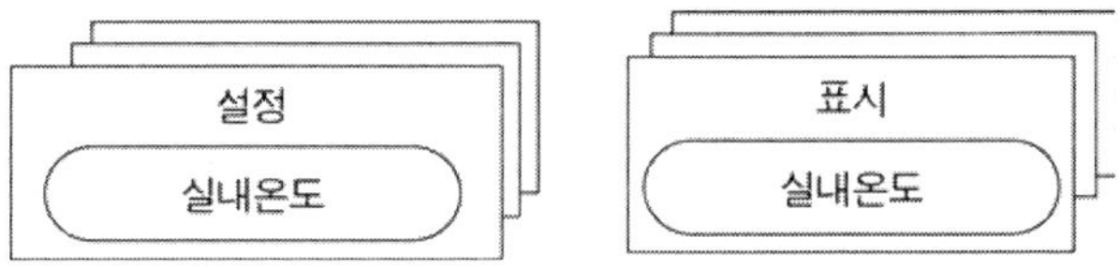

그림1.35 복수항목 표현

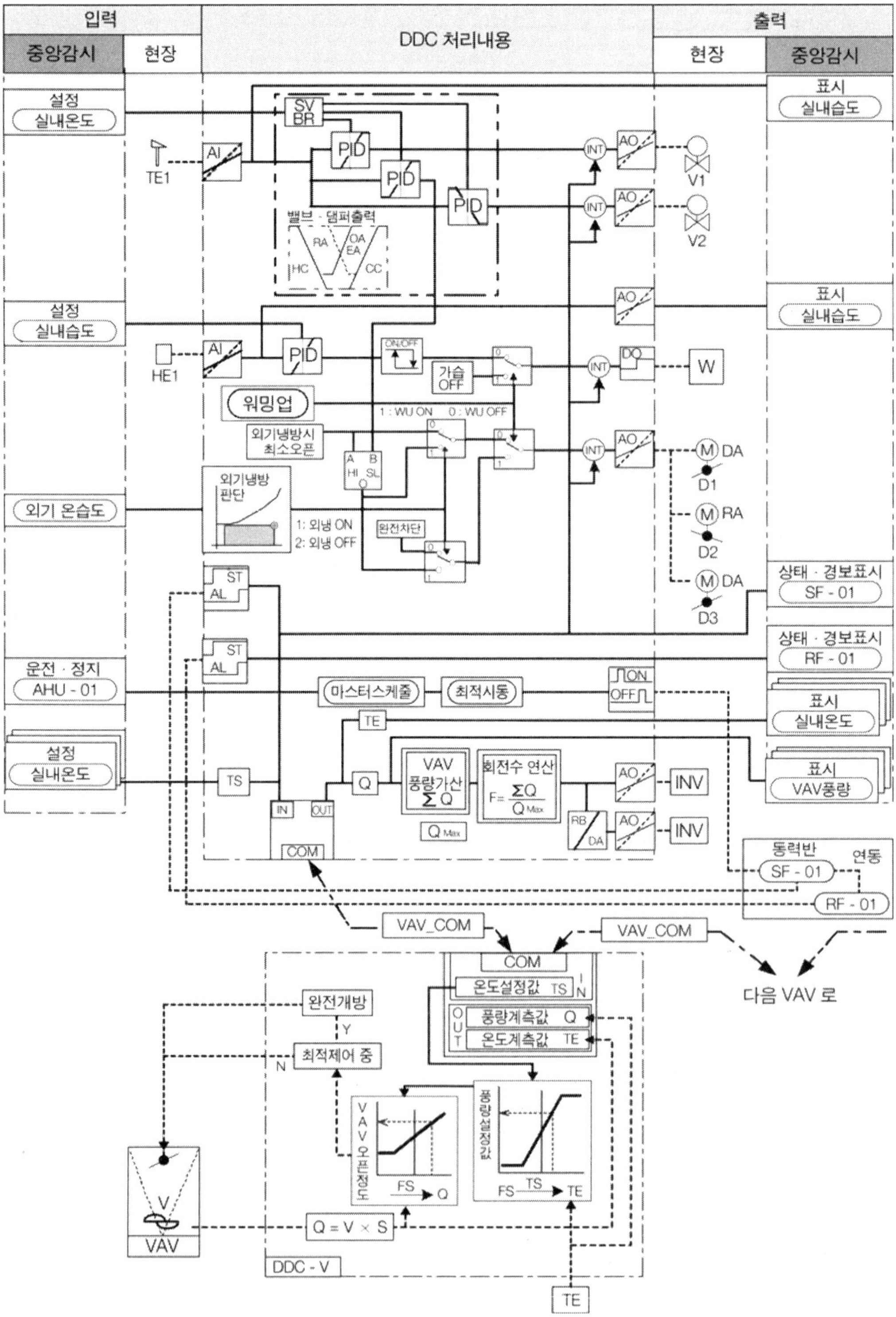
입력
중앙감시
현장
DDC 처리내용
출력
현장
중앙감시
설정
실내온도
TE1
AI
SV
BR
PID
PID
PID
밸브 · 댐퍼출력
RA
OA
EA
HC
CC
INT
AO
V1
V2
표시
실내습도
설정
실내습도
HE1
ON/OFF
가습
OFF
DO
W
워밍업
1 : WU ON 0 : WU OFF
외기냉방시
최소오픈
A B
HI SL
M DA
D1
외기 온습도
외기냉방
판단
1: 외냉 ON
2: 외냉 OFF
완전차단
M RA
D2
M DA
D3
ST
AL
상태 · 경보표시
SF - 01
상태 · 경보표시
RF - 01
운전 · 정지
AHU - 01
마스터스케줄
최적시동
ON
OFF
표시
실내온도
TE
설정
실내온도
TS
Q
VAV
풍량가산
ΣQ
회전수 연산
F= ΣQ / QMax
INV
표시
VAV풍량
IN
OUT
COM
QMax
RB
DA
동력반
연동
SF - 01
RF - 01
VAV_COM
VAV_COM
다음 VAV 로
COM
온도설정값 TS
IN
OUT
풍량계측값 Q
온도계측값 TE
완전개방
Y
최적제어 중
N
VAV오픈정도
FS
Q
풍량설정값
FS TS TE
V
VAV
Q = V × S
DDC - V
TE

예제그림8 VAV제어

(2) VAV_COM

VAV 제어기 역시 DDC방식이므로 VAV 상호간 및 VAV와 공조기 DDC를 연결하는 신호 전송선도 펄스에 의한 다중전송이 된다.

그림1.36(a)는 공조기와 VAV의 DDC가 병렬로 나열된 상태이다. 건물이 운용되기 시작하면서 이렇게 될 가능성도 있지만 공조기와 VAV라고 하는 서로 성격의 기기를 동일 통신선에 올려놓게 되면 통신내용이 번잡해지므로 효과적인 방법이라고 할 수 없다.

그림1.36(b)는 현재 많이 볼 수 있는 방식이다. 이 방식은 자동제어기기 제조사에서 선호하는 방식이다. 그림1.36(c)는 통신전송 오픈을 지향하는 시스템에서도 이용할 수 있도록 한 것인데 공조기 및 VAV 등의 기계 제조를 잘 하는 제조사들도 LonWorks 등을 채택하여 제어시스템에 참가할 수 있도록 개선한 것이다.

통신신호전송에 관해서는 인터넷 보급 및 IT화의 영향으로 상식이라고 여겨지는 것들이 계속해서 변해 나가는 상황이므로 현 시점에서는 평가를 내리기 힘든 부분이기도 하다(제8장「오픈 프로토콜」 참조).

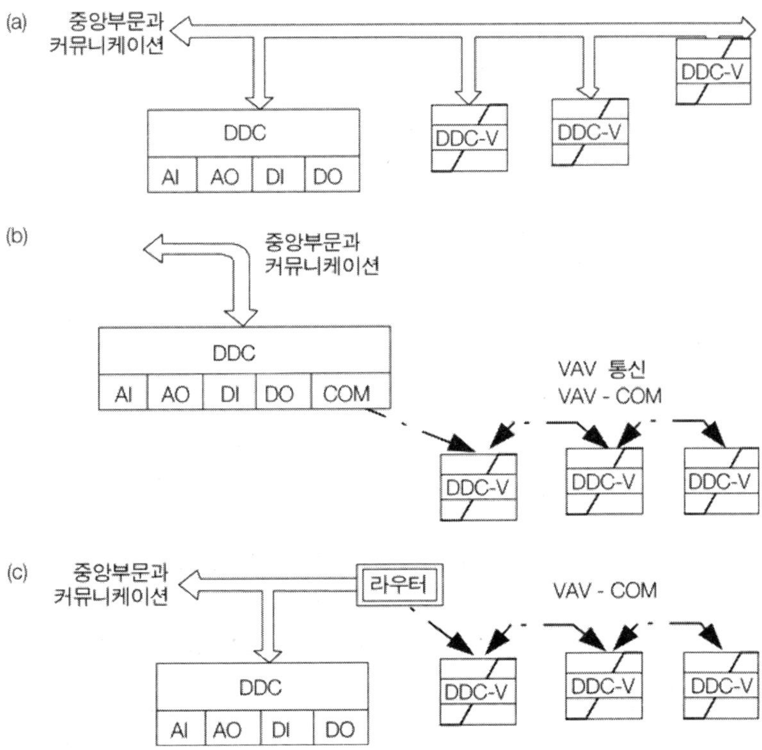

그림1.36 VAV와 공조기의 DDC간 통신

1.8.3 VAV방식의 적정한 외기도입(예제그림9)

VAV방식에서도 OA량을 확보하기 위한 고려가 필요하다. 실내온도는 VAV로 풍량을 제어하여 유지되므로 급기풍량은 이와 연동되어 일반적으로 40~100% 범위에서 변한다.

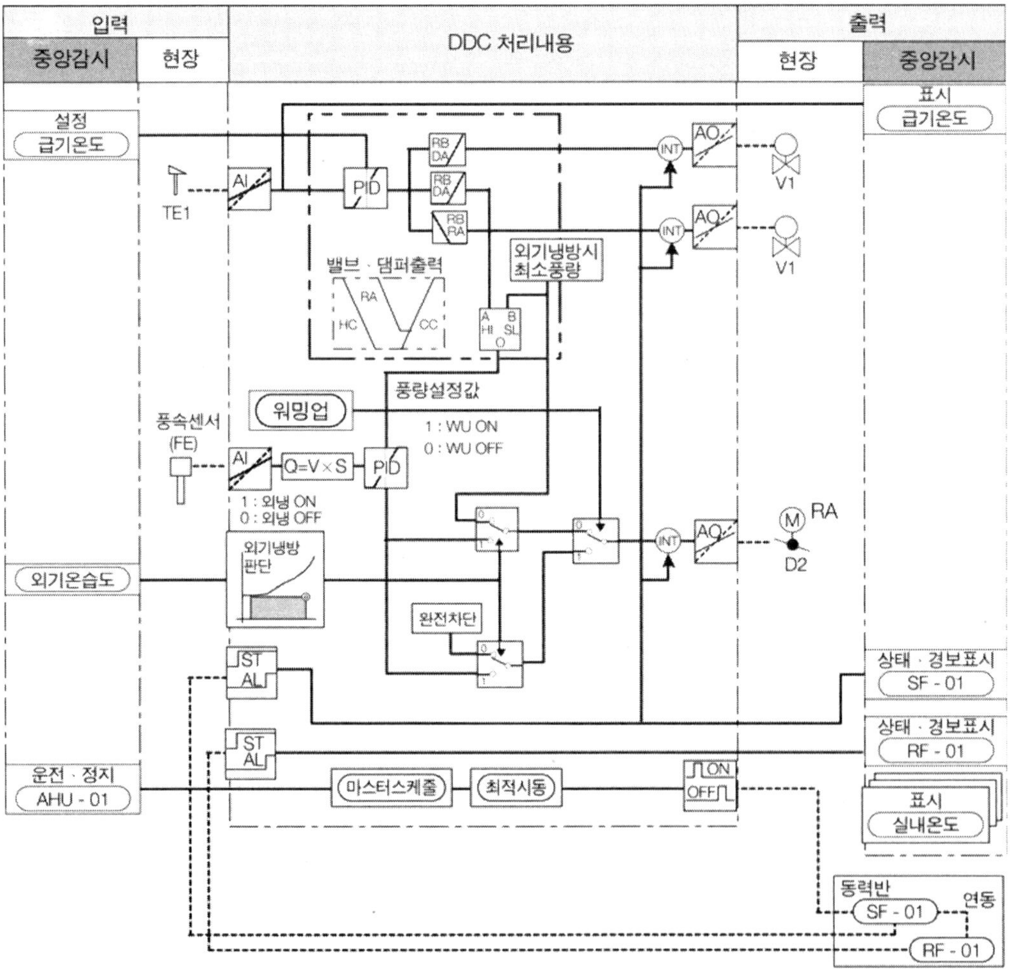

* 이 예제그림에서는 본 항과 직접적으로 관련이 없는 가습제어 등의 내용은 제외하였다.

예제그림9 VAV방식의 적정외기 도입

댐퍼 및 자동제어밸브에 관련된 급기온도제어는 그림1.37(a)와 같다.

OA, EA, RA의 관계를 보면, 급기풍량 Ⓐ = OA · EA풍량 Ⓑ + 환기풍량 Ⓒ이며 Ⓐ, Ⓑ, Ⓒ 사이의 비율이 제어되는 것이므로 OA량 확보에 대한 별도의 고려 사항이 없음을 알 수 있다.

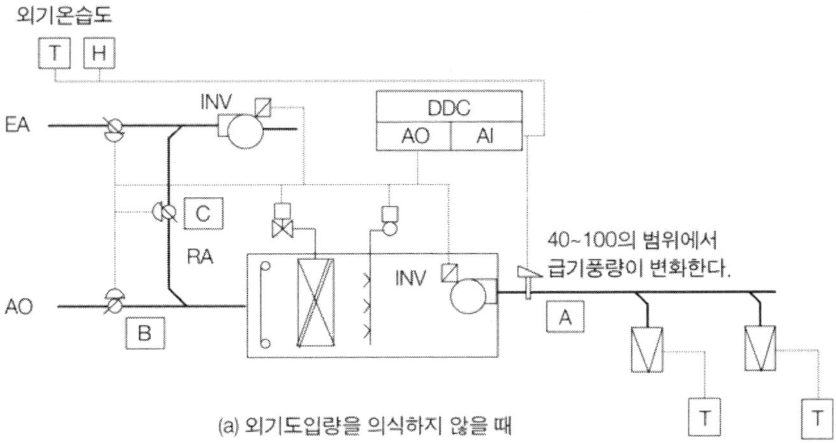

(a) 외기도입량을 의식하지 않을 때

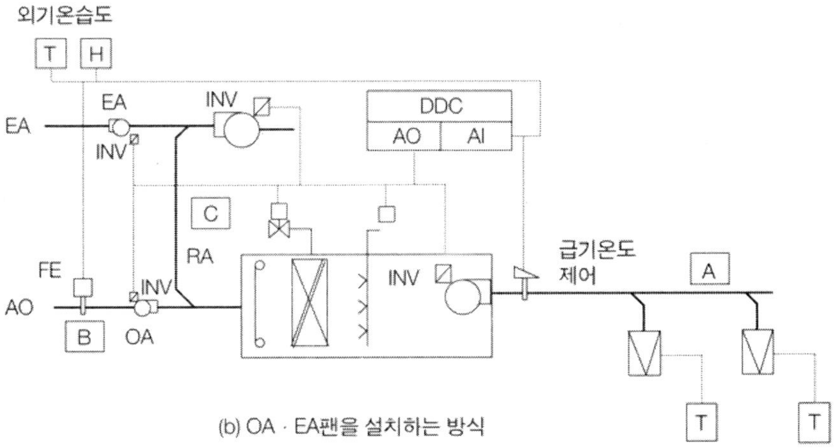

(b) OA · EA팬을 설치하는 방식

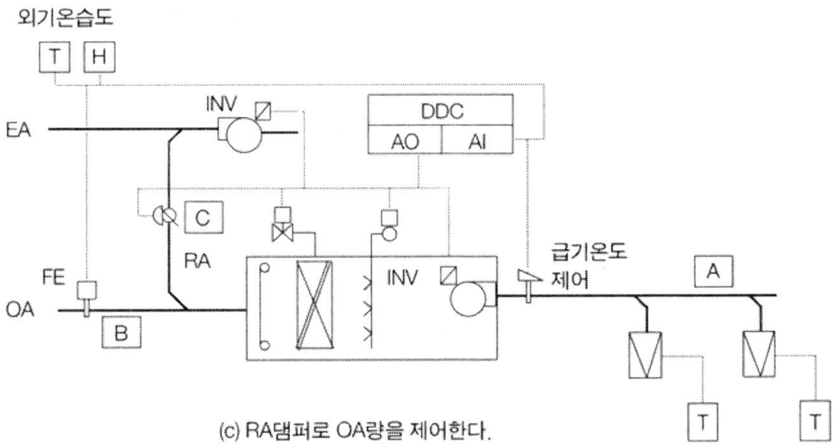

(c) RA댐퍼로 OA량을 제어한다.

그림1.37 VAV방식에서의 외기도입

즉, 급기풍량이 감소되면 같은 비율로 OA도입량도 감소된다. 이를 피하기 위해 그림 1.37(b)와 같이 OA팬 및 EA팬을 설치한다. 급기풍량과 OA 및 EA풍량 및 환기풍량 간의 Ⓐ = Ⓑ + Ⓒ의 관계는 변하지 않으므로 Ⓑ를 일정하게 억제하면 Ⓐ의 변화된 양만큼 Ⓒ도 변동하여 VAV 방식에서도 일정량의 OA를 도입할 수 있게 된다. 무리하게 RA에 댐퍼를 넣지 않더라도 원하는 풍량을 변화시킬 수 있다. 이것을 역이용하면 그림1.37(c)가 성립된다. 즉 RA에 댐퍼를 넣어 OA의 풍량을 유지하도록 RA댐퍼를 제어하면 그림 1.37(b)와 같은 효과를 얻을 수 있게 되는 것이다.

1.9 공기선도 보는 방법

공조기 제어 검토 시 공기선도는 필수적인 것이다. 그래프라고 하면 보통 X축과 Y축 두 개의 정보에 대하여 직선이나 곡선으로 이루어져 있지만, 공기선도는 직선뿐만 아니라 기울기 및 커브가 복잡하게 구성되어 있어서 이해하기가 힘들다. 하지만 냉동기의 특성을 나타내는 몰리에선도(Mollier diagram)와 마찬가지로 엔지니어라면 이러한 표현들에 익숙해야 한다.

주로 사용되는 공기선도는 정확하게는 "습윤공기선도"이다. 상세한 공기선도 이론부터 이해하려고 하면 그 깊이가 끝이 없고 매우 난해하므로 여기에서는 공조설비 운용의 목적에 부합되는 NC선도의 대표적인 부분만을 설명하기로 한다.

그림1.38과 같이 X축은 "① 건구(乾球)온도"이며 우리에게 익숙한 실내온도 및 외기온도이다. Y축은 "② 절대습도"를 나타내며 공기 중에 함유되어 있는 수증기의 절대량을 뜻한다. "③ 엔탈피"는 0℃의 건조공기의 엔탈피를 0 kJ/kg를 기준으로 습윤공기가 지니는 에너지이다.

정식으로는 비(比)엔탈피(specific enthalpy)라고 하며 오른쪽 아래에서 왼쪽 위를 향하는 사선으로 그은 것이다. "④ 이슬점온도(포화온도)"는 건구온도가 높은 공기는 많은 수증기를 포함할 수 있지만 해당 공기 온도를 하강시켜 나가면 일정 온도에서 포화상태에 도달하고(상대습도 ψ = 100%) 온도를 낮추면 수증기의 일부가 응축되어 이슬을 맺는다. 이때의 습도를 이슬점온도라고 한다. "⑤ 상대습도"는 일상에서 자주 사용하는 "습도"를 말하며, 이슬점온도의 대기 압력에 대한 해당 공기의 대기 압력 비율이다. 이외에도 엔탈피선과 각도가 약간 다른 습구온도선 등이 있다.

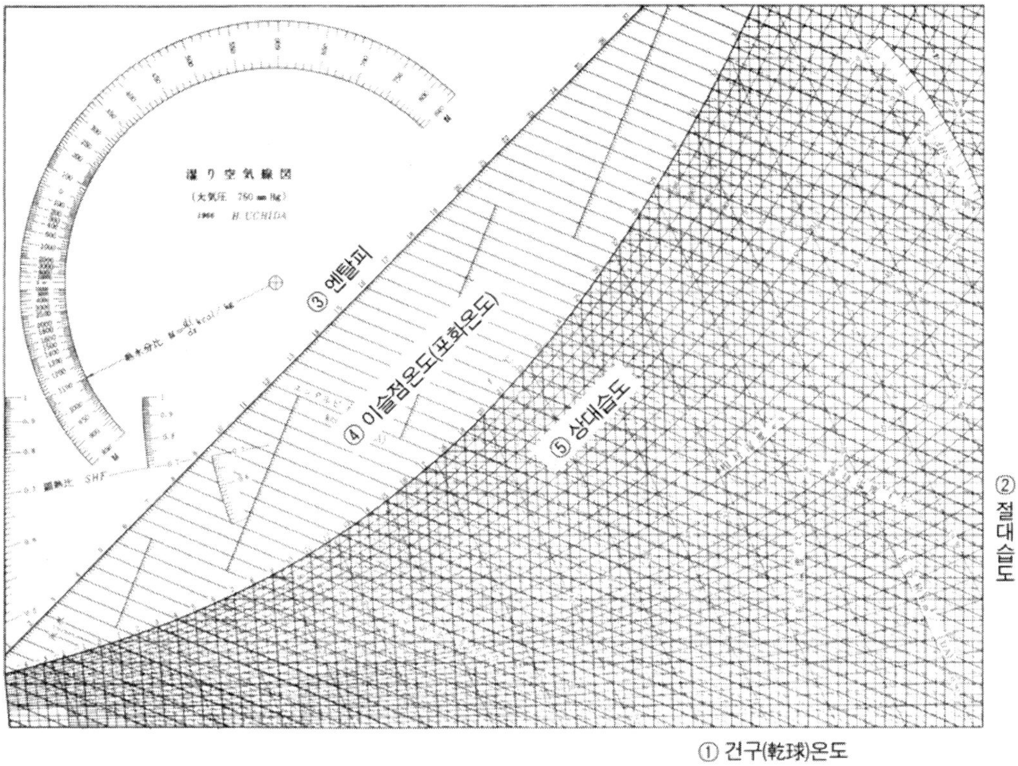

그림1.38 습기 공기선도

그림1.39는 건구온도 26℃, 상대습도 50%일 각각의 값을 나타낸 것이다.

엔탈피	53 kJ/kg	이슬점온도	14.9℃
절대습도	0.0106 kg/kg	습구온도	18.7℃

이와 같이 두 가지 항목을 알면 위와 같이 다른 항목을 모두 알 수 있다. 또한 습구온도선은 엔탈피선과 비슷한 기울기의 점선으로 표현된 선을 따라 왼쪽 위로 올라가 이슬점온도선과 교차한 부분의 온도를 읽는다.

한편 공조에 대하여 검토할 때는 현열비(SHF : Sensible Heat Factor)에 대해 알아 둘 필요가 있다. 인간처럼 땀을 흘리는 것에 비유할 수 있는 "열부하"는 습기를 발산한다.

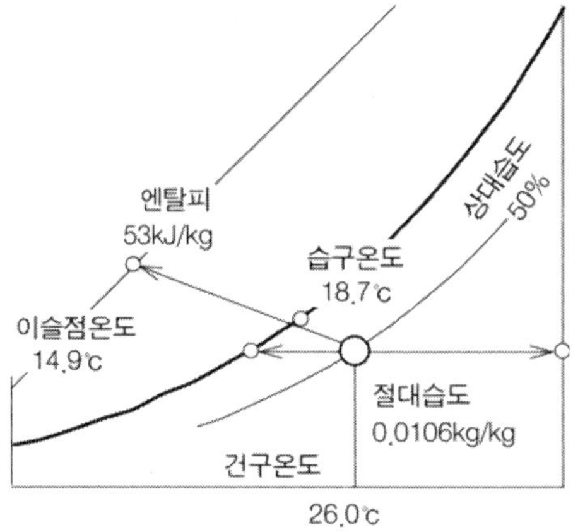

그림1.39 공기선도 상에서의 값

따라서 Y축의 절대습도에 대한 변동요소가 된다. 일반 오피스빌딩에서는 현열비를 0.9 정도로 생각하면 된다. 그림1.40과 같이 공기선도의 어딘가에 현열비의 중심점이 되는 부분이 있다. 현열비와 중심에 해당되는 부분을 연결하여 그 선과 평행하게 선을 긋는다.

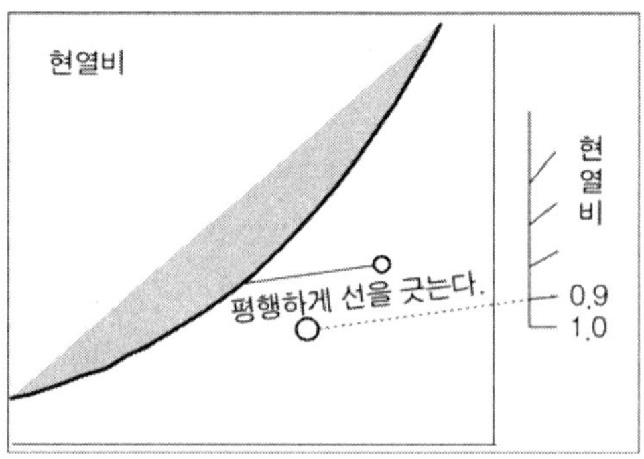

그림1.40 현열비

그림1.41은 표 계산프로그램을 이용하는 것으로 건구온도(D열)와 상대습도(E열)를 입력항목(point)으로 할 때 공기선도 상의 각 값을 구하는 것이다.

F열에는 수증기압, G열에는 절대습도, H열에는 이슬점온도, I열에는 엔탈피의 해(解)가 각각 산출된다.

	D	E	F	G	H	I
2	기온	상대습도	수증기압	절대습도	이슬점온도	엔탈피
3	[℃]	[%]	[kPa]	[kg/kg]	[℃]	[kJ/kg]
4	4.4	58	3.63	0.0030	-2.80	11.91
5	4.0	58	3.53	0.0029	-3.14	11.29
6	3.7	57	3.41	0.0028	-3.56	10.74

수식 바(bar)에서의 식

수증기압 (F4)

= EXP(V$5 × D4 ^ 5 + V$6 × D4 ^ 4 + V$7 × D4 ^ 3 + V$8 × D4 ^ 2 + V$9 × D4 + V$10 × 760 × E4/(760 - F4)

절대습도 (G4)

= 0.622 × F4/(760 - F4)

이슬점온도(H4)

= V$15 × LN(G4) ^ 5 + V$16 × LN(G4) ^ 4 + V$17 × LN(G4) ^ 3 + V$18 × LN(G4) ^ 2 + V$19 × LN(G4) + V$20 + V$21 × ABS(LN(G4) + V$22)

엔탈피 (I4)

= (0.24 × D4 + (597.3 + 0.441 × G4) × 4.186

	V
3	포화절대습도 계산
4	PSW 계수
5	6.181450E-12
6	-3.429809E-09
7	1.113410E-06
8	-2.986330E-04
9	7.265429E-02
10	-5.113360E+00
11	
12	
13	이슬점온도 계산
14	DPF 계수
15	-4.687738E-03
16	-1.346113E-01
17	-1.461462E+00
18	-6.833415E+00
19	2.348375E+00
20	7.710049E+01
21	8.045291E-01
22	5.580150E+00

그림1.41 표 계산 프로그램

제2장 폐회로시스템 열원의 제어

이 장에서는 그림2.1과 같이 2차펌프와 냉동기 및 1차펌프로 구성되는 폐회로(closed loop) 열원시스템에 대하여 설명하고자 한다.

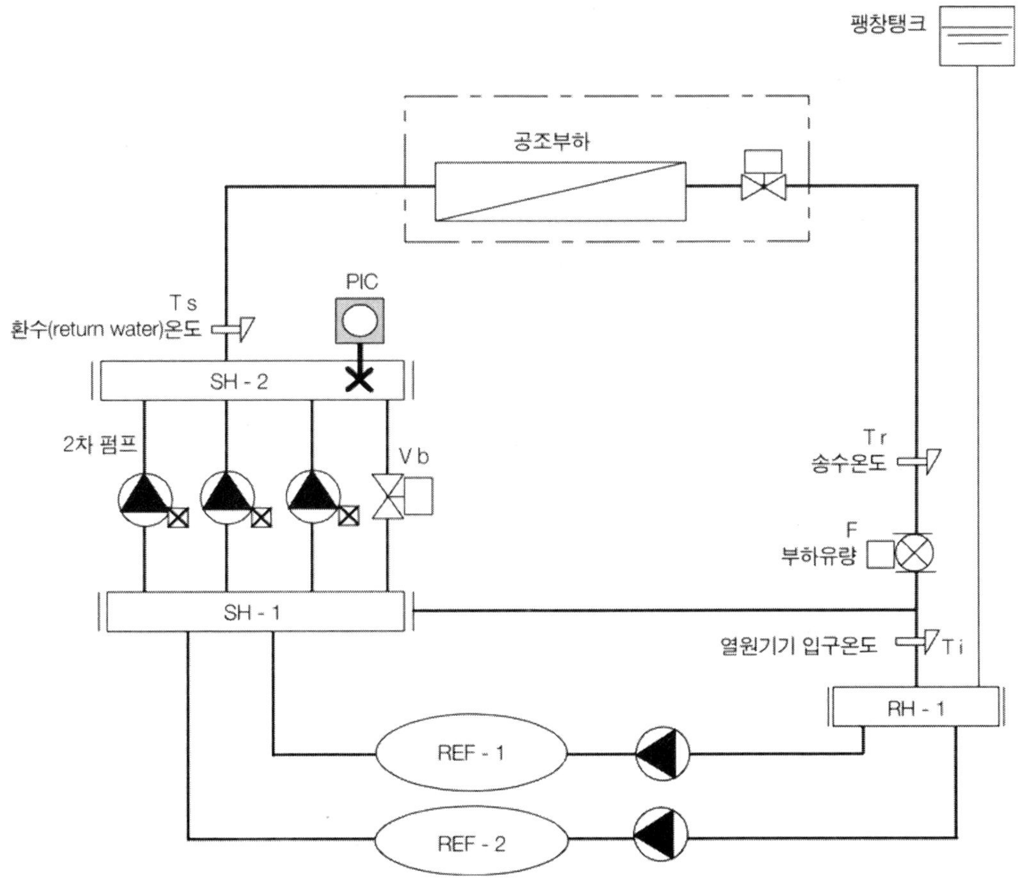

그림2.1 전용열원시스템

2.1 2차펌프

2차펌프는 그림2.2와 같이 송수 1차 헤더(SH－1, Supply Header)부터 환수 헤더(RH－1, Return Header)까지를 담당한다. 공조부하에 냉수를 공급하는 2차펌프 주변에 대한 제어는 펌프 대수 제어와 바이패스밸브를 이용하는 송수압력 제어로 구성된다.

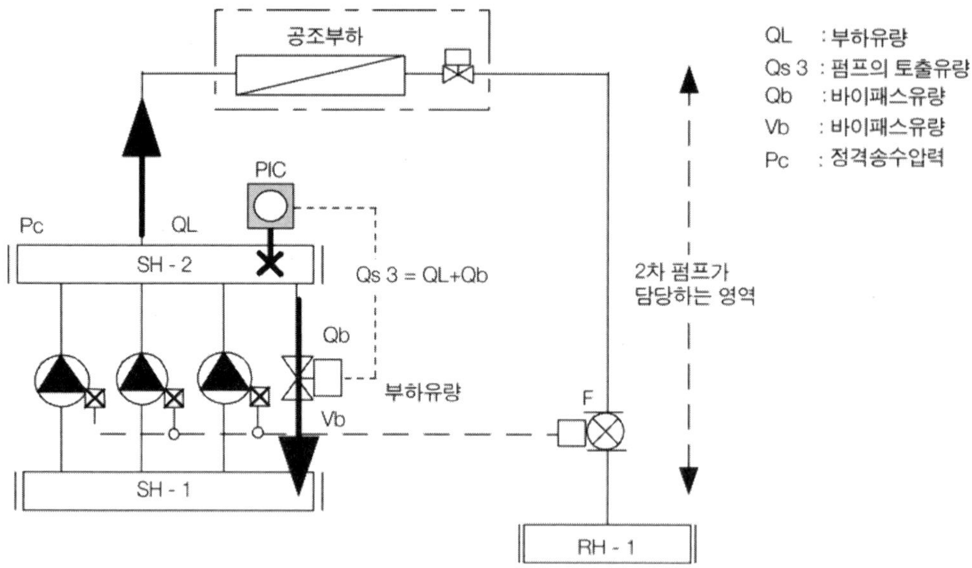

그림2.2 2차펌프의 제어

2.1.1 바이패스밸브를 이용하는 송수압력 제어

2차펌프 계통에서 실시하는 펌프대수 제어는 단순하게 부하유량과 펌프 능력을 비교하여 대수를 설정하면 된다.

2차펌프 주변만을 표기한 그림2.2에서 2차펌프의 바이패스 제어밸브(Vb)가 없다고 한다면, 펌프의 병렬복합특성으로 인해 부하유량 변화에 대한 압력은 그림2.3(a)의 굵은 선 부분과 같이 변동한다. 그림2.3(b)와 같이 송수 2차 헤더(SH－2)에 그림2.2에서의 압력조절기(PIC) 신호를 이용하여 바이패스제어밸브(Vb)를 동작시키는 구성으로 만들면 송수압력을 일정하게 할 수 있다. 부하유량이 QL인 경우, 펌프는 3대가 필요하며 Qs3의 수량이 흐른다. 부하유량과의 차이 Qb만큼 바이패스시키면 정격송수압력은 Pc로 유지할 수 있다.

펌프가 2대 이상의 복수가 되면 반드시 압력을 제어해야 한다고 의견도 있으나 그림2.4와 같이 펌프 특성에 따라서는 압력을 제어해도 의미 없는 경우가 있다. 그림2.3(a)과 같은 기본원리를 이해해 두면 별것 아니므로 제어구성에 앞서 왜 제어를 해야 하는지에 대한 고민을 해야 한다.

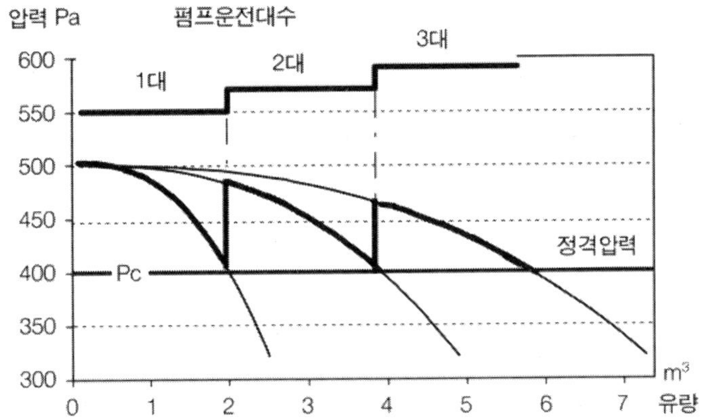

(a) 바이패스밸브(Vb)가 없을 때

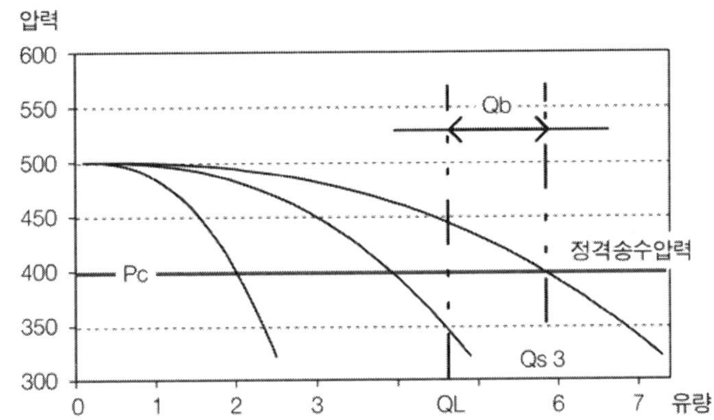

(b) 바이패스밸브에 의한 압력제어

그림2.3 펌프의 병렬복합특성

단, 이러한 결과를 가지고 곧바로 비용절감(Cost Down)으로 연결하고자 하는 의도는 피하는 것이 낫다. 송수압력이 적절한 지 아닌지를 정확히 확인할 필요가 있기 때문이다. 일반적으로 공조 설계에서 송수압력은 안전계수를 크게 잡는 경향이 있기 때문에 과대하게 산출되는 경우가 많다. 한편, 시운전 조정 단계에서는 송수압력을 설계값보다 낮게 설정하여 조정하는 경우가 있다. 모순되는 부분이기는 하지만 건물 시공자 입장에서는 충분한 능력을 지닌 갖추지 못한 설비를 공급하는 것 보다 큰 규모로 공급하는 편이 양심적이라고 생각하는 것은 이해할 수 있다. 하지만 장치 용량이 필요이상으로 설치되면 에너지절감 관점에서 역효과가 나는 것도 사실이다.

그림2.5와 같이 설정압력을 400 Pa → 350 Pa로 낮추었다면 펌프의 대수를 제어하는 포인트도 변경된다는 점에 주목해야 한다. 한 쪽 측면에서만 보고 판단해서는 안 되는데 "복수 펌프 = 대수제어 + 압력제어"라는 매뉴얼대로만 처리하는 습관을 가진 관리자는 이러한 추가 고려가 필요하다.

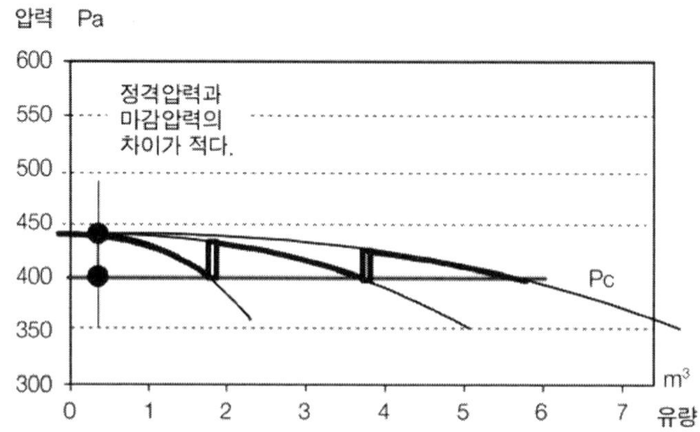

그림2.4 마감압력이 낮을 때

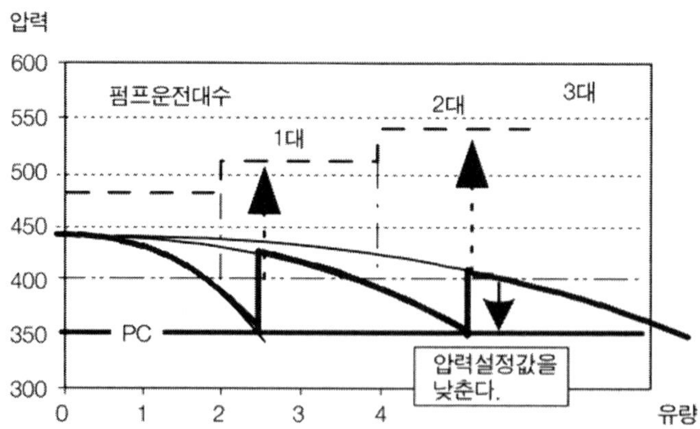

그림2.5 압력설정을 낮추었을 때의 대수제어

2.1.2 인버터를 이용하는 송수압력 제어

인버터로 유도전동기의 회전수를 제어하면 회전수가 줄어든 펌프의 특성은 해당 정격 특성으로 인해 상사(相似)형에 가까운 형태로 변한다.

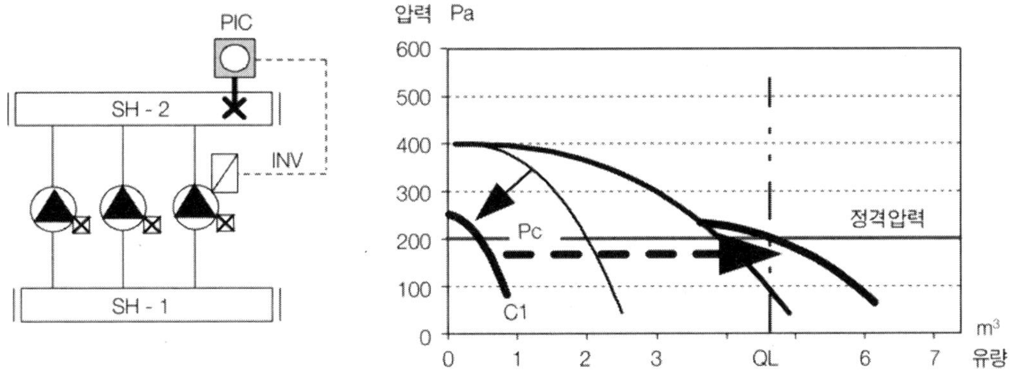

그림2.6 인버터를 1대 배치한 압력제어

그림2.6과 같이 3대의 펌프 중에서 1대만 인버터를 도입한 경우, 부하유량이 QL이라고 하면 2대의 정류량펌프와 인버터로 C1까지 회전수를 떨어트린 1대 펌프의 복합적인 특성이 될 수 있다.

(1) 변양정 제어

인버터 이용 시 변양정(変揚程) 제어가 바람직하다. 배관 계통의 저항은 그림2.7①과 같이 $y=ax^2$으로 나타낼 수 있다. 따라서 2대째의 펌프는 1대째의 교점 a까지 회전수를 낮출 수 있다. 하지만 현실적으로는 유량이 아무리 적어져도 압력설정을 "0"까지 낮출 수는 없다. 건물 사용조건 상 최상층에 레스토랑이 있고 기준층은 사무실일 경우 밤이 되면 건물 전체의 부하열량이 적어지지만, 레스토랑은 최대부하가 요구되는 상황이 종종 발생할 수 있다. 레스토랑이 없더라도 사무실에서 야근을 하는 경우의 운전도 비슷한 상황이 발생한다.

따라서 압력 설정 시 $y = ax^2 + b$의 식을 사용하고 바이패스(b)를 추가 설치한다. 또한 다음 항에서 서술할 최소 회전수 설정이라는 관점에서 압력조절기 기구를 복잡하게 하는 $y = ax^2 + b$보다는 ②의 $y = ax + b$의 직선근사 방식을 선택해도 에너지절감에 대한 효율은 큰 차이가 없다.

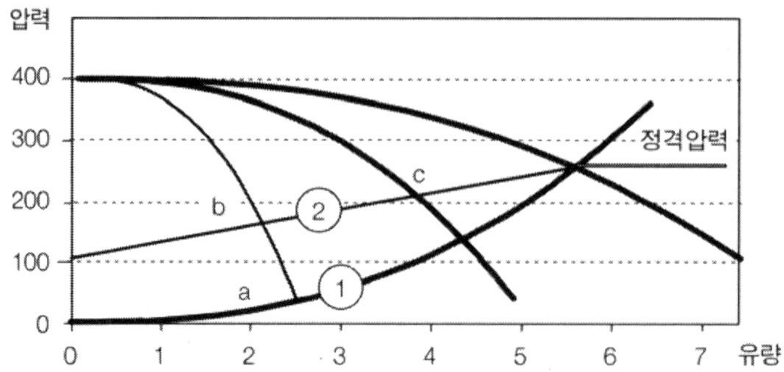

그림2.7 변양정 제어

(2) 최소 회전수 설정

인버터는 최소 회전수 설정 기능을 가지고 있다. 그림2.8에서 b점은 펌프 대수를 1대로 할 것인지 2대로 할 것인지의 포인트이다. 압력제어 신호를 따르면 인버터로 제어된 펌프의 수량은 "0"이 될 수도 있으나 사실상 차단운전(Shutoff Operation)이 되어 버려 발열에 의한 펌프손상으로 이어진다. 펌프 기종에 따라서 차단운전을 방지하기 위한 최소 유량이 설정된 경우가 있으며, 제조사별로 차이는 있으나 대부분은 정격유량의 30%를 하한선으로 요구하고 있다. 이것은 시스템상의 트러블을 방지하기 위함이며 최소 유량의 설정은 제어성능보다는 시스템의 안전성이 우선시되기 때문이다.

c점에 대해서도 마찬가지이다. 펌프대수가 증가할수록 압력설정점이 높아지고, 최소 회전수의 값은 커진다. 이것을 고려하면 부하유량에 대한 압력변동은 그림2.9와 같이 된다.

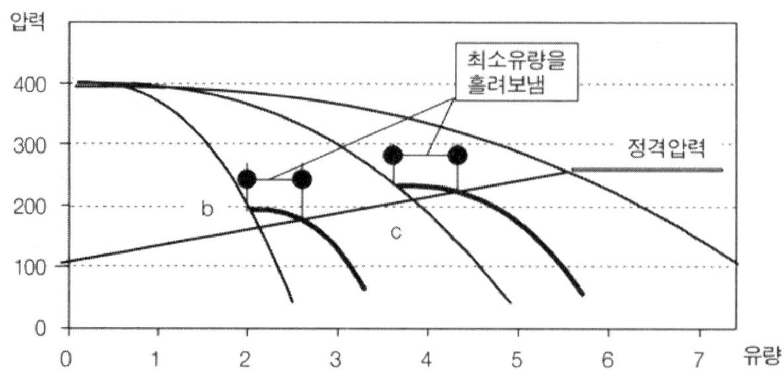

그림2.8 최소 회전수 설정

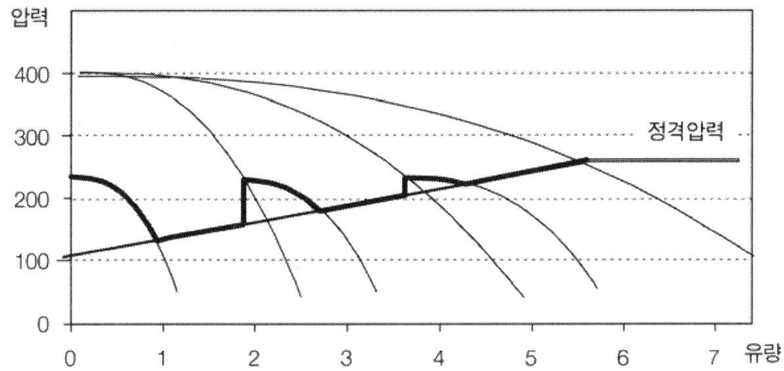

그림2.9 최소 회전수를 고려한 압력변동

(3) 모든 펌프에 인버터 탑재

병렬로 배치한 모든 펌프에 인버터를 배치하면 그림2.10과 같이 되며 부하유량이 QL인 경우 각 펌프가 동시에 회전수를 제어하므로 최소 회전수 설정에 의한 압력변동 요소는 적어진다.

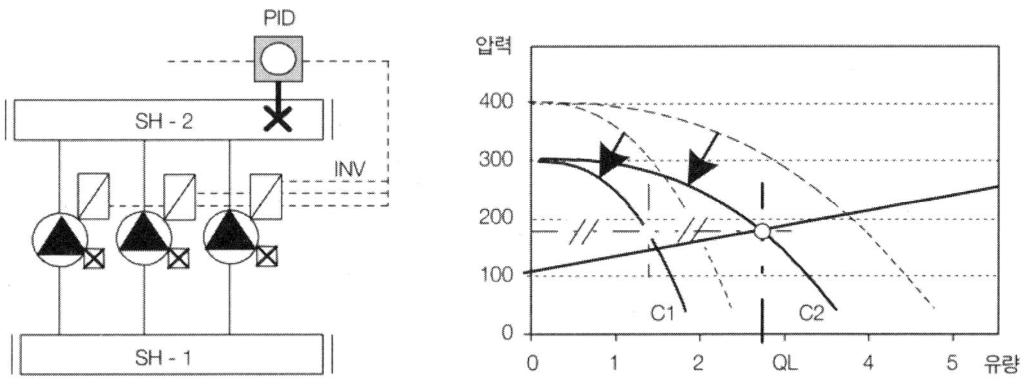

그림2.10 복수의 인버터에 의한 압력제어

2.1.3 제어방식별 동력소비량 비교

2차펌프의 각 제어방식과 소비동력을 비교하면 다음과 같다.

그림2.11에서 ①은 대수제어 실시 + 바이패스밸브 도입(제2장 1항 「바이패스밸브를 이용한 송수압력 제어」 참조)이며 ②는 전체유량을 1대의 펌프와 1대의 인버터로 구성 시 ③은 대수제어 + 인버터 펌프 1대 구성 ④는 대수제어 + 펌프 전체에 인버터를 설치

한 것이다. 단, 대수제어의 변경 포인트는 그래프를 통한 단순비교를 위하여 전항에서 언급했던 변양정 요소는 고려하지 않는다.

동력소비량은 ①의 바이패스를 이용하는 방식이 가장 크며 ②의 1대의 펌프와 1대 인버터로 전체부하유량을 구성하는 방식이 가장 적다.

동력소비량은 펌프의 회전수 관계는 $y = ax^3$이나 회전수가 적어질수록 효율도 떨어지므로 실질적으로는 $y = ax^3 + b$의 관계가 된다(제6장 9항 「인버터」 참조). 따라서 이론상으로는 ③이나 ④와 같이 대수제어 요소를 도입하는 경우 에너지소비량이 ②보다도 많아질 수 있다. 하지만 ②와 같이 펌프와 인버터를 1대로 구성할 경우 펌프 고장이 났을 경우 전혀 대응할 수 없기 때문에 실무상으로는 부적합하다.

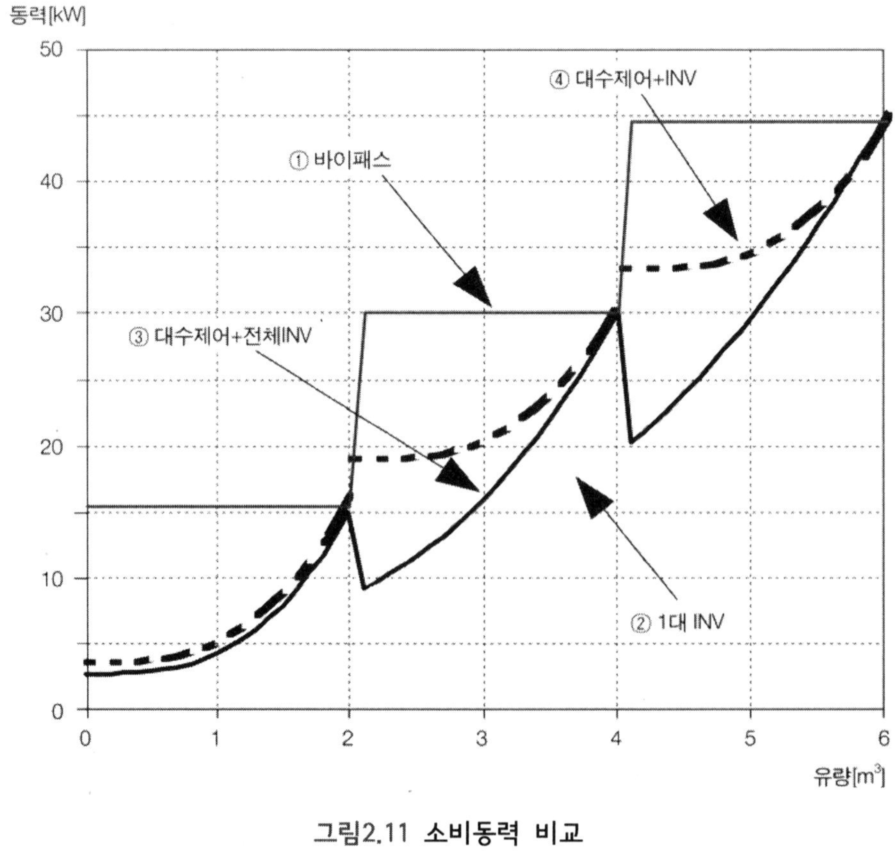

그림2.11 소비동력 비교

그림2.12(a)는 야간운전을 하지 않는 오피스빌딩의 부하유량 빈도 데이터를 나타낸 것이다. 전체부하유량 이상이 요구되는 경우는 없으며, 전체 그래프의 50% 이상이 부하유

량 10% 이하로 운전되고 있다. 겨울철, 아침, 저녁 및 야근시간에도 2차펌프는 운전 상태이므로 출현빈도 데이터가 이러한 결과로 나오는 것은 빌딩을 운용하는데 있어서 특수한 예가 아니다. 대부분의 오피스빌딩은 이러한 부하경향을 보인다.

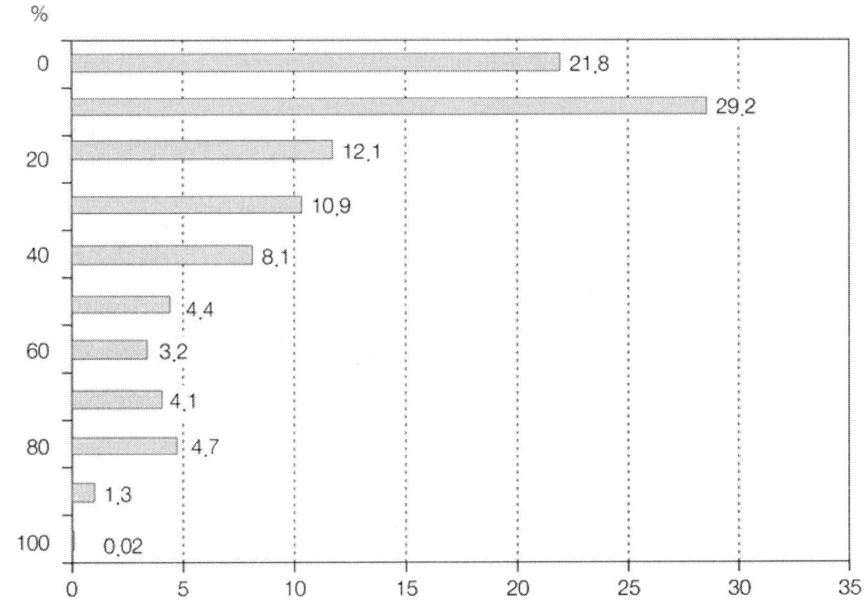

(a) 부하유량 출현회수비율

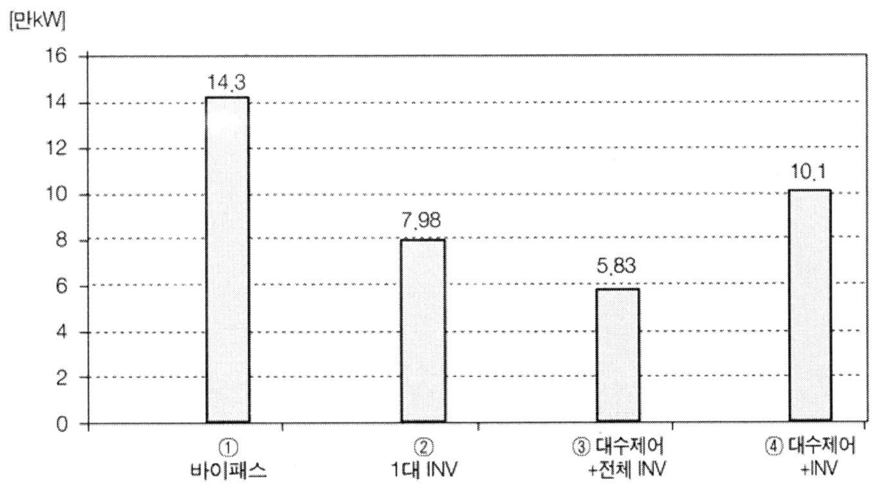

(b) 연간동력소비량

그림2.12 연간 1차펌프의 소비동력 비교 예시

이러한 데이터를 바탕으로 앞에서 기술한 4가지 시스템의 연간동력비용을 비교하면 그림2.12(b)를 얻을 수 있으며 1대의 인버터방식보다는 대수제어+전체펌프에 인버터를 설치한(③)이 에너지절감에 유리함을 알 수 있다.

이는 그림2.11의 1 m^3 이하의 동력소비량그래프에서 알 수 있듯 낮은 유량영역에서는 펌프 및 인버터 모두가 효율이 나빠지므로, 펌프 운전을 분할하는 편이 소비동력상 유리하다. 그리고 펌프 등의 동력기기는 효율이 높은 상태에서 운전하는 것이 펌프수명 관점에서도 유리하다.

2.1.4 정류량 펌프에 인버터를 활용한 에너지절감

이미 시중에는 인버터를 펌프에 추가 설치할 수 있는 제품이 판매되고 있다. 이는 정류량으로 설계된 펌프의 경우 과다한 용량 때문에 실제로는 밸브를 이용하여 유량을 줄여 운전하는 사례가 많기 때문에 나온 아이디어이다. 1.1항에서 설명한 바와 같이 건설분야는 장비의 안전계수를 크게 잡는 경향이 있기 때문에 이에 대한 대응책으로 인버터를 추가 활용하게 되는 것이다. 인버터의 장점은 표 2.1과 같이 유량비율이 80%일 때의 소비동력 비율이 60%가 된다는 것이다.

표2.1 유량비율에 대한 동력비율

유량비율	90%	80%	70%	60%	
유 량	1.8	1.6	1.4	1.2	m^3/min
소요동력	12.3	9.5	7.4	5.8	kW
동력비율	78	60	47	36	%

2.2 냉동기 대수 제어

2.2.1 열량비교에 따른 대수제어

일반적으로는 부하열량과 냉동기 정격열량을 비교하여 냉동기 대수를 제어하는 방식이 많지만 다음과 같은 이유로 인해 권장하기 어렵다.

(1) 냉각수 온도에 따른 냉동기 능력 변동

냉동기는 펌프 및 전동기 등과 달리 능력이 일정하지 않다. 냉동기 능력표시는 32℃의 냉각수 조건으로 표시되지만, 이것은 기종을 선정할 때 제조사가 다른 제품이라도 동일한 조건으로 비교할 수 있도록 하기 위한 기준값에 지나지 않는다. 냉동기 능력은 냉각수 온도가 낮을수록 좋다. 냉동기 제조사 및 기종에 따라 차이가 있지만 일반적으로 20℃ 정도까지 이용할 수 있다.

단순히 정격열량에 의한 판정방식만으로는 이러한 특성을 알아내기가 힘들다.

(2) 응축기 오염

응축기가 오염되어 냉동기의 정격능력이 감소되는 경우도 발생한다. 응축기를 세정한 직후에는 놀라울 정도로 능력이 좋아지기도 한다. 또한 응축기 부식에 대한 대응책으로 방청제를 사용하고 있지만 과도하게 사용하거나 적절한 약품이 아닐 경우에는 응축기 내부의 페인트가 벗겨지는 등 열교환율을 나빠지며, 이러한 경우에도 정격능력을 얻을 수 없다.

(3) 냉동기 능력 이상의 부하열량 계측은 불가능

부하열량 계측(그림2.13)은 냉수 입출구 온도차에 부하유량을 곱하여 산출한다. 냉동기가 2대의 열량이 필요한 상황일 때 1대 운전을 할 경우, ①과 같이 유량이 1대분 이상으로는 증가하지 않으므로 열량변동은 없고 냉수 입출구 온도가 평행하게 상승해 나가는 형태를 보인다.

이는 냉동기의 추가 운전에 대한 값을 정할 때 가장 능력이 적은 조건을 기준으로 설정함을 의미한다. 이러한 이유로 인해 부하열량과 냉동기능력 비교에 따른 대수제어는 냉동기의 최악 조건에 맞춘 운용이 되어버리므로 대부분의 운전기간이 에너지 절감과는 반대의 결과를 나타내기도 한다.

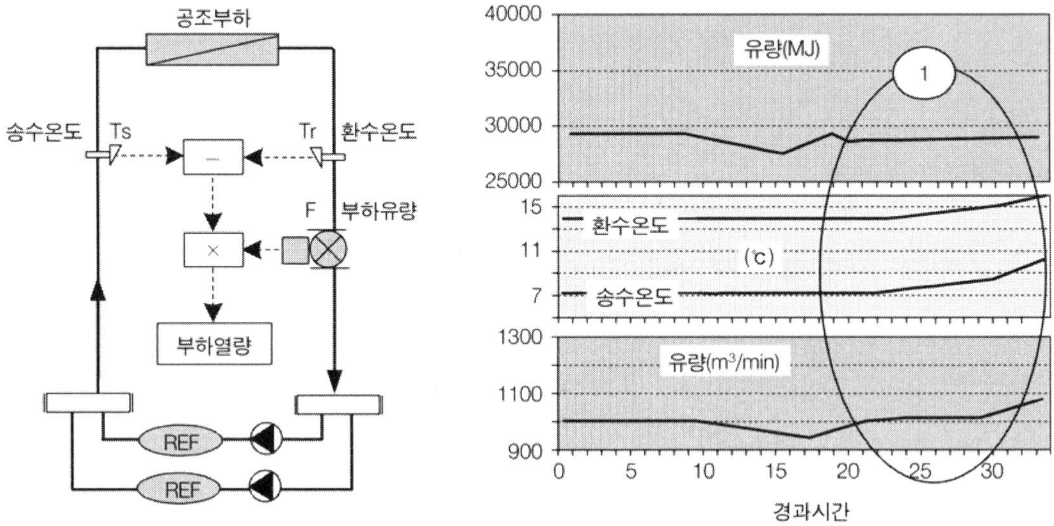

그림2.13 부하열량 계측

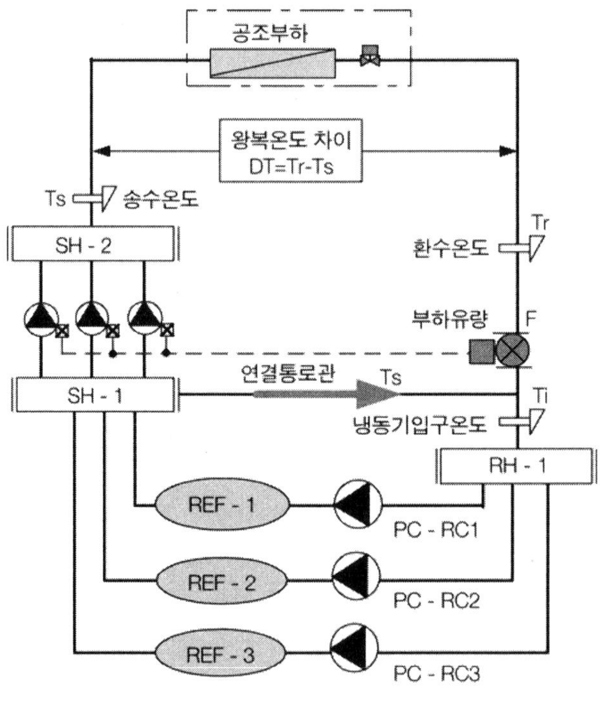

그림2.14 열원 순환 계장도

2.2.2 입출구 온도와 부하열량에 의한 대수제어

열원설비의 첫 번째 역할은 안정적인 송수온도를 공조기로 보내는 것이므로 송수온도(Ts)가 기준이 된다. 여기에 냉동기 입구온도(Ti)와 부하유량(F)을 결합한 그림2.15의 로직플로(Logic Flow)를 가지고 제어한다. 냉동기의 추가운전은 송수온도(Ts)와 부하유량(F)의 AND조건으로, 정지는 냉동기 입구온도(Ti)와 부하유량(F)의 OR조건으로 하는 것이 기본이다. 이 때, 기준 송수온도는 7℃, 환수온도는 12℃로 한다.

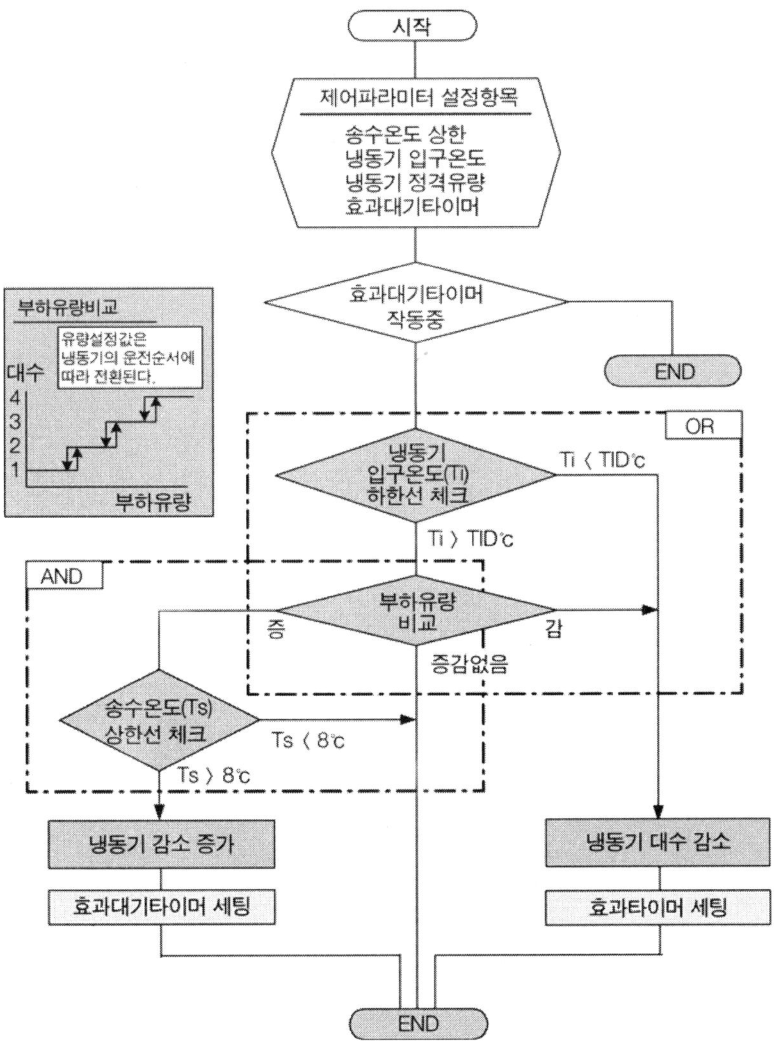

그림2.15 열원기기 대수제어로직의 플로

(1) 운 전

열원의 송수온도는 정격온도인 7℃를 1년 내내 일정하게 유지할 필요는 없다. 공조기의 송풍온도가 유지되는 온도를 유지하면 된다. 송수온도를 높이게 되면 냉동기의 COP(에너지소비효율)은 향상된다.

건물이 요구하는 부하 유량이 운전중의 열원기 합계 유량보다 크고 송수온도 설정값(기준값이 7℃인 경우에는 8℃) 이상으로 높아졌을 때에 냉동기를 추가로 운전한다. 냉동기는 송수온도(냉동기 출구온도)가 일정하도록 제어하고 있으므로 추가 운전방법은 냉각수 온도조건 변화 등에 상관없이 냉동기가 최대능력을 발휘하도록 하는 것이다.

(2) 정 지

건물의 부하측 유량 합계값이 운전중의 합계유량보다 적을 때 또는 냉동기 입구온도가 일정값 이하[*냉동기 정지 기준온도(TID)의 연산 참조]가 되었을 때에 냉동기를 정지시킨다.

*** 냉동기 정지 기준온도(TID) 연산**

일반적으로 공조설계도에서는 환수 헤더를 그림2.16(a)와 같이 표현한다. 바이패스관 전용 및 냉수 부하의 환수전용관에서 냉동기로 물이 유입된다. 설계 단계에서 그림2.16(b)와 같이 제어의사를 확실하게 표현하는 것이 중요하다. 환수헤더 구성이 나쁜 경우 대수 제어 로직을 평가하기 불가능하며 로직을 아무리 구성해도 대수제어가 이루어지지 않는다.

대수 제어와 관련하여 대수를 줄이는 판단값으로서 냉동기 입구온도는 아래와 같은 이유로 인해 냉동기 운전대수에 따라 변화시킬 필요가 있다. 그림2.16(c)와 같이 동일한 정격유량의 2대운전을 1대운전으로 줄였을 때의 판정온도는 환수온도 12℃에서 냉동기 1대분의 유량과 바이패스관의 온도 7℃가 (12+7)/2의 관계로 믹스된 온도이므로 9.5℃가 된다. 마찬가지로 3대에서 2대로 줄일 때에는 (12×2+7)/3으로 10.3℃가 된다. (d)는 TID의 일반식을 나타낸 것이다.

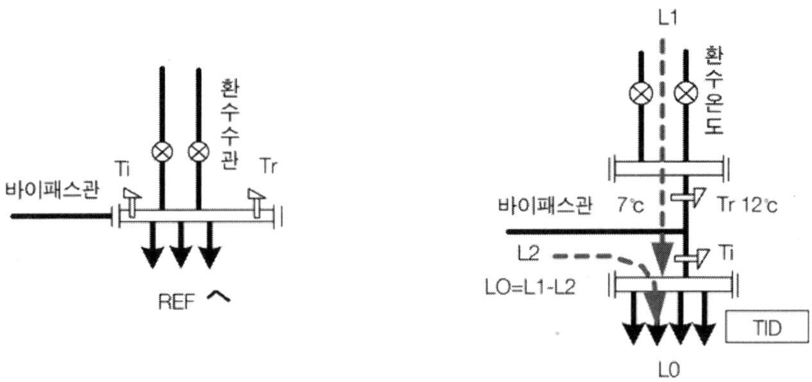

(a) 도면 상의 헤더　　　　(b) 냉동기입구온도

- 2 → 1대로 감소단계　　TID=(12℃ × 1+7℃)/2=9.5℃
- 3 → 2대로 감소단계　　TID=(12℃ × 2+7℃)/3=10.3℃
- 4 → 3대로 감소단계　　TID=(12℃ × 3+7℃)/4=10.8℃

(c) 감소단계온도(TID)를 구하는 방법

TID = {(LR # +LR # +…LR # n-1) × (TSD+DT)+LR # n × TSD}/LTn

LR# : 운전되고 있는 냉동기 중에서 해당 순위 냉동기의 정격유량
TSD : 송수온도 설정값
LTn : 냉동기의 합계정격유량
DT : 왕복온도차이 설정값

(d) TID(냉동기 정지기준온도)의 일반식

그림2.16 환수 헤더

(3) 부하유량 설정값

냉동기 대수가 여러 개가 되면 냉동기의 크기가 다를 수 있다. 부하유량을 비교 설정하는 파라미터는 냉동기의 운전 순위의 변동을 따른다. 냉동기 종류별로 냉수펌프의 정격유량을 기억하여 파라미터값(P1, P2, P3 등)을 계산한다. 또한 정지 디퍼렌셜(DF)에 의한 정지파라미터를 이용한다(그림2.17).

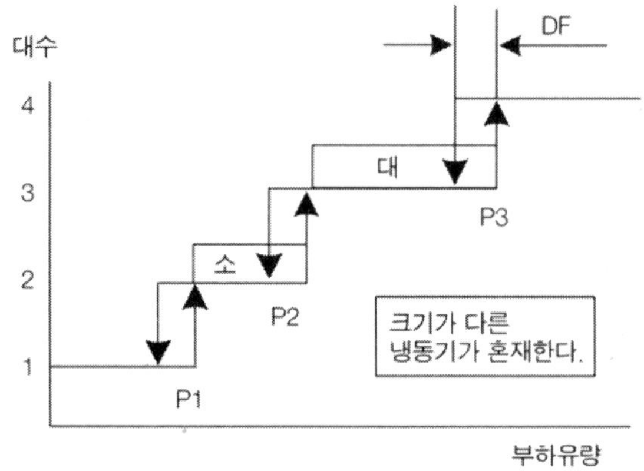

그림2.17 부하유량 비교

2.2.3 냉수 입출구 온도차

이 로직의 단점은 그림2.14에서의 냉수 입출구 온도차(DT) 조정이 어렵다는 것이다. 지금까지 설명한 바와 같이 송수온도가 7℃, 환수온도가 12℃의 기준값대로라면 문제가 없지만 환수온도는 종종 12℃ 이하의 경우가 많다. 공조부하 온도차이가 설계값대로 발생하지 않기 때문이다. 이에 대한 원인으로는 송수압력이 너무 높아서 왕복압력차가 너무 큰 경우, 겨울철에 외기온도가 낮고 공조기 냉수 코일표면과 닿는 온도가 낮아서 이러한 영향이 환수온도에 반영되는 경우 등을 생각할 수 있다. 또한 공조기와 팬코일이 병렬로 접속되어 있어 온도차를 줄일 수 없는 경우 또는 잘못된 밸브선정 등 원인은 다양하다.

앞에서 서술한 바와 같이 배관저항을 계산할 때에 안전계수를 과도하게 잡는 경향이 있으므로 냉수 입출구 차이를 수정하는 것만으로도 입출구 온도차 문제를 해결할 수 있는 경우도 있다.

근본적인 대응책으로 그림2.18과 같은 방식을 생각할 수 있다. 그림1.18(a)는 “열교환기를 이용하는 방식”이다. 송수온도(Ts)를 제어하는 조절기(TIC_M)회로에 환수온도(Tr)의 캐스케이드 신호를 추가함으로써 새로운 송수온도 설정값(KSC)을 얻어 송수온도를 슬라이드 시켜서 저온반송을 중지시킨다. 처음부터 열교환기(HEX)를 설치하는 것은 초기비용의 증가로 이어지나 고층빌딩 등에서는 배관압력을 1,000 kPa 이하로 억제하기 위해 열교환기를 넣거나 하는 사례가 자주 있다. 그림1.18(b)는 1차펌프와 2차펌프의 위치를 이격하는 “브리드인 방식”이다. 환수온도(Tr)를 섞기 때문에 송수온도(Ts)는 냉동기 출구온도보다 상승하지만 부하측에 영향을 가할 정도는 되지 않는다. 반도체 제조공장의 드라이 코일을 대상으로 하는 냉수공급회로에서는 당연한 듯이 사용되고 있으며 에너지절감 제어 자동화를 추구한다면 이러한 사항까지 고려해야 한다.

그림2.18은 정격 환수온도가 16℃인 회로로서 환수온도가 14℃, 송수온도 설정값이 7.7℃인 경우이다.

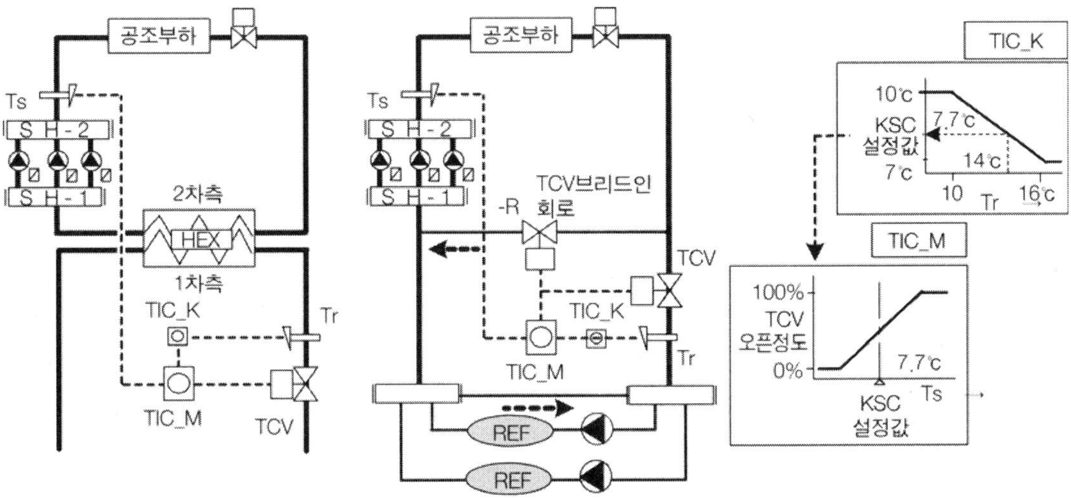

(a) 열교환기 방식 (b) 브리드인방식

그림2.18 환수온도 유지시스템

2.2.4 냉각수온도와 냉동기능력

냉동기 카탈로그에서는 냉각수온도를 32℃로 표시하고 있는 경우가 많지만(최근에는 25℃도 함께 표기되어 있는 경우도 있다.) 이것은 냉동기능력 표시를 동일한 조건으로 하기 위한 것이며, 이 값을 유지하지 못하면 냉동기가 고장 난다는 것을 의미는 아니다. 그림2.19와 같이 일반적으로 터보냉동기에서는 냉각수온도를 20℃ 정도까지 낮출 수 있으며 이러한 조건에서는 에너지를 25% 정도 절감할 수 있다. 흡수식 냉동기의 경우에는 응축기와 증발기의 압력차를 작게 설정하는 것을 회피하는 제조사도 있어 26℃ 정도를 하한선으로 생각하는 편이 타당하다. 다만 이러한 값은 냉동기제조사 및 기종에 따라 다르므로 운전 매뉴얼 작성 시 냉동기 제조사와 상담하여 상호간에 납득할 수 있는 설정값을 정해야 한다.

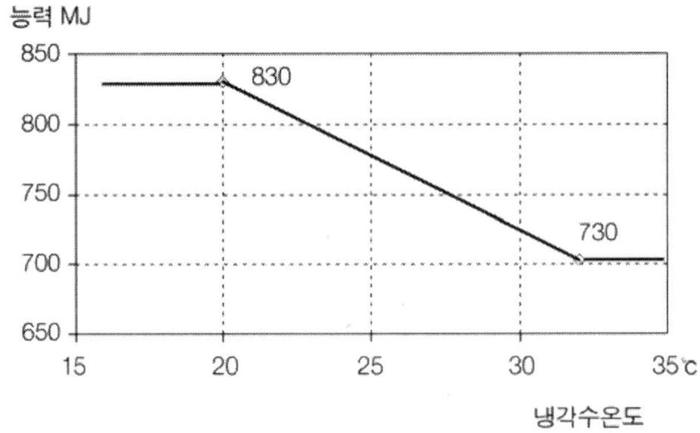

그림2.19 냉각수온도~냉동기능력 특성

냉각수온도 설정은 냉각수펌프 주변의 바이패스밸브와 냉각탑 팬의 ON/OFF로 이루어진다. 그림2.20과 같이 냉각탑의 팬이 여러 대인 경우, 베이스가 되는 첫 번째 팬의 OFF점과 바이패스 제어밸브의 설정값은 (A)와 같이 오버랩 되도록 한다. 냉동기의 응축기는 반드시 열이 발생하므로 (B)와 같이 바이패스 제어밸브 설정값이 베이스팬 OFF점보다 낮으면 ON/OFF 빈도가 높아져 냉각탑 파손사고로 이어진다. 물론 냉각수 온도 설정을 20℃로 했다고 해서 항상 20℃의 냉각수를 얻을 수 있는 것은 아니다. 여름철 외기조건이 냉각탑 정격에 가까워졌을 때에는 냉각탑 정격값인 32℃에 자연스레 가까워진다.

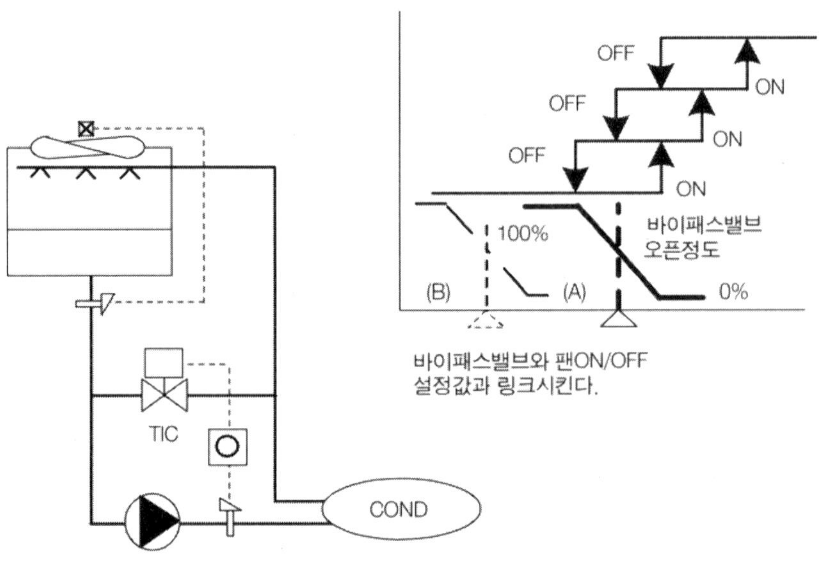

그림2.20 냉각수온도 제어

2.2.5 냉수온도와 냉동기능력

일반적으로 냉수온도는 7℃ 정도로 설정하는 경우가 많지만 그림2.21과 같이 냉수온도는 높게 설정할수록 냉동기의 능력은 상승한다. 단, 이러한 문제는 앞에서 언급한 냉각수 온도만큼 단순하지 않다. 건물에서 발생하는 부하 요구량은 동일하므로 송수온도가 상승하면 냉수부하 유량은 증가한다. 또한 공조기로 보내는 온도를 너무 높이면 냉동기만으로는 에너지절감이 가능하더라도 물을 보내는 반송 동력이 증가하므로 전체적으로는 에너지 비용을 상승시키게 된다.

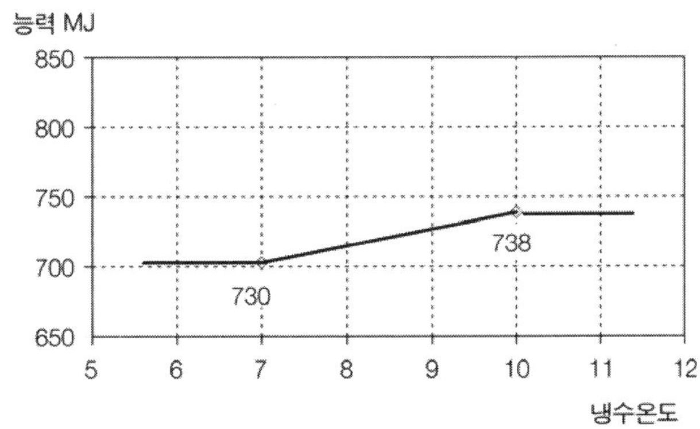

그림2.21 냉수온도와 냉동기능력의 관계

2.2.6 월별, 주야별 냉동기능력과 소비에너지

냉동기는 용량을 제어하는 기능이 있으므로 부분 부하운전 시에는 소비 에너지도 적어진다. 하지만 비례적으로 0%까지 내려가는 것이 아니며 최대로 내려갈 수 있는 하한값을 가지고 있다.

냉동기 종류 및 크기, 제조사에 따라 차이가 있지만 여기에서는 그림2.22와 같이 1차적인 특성으로 생각해 보기로 한다. 흡수식 냉동기의 경우에는 최대 효율점을 70% 정도로 한 제조사도 있지만 처리열량이 적을 때에도 냉수, 냉각수펌프는 정격운전이므로 종합적으로는 1차 특성선이 된다.

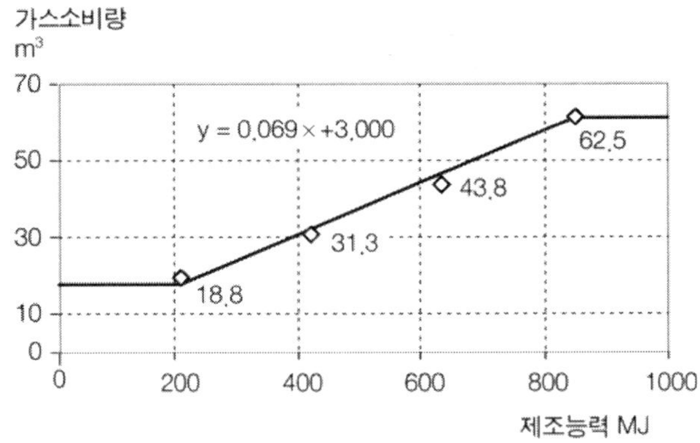

(a) 흡수능력-가스소비량 특성

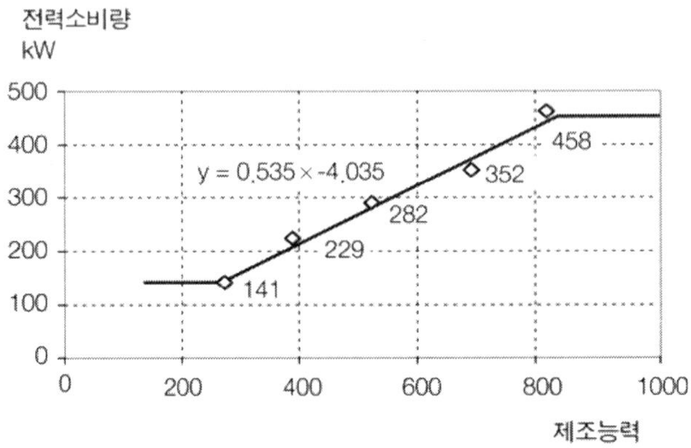

(b) 터보능력-전력소비량 특성

그림2.22 냉동기능력~에너지소비특성

그림2.23은 표준조건(냉각수온도 32℃, 냉수온도 7℃), 출력 703kW(200USRT)의 냉동기를 대상으로 월별, 주간 및 야간별 냉각수 및 냉수 조건을 부여하였을 때의 냉동기능력과 전력 · 가스의 소비량을 나타낸 것이다(USRT : 미국냉동톤). 가장 조건이 좋은 1월과 표준조건인 8월을 살펴보면 능력에서 123%(=864/703)으로 상승, 가스소비량은 81%(=42.4/52.1)로 감소, 전력소비량은 81%(=316.4/389.0)로 감소한다. 냉동기능력이 증가하고 에너지소비량이 감소하기 때문에 이러한 특성을 활용하는 운용방법을 채택해야 한다.

그림2.23은 월별로 무리하지 않는 범위에서 적절한 송수온도를 설정하고 최저냉각수온도를 20℃로 하여 각 월의 평균적인 습구(濕球)온도로 추정할 수 있는 냉각수온도를 부여하였을 때의 냉동기 능력 및 소비에너지를 나타낸 것이다.

표준능력 730kW(200USRT)				흡수	터보
월	냉수 온도	냉각수 온도	능력 (kW)	가스 (m^3)	전력 (kW)
1월	9.5	20.0	864	42.4	316.4
		20.0	864	42.4	316.4
2월	9.5	20.0	864	42.4	316.4
		20.0	864	42.4	316.4
3월	9.0	21.0	847	43.2	323.0
		20.0	858	42.7	318.9
4월	8.5	22.0	829	44.2	329.9
		21.0	840	43.6	325.6
5월	8.0	23.0	811	45.1	337.0
		22.0	822	44.5	332.6
6월	7.5	26.0	773	47.4	353.8
		25.0	784	46.7	349.0
7월	7.0	31.0	714	51.3	383.2
		31.0	714	51.3	383.2
8월	7.0	32.0	703	52.1	389.0
		32.0	703	52.1	389.0
9월	7.5	29.0	741	49.4	369.1
		27.0	762	48.0	358.8
10월	8.0	25.0	790	46.3	346.2
		23.0	811	45.1	337.0
11월	8.5	23.0	818	44.8	334.3
		22.0	829	44.2	329.9
12월	9.0	22.0	836	43.8	327.2
		20.0	858	42.7	318.9

그림2.23 **냉각수와 냉수온도 조건을 추가한 월별 · 주야간별 냉동기 능력**

2.2.7 송수온도와 냉동기 출구온도

냉동기 대수 제어 운용에 따라 냉동기 출구온도 설정값이 7℃인 경우에도 송수온도를 10℃로 관리하는 것이 가능하다.

냉동기 대수 제어에서는 냉동기만을 검토대상으로 하지만 그림2.24에서 냉동기에 딸려있는 냉수펌프와 연결통로관의 역할을 주목한다. 냉동기 대수 제어는 1차펌프와 2차펌프의 연계와도 관련되어 있다는 것을 잊어서는 안 된다.

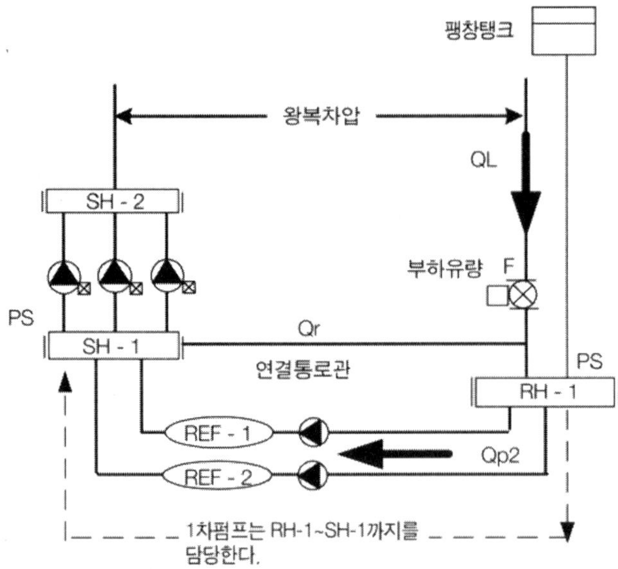

그림2.24 1차펌프와 2차펌프의 연계

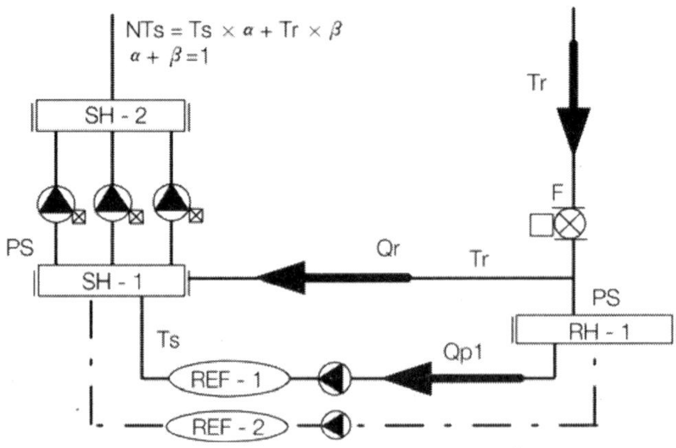

그림2.25 1차펌프 < 2차펌프의 유량일 때의 송수온도

1차펌프는 환수헤더(RH−1) ~ 송수1차헤더(SH−1)의 영역을 담당한다. SH−1과 RH−1 사이에는 연결통로관이 설치되어 바이패스 역할을 한다. 연결통로관은 SH−1부터 RH−1을 향하여 흐르도록 되어 있지만 상황에 따라서는 그림2.25와 같이 역방향으로 흐르기도 한다. 그림2.26(a)와 같이 부하유량이 QL이라 한다면 2대의 1차펌프는 Qp2의 수량으로 운전한다. SH−1과 RH−1의 압력을 팽창탱크에서 가한 압력(PS)이 되도록 연결통로관에는 Qr = Qp2 − QL의 수량이 흐른다. 연결통로관을 흐르는 물의 에너지원은 1차펌프의 특성에서 기인한다.

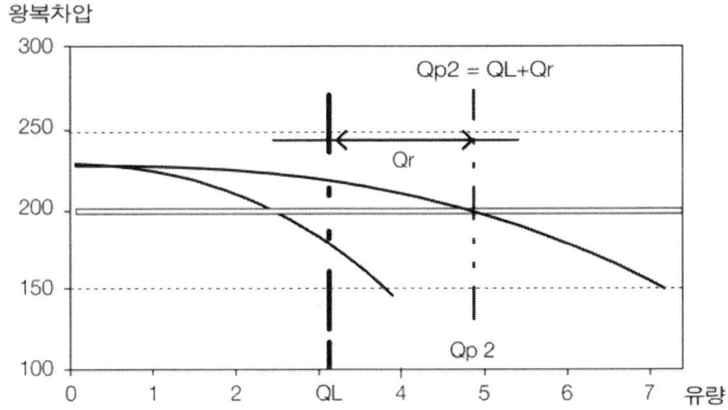

(a) 1차펌프 2대운전

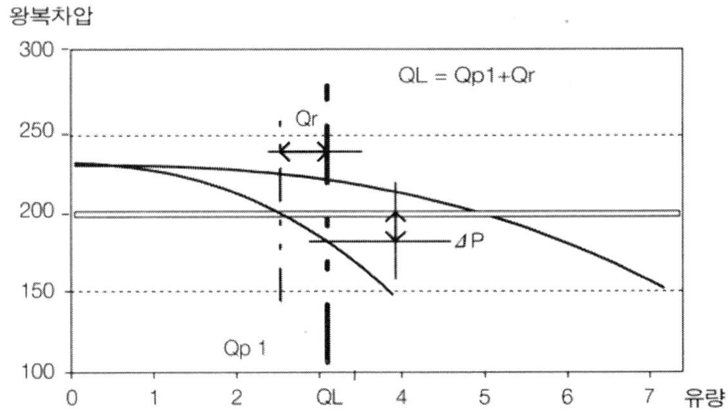

(b) 1차펌프 1대운전

그림2.26 1차펌프(냉동기) 운전대수와 부하유량

1대의 냉동기가 운전될 경우, 그림2.26(b)와 같이 1대의 펌프 특성선과 냉온수 입출구의 설정값의 압력차이(ΔP)를 상쇄하기 위해 RH-1에서 SH－1방향의 연결통로관에 Qr의 수량을 흘려보내 균형을 맞춘다. 이로 인해 환수관 온도를 Qr분만큼 병합하는 비율에 따라 송수온도는 상승한다.

이 때 수량Qr로 흐르는 에너지원은 2차펌프가 담당한다. 이러한 이유로 인해 열원시스템으로서의 송수온도(NTs)는 그림2.25와 같이 냉동기 송수온도와 부하로부터의 환수온도를 혼합한 것이 된다.

그림2.25에서의 냉동기 대수 제어 로직은 이러한 운전에도 대응할 수 있도록 되어 있다. 즉, 송수온도를 어느 정도의 범위에서 유연하게(flexible) 변경해도 될 것으로 여겨질

때는 2.2(1)항에서는 냉수온도를 7℃를 기준으로 1℃ 올린 8℃로 하였지만 이러한 값을 10℃로 한다고 생각하면 된다. 7~10℃의 범위에서 송수온도가 움직이는 것인데 수동으로 냉동기를 켜 놓을 경우에는 이 정도의 송수온도변화는 자주 볼 수 있다.

2.3 펌프의 유량조정

펌프의 유량조정이라고 하면 전류값을 맞추기 위해 그 펌프 전후의 수동밸브를 잠그는 것으로 여기는 경우가 많지만 해당 펌프가 사용되고 있는 상황에 따라서 조정방법도 달라진다.

2.3.1 1차펌프의 유량조정

그림2.27과 같이 1차펌프 주변에는 수많은 수동밸브가 설치되어 있다. 이것은 펌프나 냉동기를 수리하는 경우에 대응하기 위한 것이다. 한편 냉동기의 냉수유량은 정격값으로 제어해야 한다. 열량 = 유량 × 냉수 입출구 온도차 이므로 유량이 정격값보다 크면 냉수 출구온도가 높아져 버리기 때문이다. 따라서 수동밸브를 잠그고 유량을 조정하는 것인데, 수동밸브로 주로 사용되는 버터플라이밸브(BV)는 유량조정에는 적합하지 않다. 또한 유량조정이 쉬운 글로브 밸브(Globe Valve)는 밸브 간의 치수가 크므로 바람직하지 않다. 그림2.27에서의 BV2 부분에 그림2.28과 같은 유량조정을 고려한 버터플라이밸브를 이용하면 이러한 어려움을 해결할 수 있다.

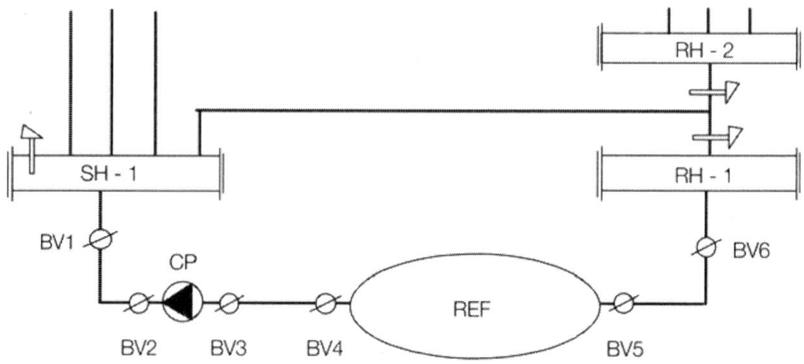

그림2.27 1차펌프 주변의 수동밸브

그림2.28 **유량조정을 하기 쉬운 버터플라이밸브**

2.3.2 2차펌프의 유량조정

그림2.29는 펌프의 Q－H특성곡선이다. 2차펌프는 흘려보내고 싶은 만큼 흘려도 되므로 일반적으로는 유량을 조정할 필요가 없다. ①에서 Q－H 특성보다도 상당히 안쪽에 위치하고 있는 ◥마크에 주목해 본다.

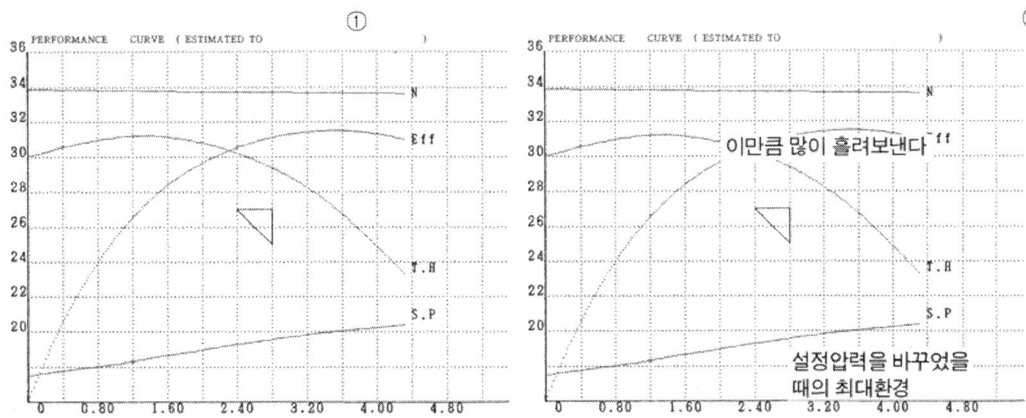

그림2.29 **펌프의 Q-H 특성**

실제 설계에서는 요구사양에 딱 맞는 펌프는 좀처럼 찾기 힘들므로 다소 큰 상용제품을 선정하게 된다. 요구사양의 압력점을 Q－H 특성선까지 연장하면 유량은 정격값보다 23% 많이 흘려보내게 된다. 그리고 펌프 양정은 일반적으로 크게 산출되는 경우가 많다는 점을 고려할 경우, 예를 들어 가령 압력설정을 20m로 설정한 경우에는 펌프유량은 정격값보다 74% 많게 흐르게 된다. 이렇게 되면 다른 측면에서의 체크가 필요하다.

우선 펌프의 과전류체크이다. ①과 같이 유량~축동력선은 오른쪽 상향 방향이며 과전류가 발생하는 경우가 발생한다. 다음은 배관 내 유속에 대해서도 체크한다. 일반적으로 공조배관에서의 유속은 2m/sec 이하로 억제하는데, 이는 유속이 너무 빨라지면 배관 부식을 촉진시키기 때문이다.

2.4 프리쿨링

냉각탑을 본래 용도인 냉동기의 냉각수로 이용할 것인지 프리쿨링으로 사용할 것인지에 대한 판단은 수동밸브를 이용하여 선택할 수 있다. 프리쿨링이 운전이 가능한가에 대한 외부 조건에 확신이 들지 않을 때 굳이 프리쿨링 시스템을 이용할 필요는 없으며, 이 경우 적용하더라도 얻게 되는 열량이 적기 때문이다.

프리쿨링(Free Cooling)을 이용하여 냉수를 제조할 때에는 10℃ 이하 정도에서 사용해야만 하며 냉동기의 냉각수로서 사용할 때는 20℃ 이상이 요구되는 시스템이며, 냉각수 배관 내의 냉각수 온도를 변화시키는데도 에너지가 많이 사용되므로 전환을 자주 하는 것은 바람직하지 않다. 해당 제어는 그림2.30과 같으며 단순한 열교환기 제어에 지나지 않지만 프리쿨링을 효과적으로 활용하고자 할 경우 여러 고려사항이 필요하다.

2.4.1 펌프 운정 · 정지

컴퓨터를 손쉽게 사용할 수 있는 오늘날에는 프리쿨링 운전 판단에 필요한 습구온도 연산을 간단히 할 수 있다. 하지만 프리쿨링을 운용할 때 가장 고민이 되는 것이 문자 그대로 날씨이다. 프리쿨링을 할 것인지 말 것인지에 관련하여 외기조건에 대한 전환 디퍼렌셜이 있는 ON/OFF 제어 방법을 채택하면 반드시 실패한다. 기상변동은 예상하는 대로의 궤적을 그려나가는 것이 아니기 때문이다.

이러한 때에는 발상을 전환하여 열교환기 출구온도(TE)를 중심으로 생각하면 된다. 8시 또는 22시의 열원기기의 운전패턴을 재점검 시간으로 정하고 우선 열교환기를 운전한다.

그리고 TE의 온도가 송수온도 기준값이 되지 않으면 프리쿨링 조건이 성립하지 않는 것으로 판단하여 운전을 중지한다. 다음 판정시간인 8시나 22시에 다시 한 번 동일하게 실시하여 이것을 매일 반복한다.

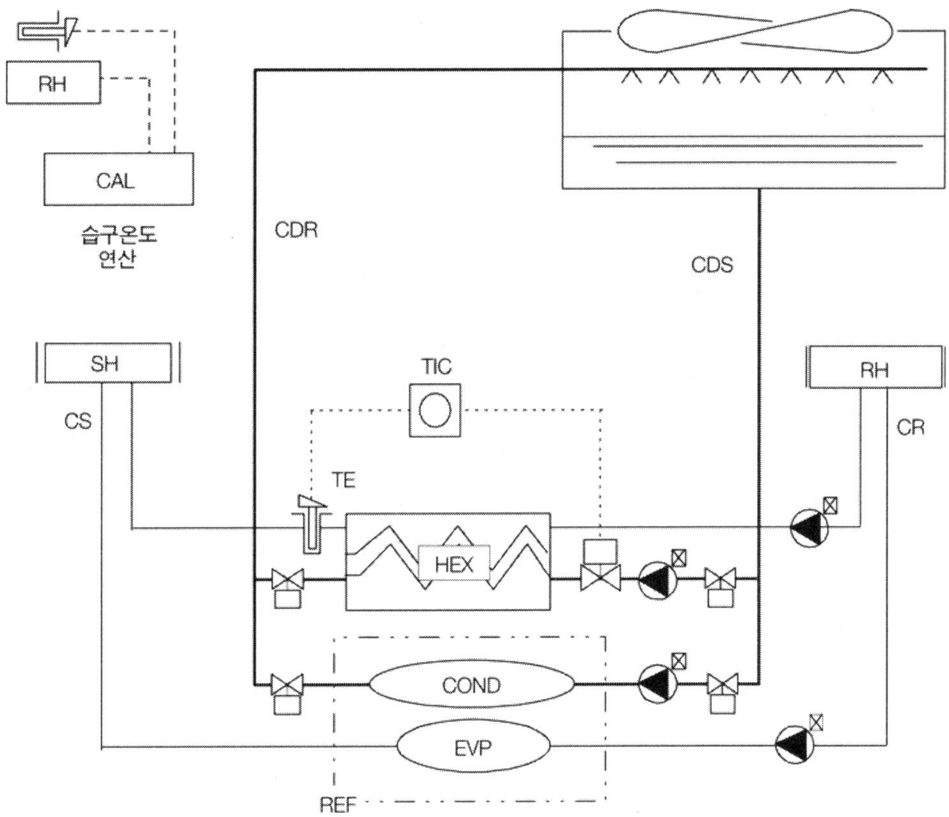

그림2.30 프리쿨링

2.4.2 프리쿨링 시의 냉수 송수온도

일반적으로 송수온도는 1년 내내 7℃ 등으로 설정하는 경우가 많은데 이는 특별히 근거가 있는 숫자는 아니다. 프리쿨링을 보다 적극적으로 운용하고 싶다면 계절에 따라 송수온도를 변화시키는 유연성이 필요하다. 일반 공조의 경우라면 겨울철 10℃의 냉수송수온도만으로도 충분한 냉방을 할 수 있다.

2.5 냉동기 원리

냉동기의 대수 제어를 설계하기 위해서는 냉동기 원리를 알아 두는 편이 좋다.

2.5.1 압축식 냉동기의 냉동사이클

주사를 놓을 때 알코올 소독을 하면 순간적으로 시원해지는 느낌이 난다. 알코올이 증발하면서 피부에서 증발잠열을 빼앗아 가기 때문이다. 터보냉동기, 패키지형 공조기 및 가정용 냉방장치(Room Aircon) 등도 이러한 원리를 기본으로 한다. 알코올을 상시 증발시킬 수는 없으므로 알코올 대신에 냉매가스를 순환시켜 그림2.31과 같은 사이클을 만든다. 이러한 사이클을 "냉동사이클"이라 하며 몰리에선도로 표현한다.

(1) 압축행정

압축기에서 내보낸 냉매가스는 고온고압의 가스 상태가 되어 응축기로 보내진다.

(2) 응축행정

응축기 안에서 냉각수에 의하여 냉각되면 고온고압의 액체가 된다(가정용 에어컨의 경우는 냉각탑을 이용하는 대신에 공기냉각방식을 사용한다).

(3) 팽창행정

냉매가 팽창밸브의 가는 관을 통과하면 고온저압의 액체가 된다.

(4) 증발행정

냉매가 증발기의 폭이 넓은 관으로 들어서면 냉매액은 가스 상태가 되며 증발을 거쳐 저온저압의 가스가 된다. 즉 증발잠열을 빼앗아 냉수가 만들어지게 되는 것이다. 이후, 냉매가스는 다시 압축기로 보내지고 사이클을 반복한다. 몰리에선도 위에서 액체·가스 혼합영역에서의 등온도선은 압력선과 평행하다.

냉각수온도를 낮춘다는 것은 그림2.32(a)에서 ①의 부분을 의미하며 냉수온도를 높인다는 것은 ②의 부분을 의미한다. 압축기가 하는 일은 ③의 부분인데 이러한 처리를 거쳐 냉동기 에너지절감을 유도할 수 있다.

냉동기는 에너지소비효율 COP = 냉방능력(MJ)/소비동력의 열량환산값으로 구할 수 있는데(MJ : kW × 0.86 × 4.186) 그림2.32(b)와 같이 몰리에선도상에서도 COP = i2/i1를 구할 수 있다. 터보냉동기의 용량제어는 냉수출구온도가 일정해지도록 주로 압축기의 흡입베인(Inlet Vane)을 제어하여 냉매순환량을 조정하므로 용량제어와 몰리에선도 사이에는 직접적인 관계가 없다.

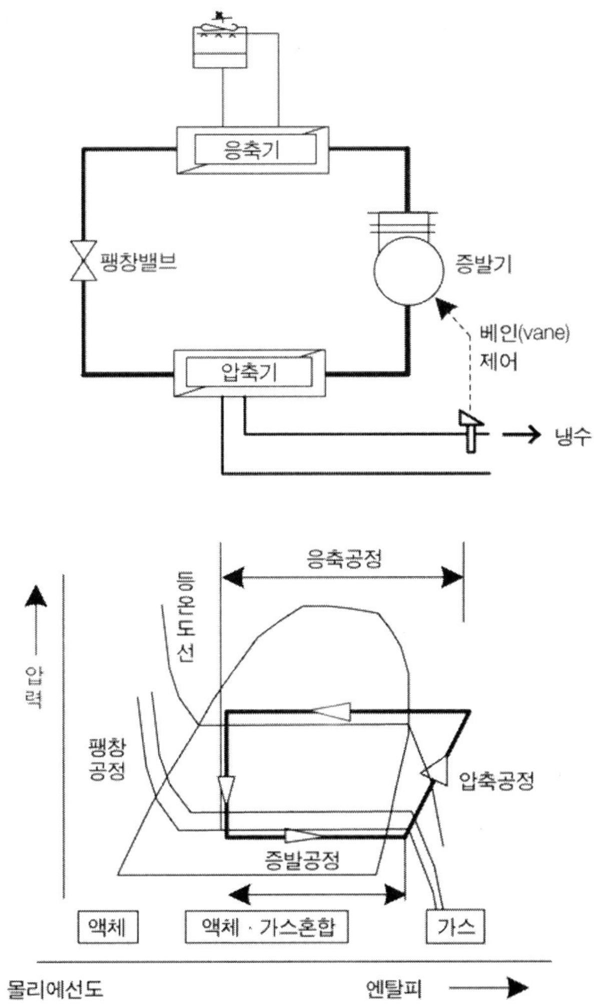

그림2.31 냉동사이클과 몰리에선도

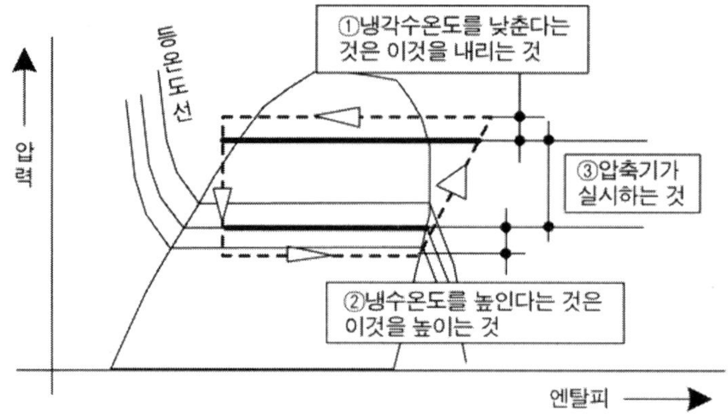

(a) 냉수온도와 냉각수온도

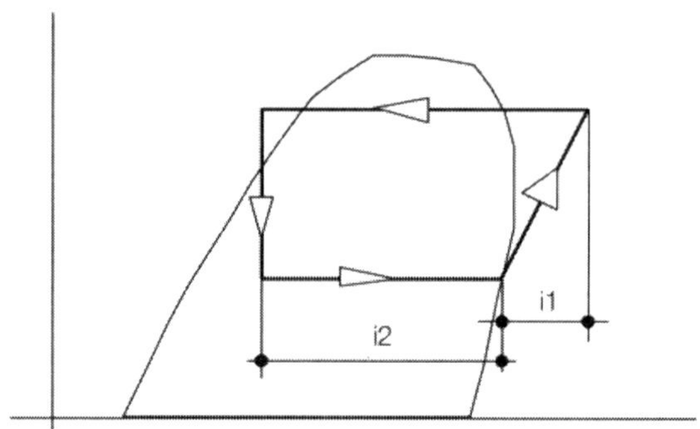

COP = i2/ i1

(b) COP(에너지소비효율)

그림2.32 냉수온도와 냉각수온도

2.5.2 흡수식 냉동기

흡수식 냉동기는 가스 및 증기를 에너지원으로 한다. 냉수를 만들어 내기 위해 가스를 태우거나 증기를 반입한다는 것이 이상하게 들릴 수도 있으나 앞에서 언급한바와 마찬가지로 잠열의 성질을 이용한 열의 이동이라는 측면은 동일하다.

그림2.33에서와 같이 크게 재생기/응축기 부분과 흡수기/증발기 부분으로 나뉜다. 내부를 순환하는 액체의 측면에서 보면 냉매(일반적으로는 물)와 흡수액(브롬화리튬)의 회로가 있다.

흡수기 내부에는 진한 흡수액이 산포되어 있으므로 증발기에서 냉매(물) 증기가 흡수액으로 흡수된다. 증발기 내의 압력은 진공에 가까우므로 냉매(물)는 약 4℃로 증발하며 이때 냉수관 내부의 물을 증발잠열 작용으로 냉각시켜 7℃ 정도의 냉수를 얻는다. 흡수기 내부에는 냉각수관이 배치되어 있으며 냉매와 하나가 된 흡수액(희석용액)의 온도를 낮추는 역할을 한다. 흡수액 펌프를 따라 재생기로 보내진 희석 용액은 열을 받아 냉매(물)를 증발시켜 진한 용액이 되고 흡수기로 다시 보내진다.

재생기에서 진한 용액과 분리증발한 냉매(물)는 응축기에서 냉각수로 인하여 차가워져서 액화되고 다시 냉매로서 증발기로 이동한다. 이 동작을 반복으로 증기나 가스 등으로 뜨거워지면 물이 냉각된다는 어찌 보면 이해하기 힘든 현상이 성립되는 것이다.

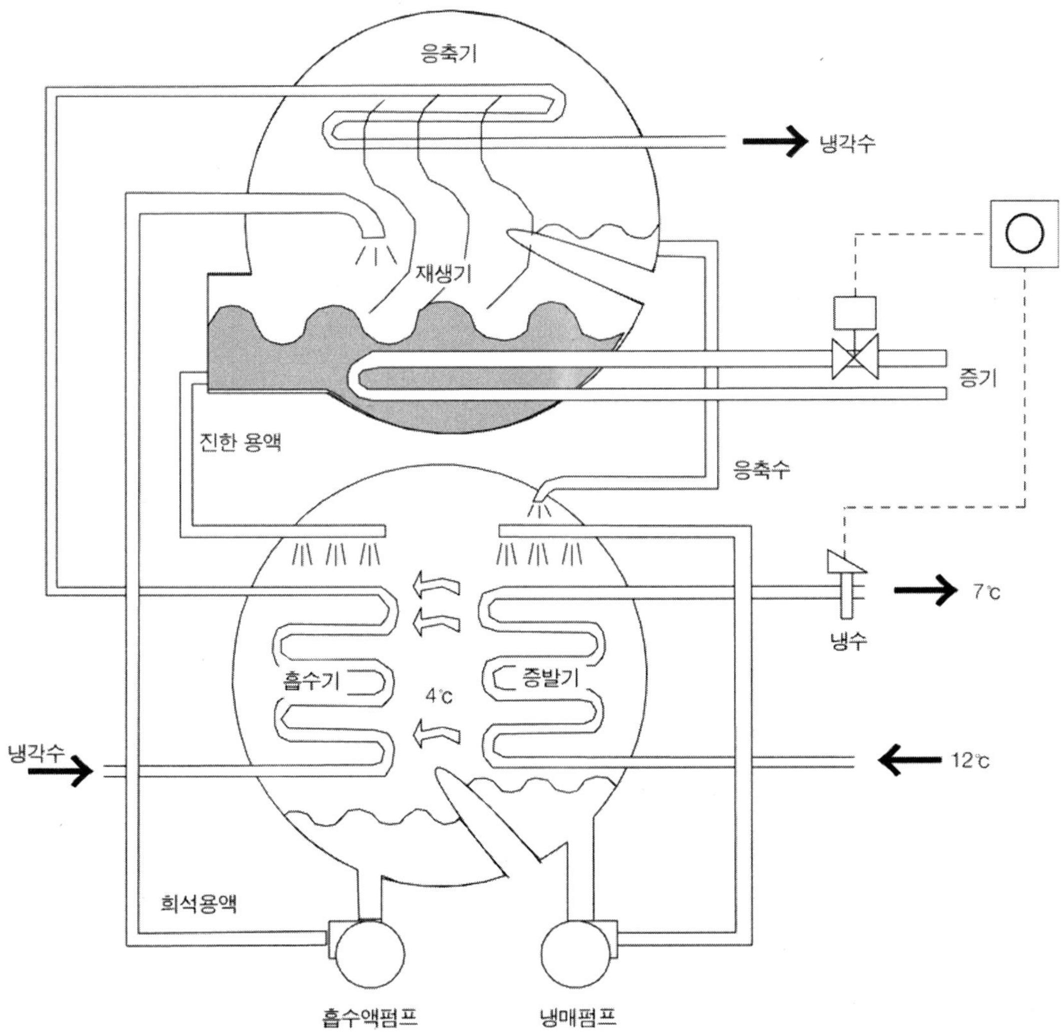

그림2.33 **흡수식 냉동기의 사이클**

여기에서는 기본적인 설명을 한다는 취지에서 단일 효용방식을 다루었지만 일반적으로는 열교환 효율을 향상시키고 COP를 높이기 위한 2중 효용방식 등의 경우는 회로가 훨씬 복잡해진다.

이렇게 화학반응을 응용하고 있으므로 운전시에 능력을 발휘하기까지 10～20분 정도의 시간이 걸린다. 또한 냉동기가 정지되고 증기나 가스의 공급을 멈춘 후에도 곧바로 활동을 정지되지 않는다. 이 때에도 15분～30분의 잔류운전이 필요하게 된다. 이러한 운전을 희석운전이라 한다. 희석운전 시간은 타이머에 의하여 이루어지는 경우와 증발기 내의 압력을 체크하여 이루어진다.

어떤 경우라도 냉수、냉각수펌프에 대한 운전정지출력은 냉동기에서 이루어진다. 덧붙여 터보냉동기의 경우에도 전동기 회전이 완료될 때까지 5분 정도의 잔류운전이 필요한데, 일반적으로 이러한 잔류운전 타이머처리는 동력반에서 이루어지는 경우가 많다.

흡수식 냉동기의 용량제어는 냉수출구온도가 일정해지도록 증기량이나 가스량을 제어하여 이루어진다. 앞에서 설명한 희석운전과 마찬가지로 흡수식 냉동기는 화학반응의 응용이므로 제어밸브에 신호를 보내도 응답하는 데 걸리는 시간이 있으므로 급격한 부하변동을 가하는 등의 사용은 피해야 한다.

제3장 축열조 제어

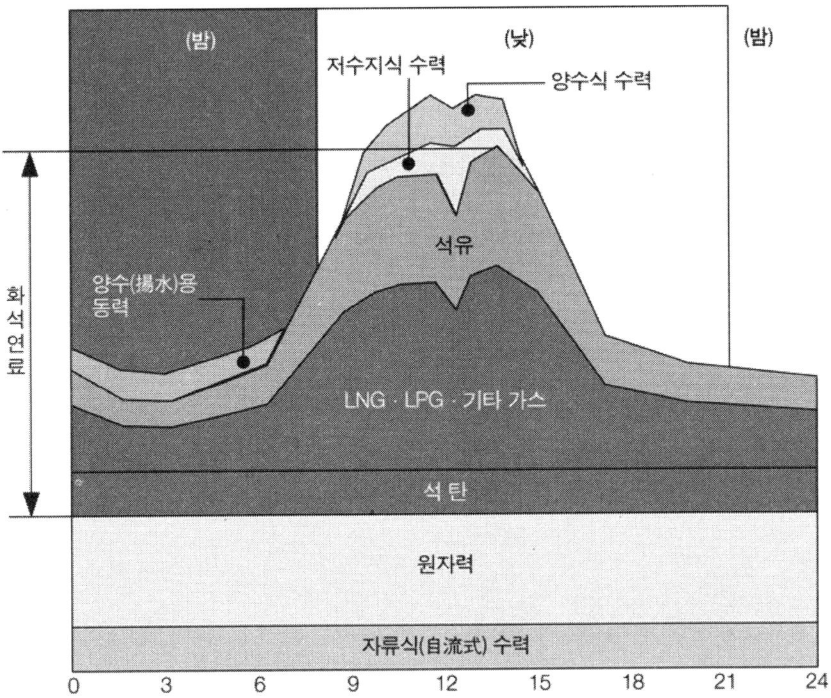

CO_2 배출량의 주야간 비율	(밤) 81	(낮) 100	(주야간 격차) 약 19%

(도쿄전력 서비스구역 1995년 데이터 기준)

그림3.1 1일의 시각별 발전구성

가스 등과 함께 대표적인 에너지 공급원인 전력에너지의 커다란 특징은 발전소에서 만들어져서 수요자의 말단설비에 공급되기까지 저장을 할 수가 없다는 점이다. 즉 소비하는 전력량에 맞추어 발전을 해야 한다는 것이다. 전력 수요는 그림3.1과 같이 주간이 야간의 2배 이상이 된다. 이로 인한 송전시스템의 비대화와 저효율화는 피할 수 없으므로 전력회사는 양수식 수력발전을 하거나 발전량 조정이 쉬운 화력발전으로 대응하여 전력소비를 맞추고자 한다. 축열조 사용은 수요자 측에서 이러한 목적에 대처하고자 하는 것이다. 또한 그림3.1의 발전방식별 전력제조분석을 살펴보면 CO_2는 야간전력으로 하는 편이 더 적게 배출되므로 축열조를 효과적으로 운용하는 것은 지구환경문제 개선에도 이바지할 수 있다.

전력회사는 22시~8시까지를 야간시간대, 13시~16시를 전력소비 피크시간대로 구분하여 전력사용요금에 격차를 두고 수요자에게 협조를 요청하고 있다. 축열조 운전용 전력요금 설정은 22시~8시로 야간요금을, 8시~22시를 일반전력요금과 동일한 주간요금으로 한다. 계약 종류에 따라서는 피크시간대의 전력소비를 적극적으로 감축하면 훨씬 더 낮은 요금이 되는 시스템도 있다.

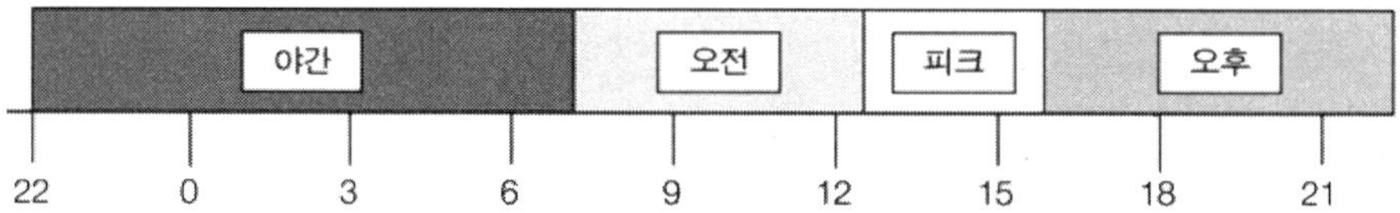

그림3.2 축열조 운전 시 시간에 대한 관점

자동제어시스템을 검토할 때는 이러한 배경을 고려하여 그림3.2와 같이 시간대를 의식한 냉동기 및 열교환기 구성이 필요하다.

3.1 방열과 축열

3.1.1 축열시스템 구성에 대한 검토

여기서는 200USRT(미국냉동톤)의 흡수식 냉동기 1대 및 200USRT의 용량의 축열조와 방열용 열교환기 2대로 구성된 폐회로(Closed Loop)와 300USRT 축열용 터보냉동기를 가진 오픈회로(Open Loop)의 시스템 모델 및 기기일람표를 통하여 효과적인 축열조 운용 검토를 설명하기로 한다(그림3.3).

본 항목에서는 방열을 중심으로 검토하므로 축열조의 종류는 얼음 또는 물 어느 것이건 무방하다고 가정한다.

3.1.2 부하열량이 많을 때의 방열제어

축열목표량이 축열가능용량보다 큰 경우에는 22시~8시까지 축열조 냉각용 냉동기를 운전하면 된다. 축열조 냉각용 냉동기는 22시~8시까지 10시간 동안 운전하면 거의 100% 축열 상태가 되는 용량을 선택한다. 열교환기에 의하여 축열조에서 방열하는 용량이 여름철의 최대 부하만큼을 얻을 수 없을 때에는 방열운전과 함께 냉동기를 병행 운전하여 방열만으로 모두 조달할 수 없는 분량을 보충하는데, 실제로는 이러한 운전 패턴이 많다. 냉동기 운전이 많아지면 축열조 열소비가 적어지므로 축열조 시스템의 장점을 효과적으로 활용하지 못하게 되며, 반대로 축열조의 열을 너무 사용해 버리면 주간의 피크 시간대에 축열조의 열이 고갈되어 버린다.

즉, 방열량을 컨트롤한다는 것은 그림3.4와 같이 폐회로시스템 냉동기의 운전시간을 조정하여 운전마감 시간에 축열량이 최소량이 되도록 하는 것이 기본이다.

그림3.4(a)는 흡수식 냉동기 사용을 기본으로 하고 부족한 분량을 축열조의 방열로 담당하는 예이다. 하지만 폐회로시스템 흡수식 냉동기 운전을 너무 많이 하고 있어 축열조의 열이 남아돌고 있음을 알 수 있다. 그림3.4(b)에서는 오전 중에는 그림3.4(a)와 동일하지만 전력소비 피크시간인 13시 이후에는 방열용 열교환기(HEX)를 우선적으로 운전한 경우이며 이러한 운전으로 인해 축열조의 열이 모두 소비되었다.

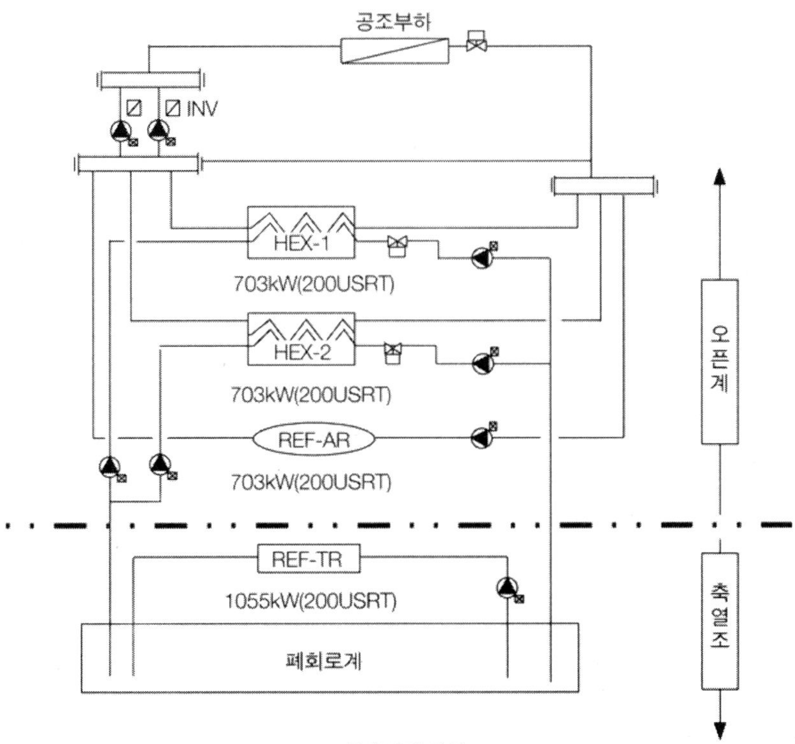

주요기기 사양

기호	사 양	주요에너지 소비량	본체 보조기기	냉수펌프 or 2차펌프	냉각수펌프 or 2차펌프
REF-TR	1055kW(200USRT)	300kW	3.7kW	15kW	22kW
REF-AR	703kW(200USRT)	$52m^3$	4.5kW	5.5kW	7.5kW
HEX-1	703kW(200USRT)			5.5kW	7.5kW
HEX-2	703kW(200USRT)			5.5kW	7.5kW

그림3.3 검토 축열시스템의 구성

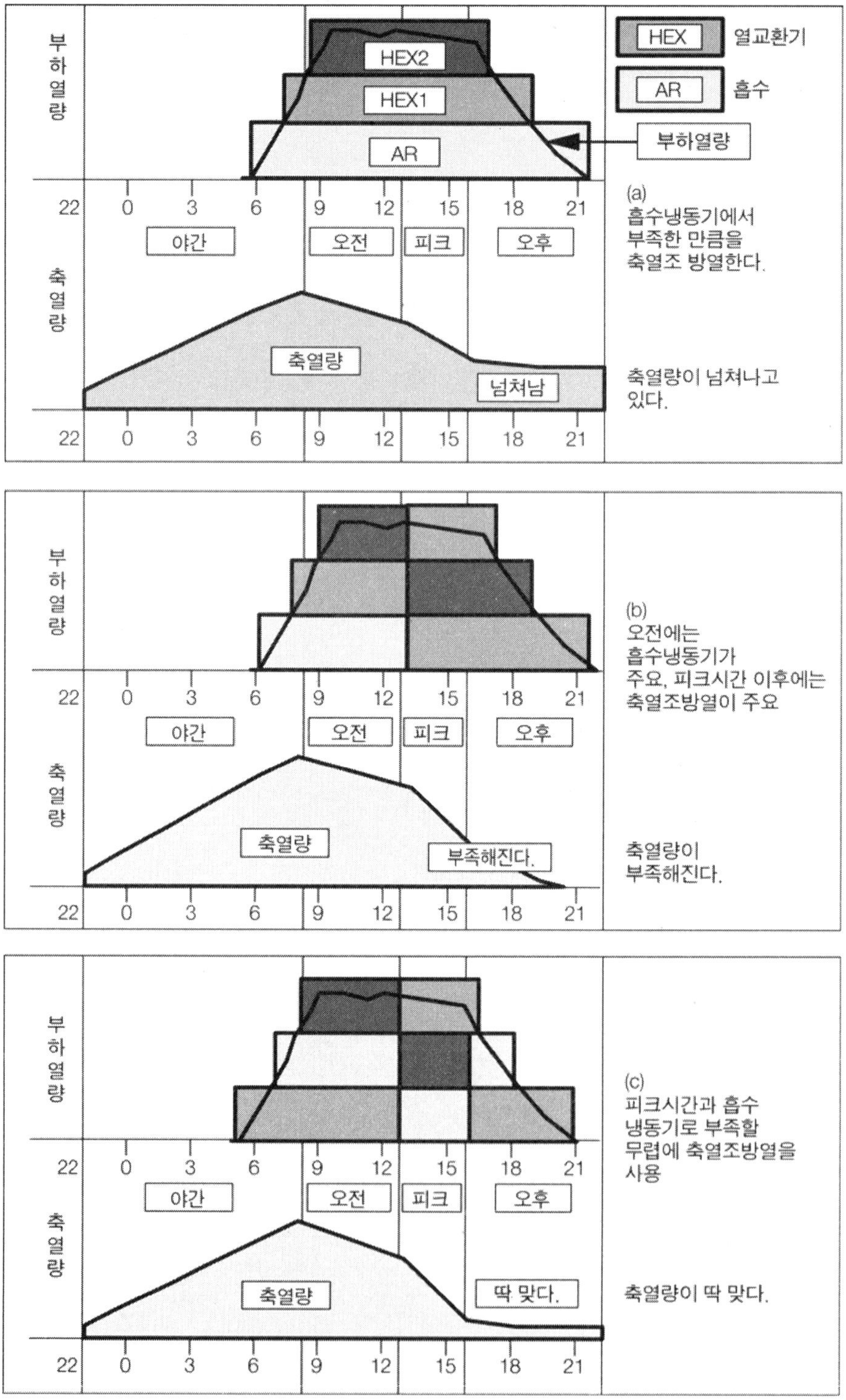

그림3.4 부하가 많을 때의 축열조 운용

3.1.3 부하열량이 적을 때의 방열제어

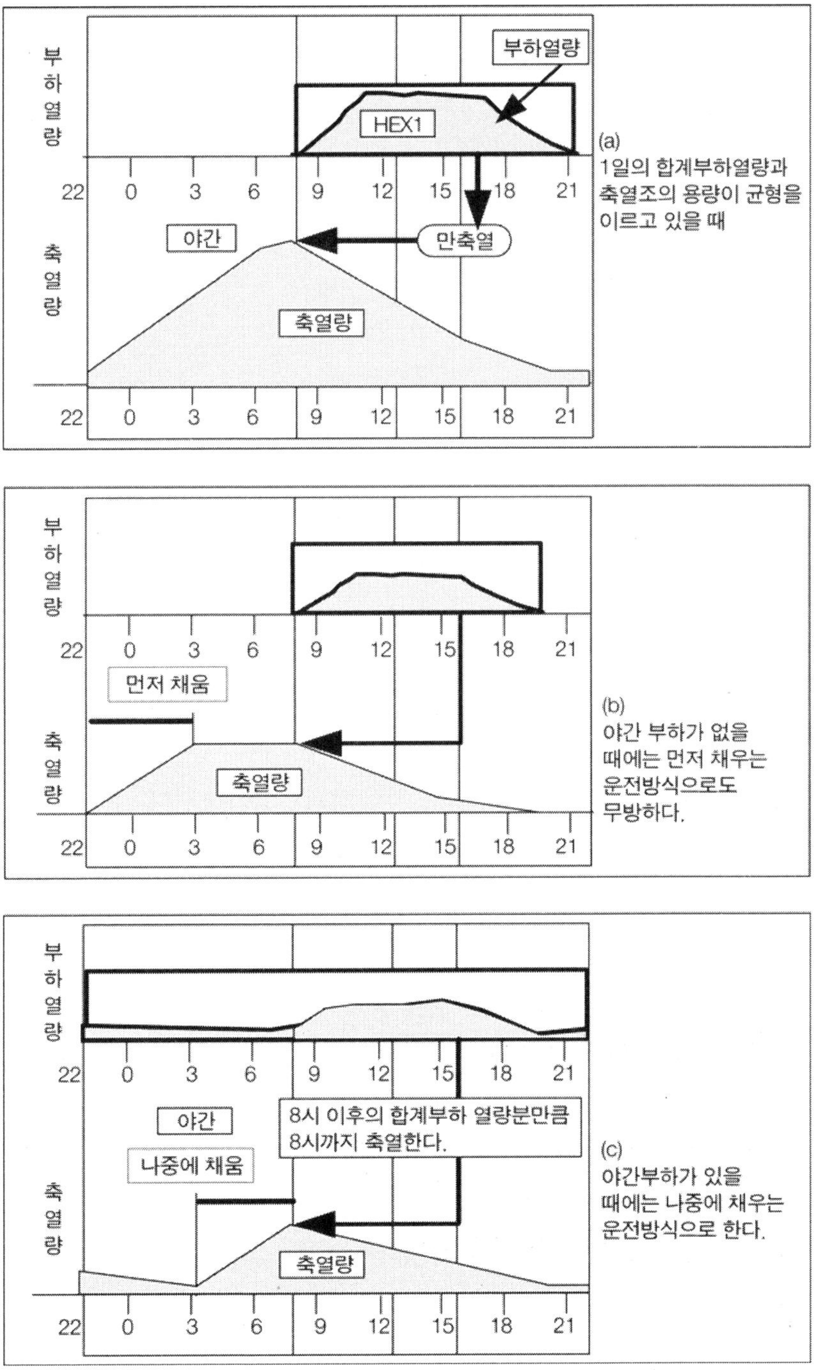

그림3.5 부하가 적을 때의 축열조 운용

우리나라는 사계절이 뚜렷한 기후를 가지고 있으므로 전체 열부하에 비해 축열조의 용량이 적더라도 기후적인 특성을 잘 살려서 운용하면 축열조를 효과적으로 활용할 수 있다. 주간시간대가 시작되는 8시까지는 주간에 소비하는 전체부하 열량까지를 축열한다. 그리고 야간부하가 없는 경우에는 22시에 축열운전을 시작하고 필요 축열량에 도달한 시점에서 축열운전을 종료하도록 하는 것이 부하가 적을 때의 축열조 기본 운용이 된다.

그림3.5(a)와 같이 1일의 합계부하열량이 축열조용량과 거의 같을 때에는 축열용 냉동기를 야간시간대(22시~8시)에 100% 가동률로 운전하면 되지만, 1일의 합계부하가 축열조 용량보다 적을 때에는 축열용 냉동기의 운전시간을 줄인다. 주간시간대인 8시 이후의 합계 부하량 만큼 8시 시점에서 축열량을 확보하고 있으면 된다.

그림3.5(b)에서 보듯이 야간냉방부하가 없는 경우에는 야간시간을 개시하는 22시부터 축열용 냉동기를 가동하여 주간의 합계부하에 도달하면 정지시킨다. 축열조의 자연방열 이외에는 열의 출입이 없으므로 운전이 용이한 비축열운전을 실시한다.

그림3.5(c)에서 보듯 야간에 냉방부하가 있을 때 방열을 하면서 축열을 하는 것도 가능하다. 이러한 경우에도 8시를 기준으로 주간의 냉방 합계부하가 확보되도록 축열용 냉동기 운전을 하는데 야간의 부하분만큼 냉동기의 축열능력이 적어지고 냉동기 운전개시 시간까지 버틸 수 있을 만큼의 잔존축열량을 필요로 하게 되어 나중에 채워 넣는 방식으로 운전하지 않으면 안 된다. 일반적으로 축열조를 최대부하로 운용하는 경우에 대해서만 검토를 하는데 여기에 제시한 것과 같이 겨울철과 같이 부분부하일 때에 대한 검토는 소홀히 다루는 경향이 있다. 따라서 겨울철 등 축열조 운전이 가능할 때에도 효과적으로 활용하지 못하는 사례가 자주 발생한다.

3.2 축열조 제어방식 사례

축열조 제어시스템 구성을 대상으로 PC와 시퀀스 구성 방식을 소개한다.

3.2.1 PC와 열원제어반의 기능분담

(1) PC처리

야간, 오전, 피크, 오후의 1일 4모드별로 열원기(냉동기 · 열교환기)의 운전 순서를 정하기 위해 다음과 같은 프로세스에 따른다.

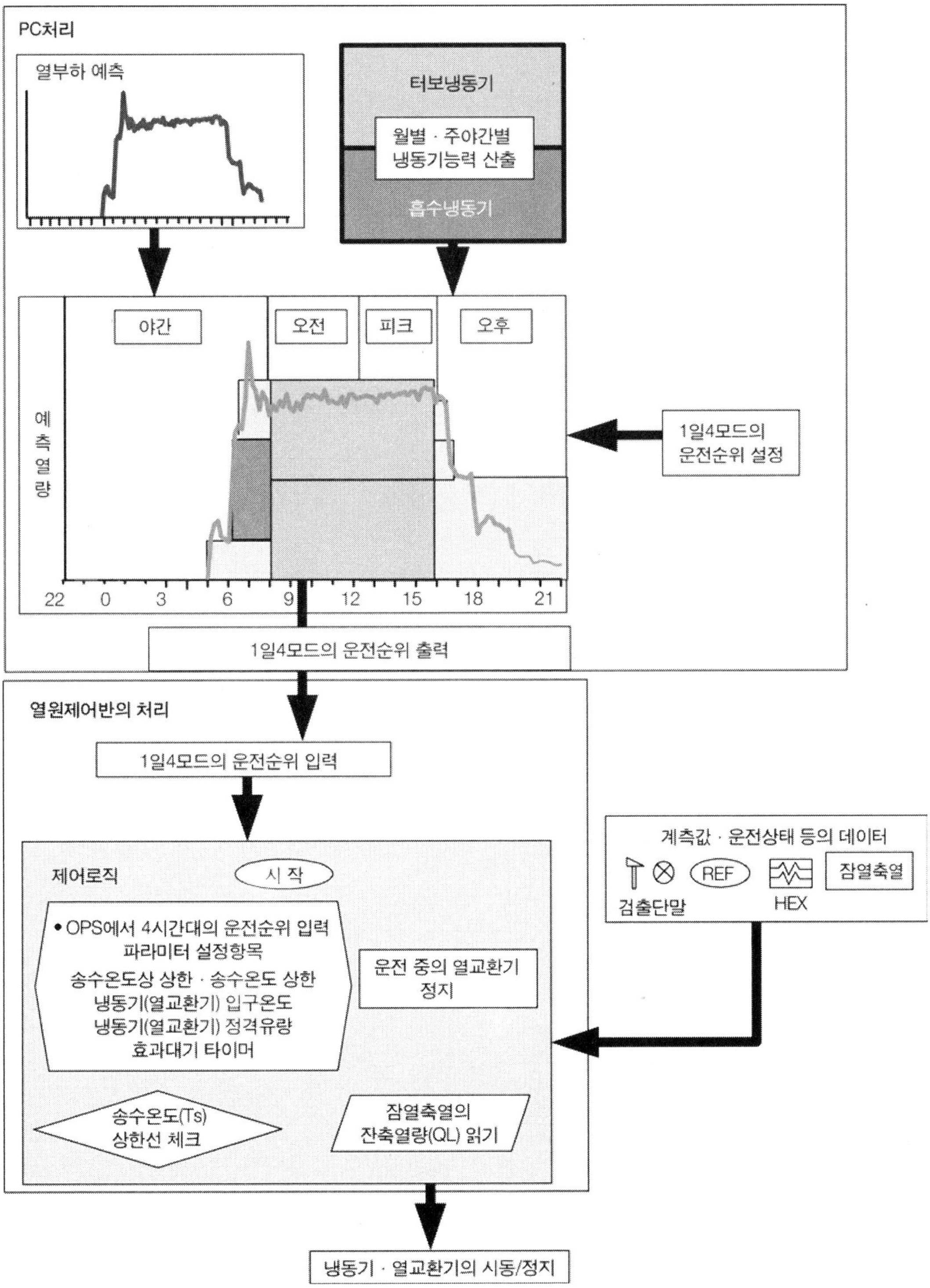

그림3.6 PC와 열원제어반의 기능분담

전날의 부하열량을 기초로 하여 10분 주기로 하루의 열부하를 예측한다. 한편, 월별, 주야간별로 산출된 냉동기 능력과 부하열량과의 크기를 비교하여 시각별로 냉동기의 필요대수와 운전 순서를 확정한 다음 열원제어반으로 1일 4모드별 운전 순서를 출력한다. PC는 축열조 활용을 우선시 하므로 1일 개시시간은 22시로 하고 운전 순서 출력도 역시 22시에 실시한다(그림3.6).

(2) 열원감시반의 처리

PC가 설정한 열원기 운전 순서에 따라 냉수 송수온도、열원기 입구온도、부하유량을 조합한 로직과 축열량을 통해 열원기의 운전 및 정지에 대해 판단한다.

3.2.2 PC의 시뮬레이션 내용

(1) 열부하 예측

제1항에서 설명한 바와 같이 축열조 시스템을 가지고 적절한 방열운전을 하면 축열조를 양호하게 운용할 수 있다. 하지만 이것은 부하열량의 상태에 따라 어떻게 할 것인지에 대해 설명한 것에 불과하다. 실제로는 그 날의 부하열량 추이가 어떻게 될지는 해당 시점에서는 알 수가 없다. 따라서 열부하 예측이 필요한 것이다.

	제1데이터		제2데이터	
월	지난주	0.8	지난금요일	0.2
화	지난주	0.8	지난금요일	0.2
수	어제	0.7	그저께	0.3
목	어제	0.7	그저께	0.3
금	어제	0.7	그저께	0.3
토	지난주	0.8	지지난주	0.2
일	지난주	0.8	지지난주	0.2

그림3.7 요일계수

공조 열부하라고 하는 것은 하루의 열부하 패턴 단위로 생각하면 그리 크게 변하는 것은 아니다라는 관점에서 "오늘은 어제의 연속"이라 할 수 있으므로 어제의 부하패턴을 그대로 가져오면 되지만 토、일요일이나 월요일은 그렇게 간단하게 결론내릴 수가 없다. 또한 전날 정보만으로는 염려가 되므로 2일분의 정보로 예측을 세워본다. 따라서 그림3.7과 같이 각 요일의 특징을 고려하여 설정한다(숫자는 비율). 예컨대 수요일이라면 전날의 비율을 0.7과 전전날은 0.3을 이용한다.

일반 오피스빌딩을 대상으로 하면 토、일요일의 열부하는 고정부하로 상정하고 지난주의 데이터를 사용한다. 월、화요일은 지난주 같은 날과 지난주 금요일을 대상으로 한다. 기타 요일은 지난 이틀의 데이터를 이용한다. 이것을 정리하면 각 시각의 열부하 예측(QCY) 식 (1)을 얻을 수 있다.

$$QCY(i) = QC1(i) \times wek + QC2(i) \times (1 - wek) \quad \cdots\cdots (1)$$

QC1 : 제1데이터

QC2 : 제2데이터

wek : 비율

이외에 실제 운용상으로는 공휴일 요소도 무시할 수 없다. 토、일요일의 경우에는 1주일 전도 토、일요일이지만 공휴일은 랜덤으로 발생한다. 예측하고자 하는 날이 공휴일인 경우와 예측용 데이터로 하는 날이 공휴일인 경우가 있으므로 고민하지 않을 수 없다. 식 (1)만을 보면 단순할 수도 있으나 실무적으로는 그리 간단한 것만은 아니다.

하지만 이것을 이용하면 뉴로이론 및 미분、적분을 구사하는 것보다 월등히 높은 정확도의 결과를 얻을 수 있다. 왜냐하면 앞에서 설명한 대로 "오늘은 어제의 연속"이기 때문이다. 그리고 컴퓨터는 다량의 데이터를 처리할 수 있다는 것이 큰 특징이다. 어려운 식만 처리할 수 있는 것이 아니다.

① 22시 예측

그림3.8은 표계산 프로그램을 이용하여 산출한 것으로 여름철 하루 예측과 실적데이터를 나타낸 것이다. 여기에 나타난 바와 같이 일반 오피스빌딩의 경우에는 하루 단위의 열부하 패턴이 거의 비슷하므로 높은 정확도로 예측할 수 있다. 상업시설 비율이 높거나 호텔이 포함되어 있는 건물 등은 하루의 열부하 변동패턴이 다를 수 있으므로 그 특성에 맞추어 요일 파라미터(도매가%)를 업데이트한다. 또한, 예측연산주기는 10분으로 한다. 축열조와 공조기 등의 부하를 열교환기로 분할한 폐회로시스템에서는 실시간으로 냉동기의 운전、정지를 관리할 수 있는 분할능력을 가지고 있어야 하므로 이 정도의 주기가

필요하다. 단, 예측주기가 너무 짧고 시간 데이터가 많으면 데이터양이 증가하여 컴퓨터 부담이 증가하므로 오히려 마이너스가 되는 경우가 많다.

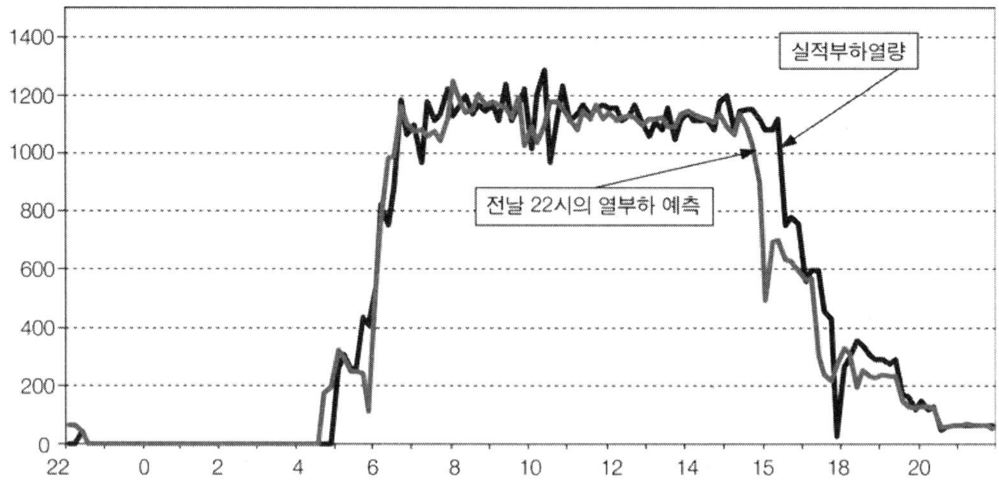

그림3.8 열부하 예측과 실적 비교

② 예측대비 수정

그림3.9는 22시 예측에 대한 것으로 실제 부하가 외기 상태 등의 조건으로 인해 예측과 실적에 차이가 생긴 예이다. 아무리 예측을 정확하게 하려도 해도 어긋나는 경우가 반드시 있다.

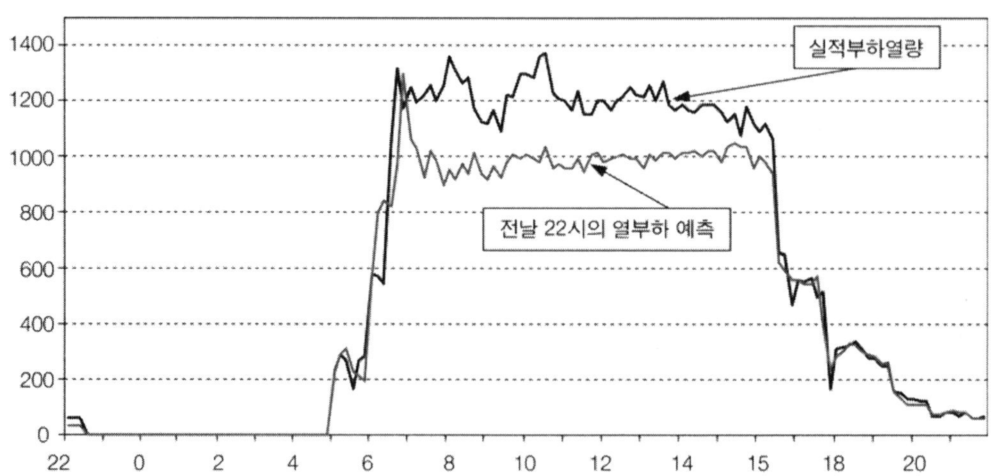

그림3.9 예측과 실적의 차이가 클 때

이에 대응하기 위해 날씨예보 등의 요소를 반영한다는 발상도 있지만 날씨예보 역시 절대적인 것이 아니며 온도예측정보도 3시간 간격 정도로 이루어지므로 열부하 예측의 목적을 만족시키는 수준은 아니며 오히려 복잡해지기만 하고 효과를 얻기가 힘들다. 건물 열부하에 영향을 주는 것은 외기 온도 및 습도만이 아니다. 건물 구조 및 형태에 따라 풍속이나 강우 요소가 큰 영향을 주는 경우도 있으며 이러한 영향이 잘 나타나는 계절과 그렇지 않은 계절도 있다. 실무에 적용하기 위해서는 이러한 모든 것을 파악할 필요가 있다. 따라서 발상의 전환이 필요하다.

예측이 어긋나면 그 경우를 제외하는 것이다. 예측한 것을 수정하여 당일 현 시각 이후의 예측 정확성을 높인다.

이러한 예측대비 보정은 현 시각의 2시간 전부터 예측 차이를 해당 월의 최대부하열량으로 나눈 비율(HQ)로 현 시각 이후의 예측값에 곱하여 수정예측값(QF)을 산출하는 방식이다.

$$HQ = \{QC(i) - RL(i)\}/QMAC$$

$$QF(k) = (1 - HQ) \times QC(k)$$

QC(i) : 예측값

RL(i) : 실적값

QMAC : 최대부하열량/월

QF(k) : 수정예측값

그림3.10은 22시 예측에 대하여 10시와 12시에 보정을 가한 예이다. 예측이 조금씩 실적데이터(실적부하열량)에 가까워지고 있음을 볼 수 있다. 앞에서 설명한 바와 같이 축열량 관리라는 것은 22시 시점을 기준으로 맞추고 주간 전후에서 해당 일의 열부하 예측을 세우면 된다. 따라서 12~14시 무렵까지 해당 일의 최종부하예측을 결정하면 실질적인 운전에 충분히 도움이 될 것이다.

여기에 제시하는 열부하 패턴으로는 18시가 지난 다음에 보정하더라도 이미 열부하가 적어졌으므로 효과가 없음을 알 수 있다. 따라서 예측보정은 14시 무렵까지는 마쳐야만 의미가 있다.

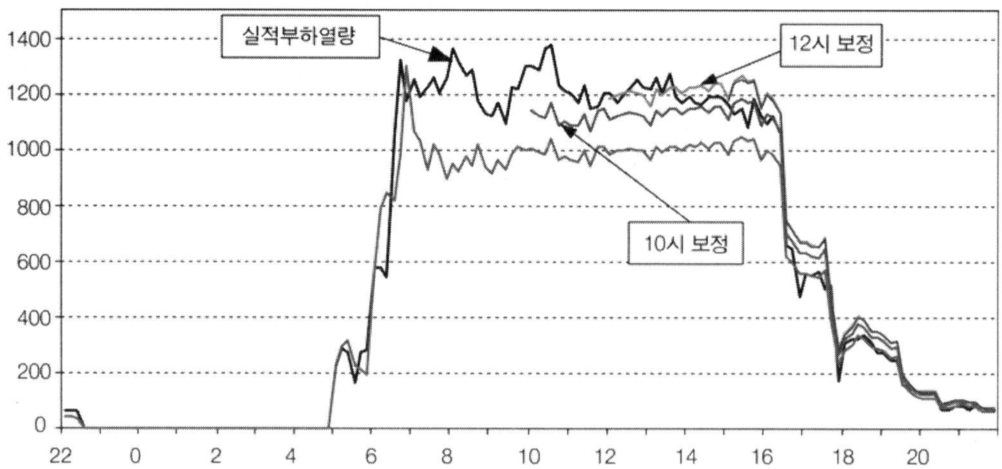

그림3.10 예측대비 보정

(2) 폐회로 열원기 대수제어 시뮬레이션

부하예측이 이루어졌다면 해당 부하에 맞추어 어떻게 열원기를 운전할 것인지를 결정한다.

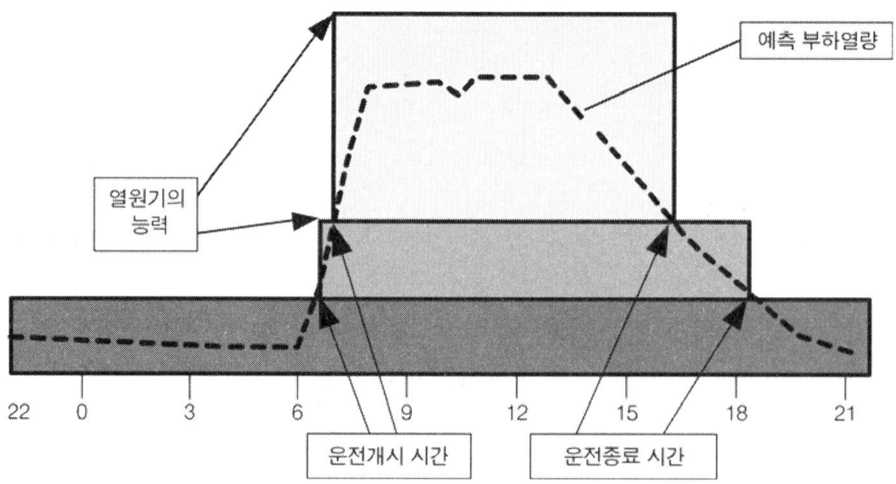

그림3.11 대수제어의 기본적인 관점

① 열량비교

컴퓨터 시뮬레이션에서는 그림3.11에서와 같이 예측 부하열량과 열원기기의 제조열량을 비교하여 필요한 운전 대수를 선정한다.

이 때 이용하는 냉동기 능력은 그림2.23에서 구한 냉각수와 냉수온도에 연동한 월별・주야간별 능력이며, 해당 시각에서의 냉동기 최대능력과 부하열량을 비교한다. 이에 반해 실제로 운전되는 열원제어반의 운전방식은 제2장 「폐회로 시스템 열원」 2항 "냉동기 대수 제어"에서 소개한 송수온도와 냉동기 입구온도 및 부하유량을 조합하여 실시된다.

② 1일 4모드의 시간대별 운전 순위 설정

그림3.12와 같이 미리 설정된 야간, 오전, 피크, 오후의 1일 4모드의 각 시간대별 운전 순서를 지정하고 열부하 예측곡선과 냉동기 및 열교환기의 능력을 비교하여 예상 운전정지시간을 정한다. 그림3.13과 같이 모드 전환에 따라서 운전하는 열원기기가 바뀌는 것을 알 수 있다.

이 예에서 ①밤→오전 ②오전→피크 에서는 운전 순서가 다르지만 열부하량과 비교하여 냉동기를 정지하지는 않는다. ③피크→오후는 운전 순서가 다르므로 열부하량이 동일한 영역이라도 열교환기 2대 운전에서 열교환기 1대와 흡수식 냉동기 운용으로 운전기기를 교체한다.

냉동기	야간	오전	피크	오후
REF - AR	3	1	3	2
HEX - 01	1	2	2	1
HEX - 02	2	3	1	-

그림3.12 1일 4모드의 운전순위 설정

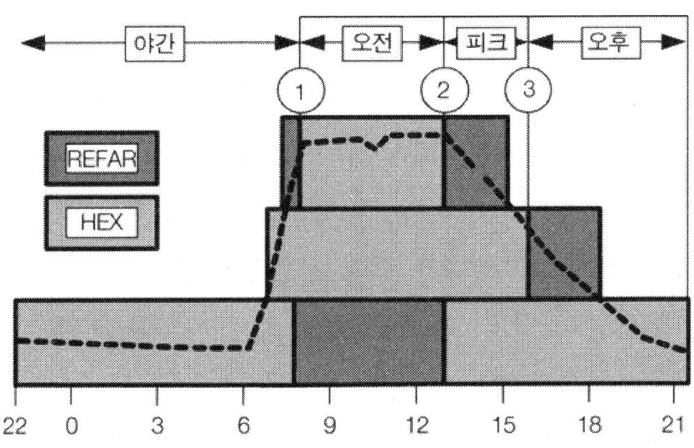

그림3.13 모드전환 시의 운전순위 변경

(3) 오픈회로 냉동기의 운전개시와 종료시간

오픈회로 터보냉동기는 8시 이후에 부하열량이 많을 경우 그림3.14(a)와 같이 22시~8시에 100% 가동률로 운전한다.

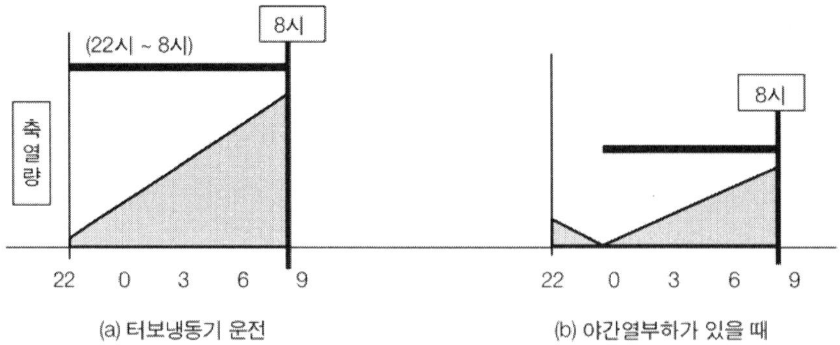

터보냉동기 운전(8시까지는 필요축열량으로 한다.)

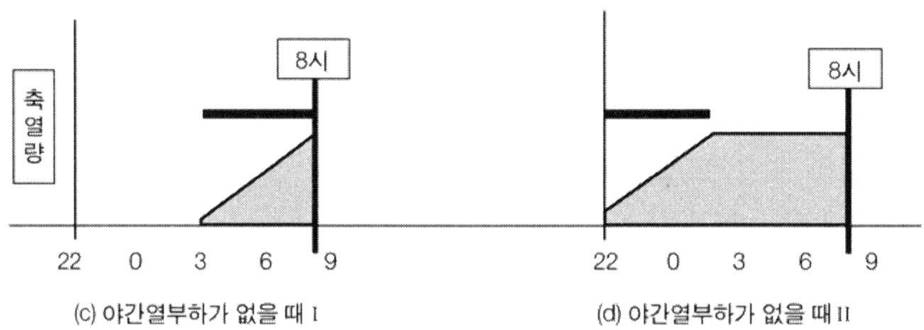

그림3.14 축열냉동기 운전

8시 이후의 부하가 적고 야간에도 열부하가 있어 방열을 하면서 축열을 해야 하는 경우에는 그림3.14(b)와 같은 운전을 하게 되어 축열용 냉동기 운전시간이 길어진다. 그림3.14(c)는 8시 이후의 부하열량이 그림3.14(b)와 같더라도 야간에 부하가 없는 경우이다. 또한 그림3.14(d)는 그림3.14(c)와 동일한 조건에 22시에 운전을 개시하여 축열이 완료되어 운전이 종료된 경우이다. 야간부하가 없다면 운전이 용이한 이 방법이 가장 무난하다.

(4) 에너지소비량 산출

운전 순서를 결정하기 위한 위해서는 설정된 운전에 따라 어느 정도의 에너지가 소비될 것인지를 미리 계산해 보도록 한다.

① 열원기기별 소비에너지량 데이터

그림2.11에서 구한 냉각수 및 냉수온도에 따라 변화하는 월별·주간·야간별 능력과 에너지소비량 데이터를 이용한다. 냉동기의 최종 에너지소비량은 제어주기별로 예측된 열원기기의 에너지소비량이다.

② 부분부하 비율 산출

그림3.15와 같이 냉동기를 부분부하로 운전할 때는 소비되는 에너지량이 처리해야 하는 열량에 따라 변하므로 부분부하 비율을 산출한다. 냉동기능력에 대한 사용에너지양 요소를 1차함수로 만들고 에너지소비량 산출 데이터로 사용한다. 제어주기별로 해당 주기에서 필요한 냉동기의 합계 제조열량(TRFQ)을 더하여 부하열량(Q)을 TRFQ로 나눈 것이 "부분부하비율"이 된다.

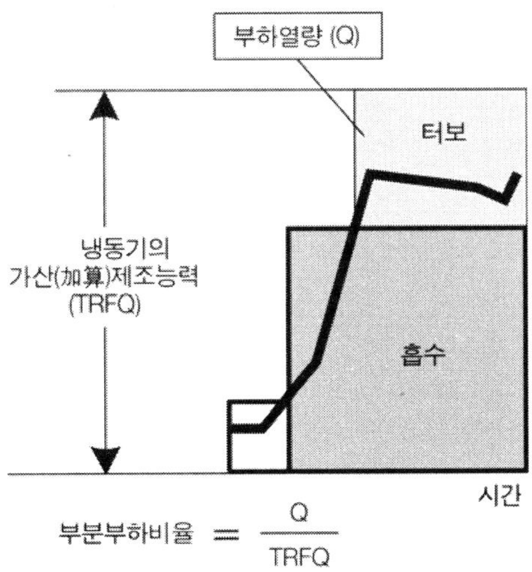

그림3.15 부분부하비율

③ 소비 에너지량 산출

앞에서 설명한 결과를 통해 냉동기별로 부분부하율을 추가한 전력량과 증기의 제어주기별 소비량을 계산하여 모두를 합한 것이 1일 에너지소비량이 된다.

(5) 1차 에너지와 CO_2 배출량

전력과 가스의 이질적인 에너지원을 사용하는 경우에는 소비에너지비용을 검토함과 동시에 지구환경보전이라는 관점에서 별도의 고려를 해야한다. 이 경우 그림3.16의 1차 에너지 단위를 이용한다. 전력을 열로 환산할 경우 일반적으로 860 kcal/kWh의 수치를 사용하는데 그림3.16을 보면 이보다 큰 값을 채택하고 있음을 알 수 있다. 1차 에너지에는 발전소 송전 등도 포함되며 얼마만큼 에너지를 사용하고 있는가 하는 관점에서 환산수치를 부여하고 있다.

축열용 냉동기의 경우 전력종량요금이 매우 저렴하게 책정되어 있지만 1차에너지 관점에서는 야간전력 사용량과 동일하다고 보는 것이 맞다. 즉 1차 에너지값으로 구하는 야간전력량은 축열용냉동기 소비량과 그 이외의 야간(22시~8시)에 소비한 모든 전력량이 된다. 주간전력량은 8시~22시에 소비한 전체 전력량이다. 가스의 경우에는 고위발열량(HHV)이 1차에너지환산값으로 사용된다.

구분	kcal 기준	MJ 기준
주간전력	2450 kcal / kWh	10.3 MJ / kWh
야간전력	2300 kcal / kWh	9.6 MJ / kWh
가스(HHV)	11000 kcal / m^3	46.0 MJ / m^3

그림3.16 1차 에너지값(일본 기준)

1kW의 전기를 발전할 때에 발생하는 CO_2의 양	
1998년도	1999년도
0.32kg - (CO_2) / 판매kWh	0.32kg - (CO_2) / 판매kWh

(도쿄전력 홈페이지)

도시가스(13A)	등유
2.35kg - (CO_2) / Nm^3	3/15kg - (CO_2) / Nm^3

그림3.17 CO_2 배출량(일본 기준)

그림3.17은 에너지종류별 CO_2 배출량을 나타낸 것이다. CO_2 배출량은 전력 중에서 화력, 수력, 전력의 발전비율 변동 등의 상황에 따라 변하므로 절대적인 수치는 아니다. 하지만 지구온난화 문제에 대한 가장 단적인 지표로서 향후 더욱 중요도가 높아질 것으로 생각된다.

(6) 운전 순위 결정

이상과 같이 냉동기와 방열용 교환기의 운전 순위 설정은 부하변동에 따른 축열조 운용패턴을 통한 결정이 기본이지만 그 외에도 에너지비용 및 CO_2 배출량 등 환경측면의 요소를 고려하여야 한다.

3.2.3 열원제어반의 처리

제2장 2항에서 열부하 예측과 월별로 세분화한 냉동기능력을 조합한 시뮬레이션을 이용한 대수 제어방법을 설명하였지만 로컬제어반의 실행 로직은 완전히 다르다. 실행로직에서는 열량이나 냉동기 능력 등 실제 데이터를 근거로 제어하므로 고려해야 할 요소도 달라진다.

시뮬레이션을 통해 얻은 1일 4모드의 운전 순서 설정만을 받아들여 이 운전 순서에 따라 부하유량 및 송수온도, 냉동기 입구온도 등의 값을 근거로 대수를 제어한다. 대수제어 로직의 기본은 제2장 「폐회로시스템 열원 제어」의 그림2.15에서 제시한 것과 같지만, 실제로는 그림3.18에서와 같은 로직이 되며 다음의 3가지 점에서 축열조 독자적인 제어를 실시한다.

(1) 모드 전환에 따른 시동정지

야간 8 : 00 오전 13 : 00 피크 16 : 00 오후 22 : 00의 모드 전환 시각에는 열원기의 운전 순위 전환으로 인해 냉동기의 운전 및 정지가 이루어진다.

1일 4모드의 운전 순위 설정을 PC 시뮬레이션을 통해 받아 각 모드변경시간이 되면 현재 운전하고 있는 열원기와 다음 모드로 전환할 때의 열원기 운전 순서를 비교하여 변경이 있을 경우에 운전정지를 처리한다.

(2) 방열량 체크

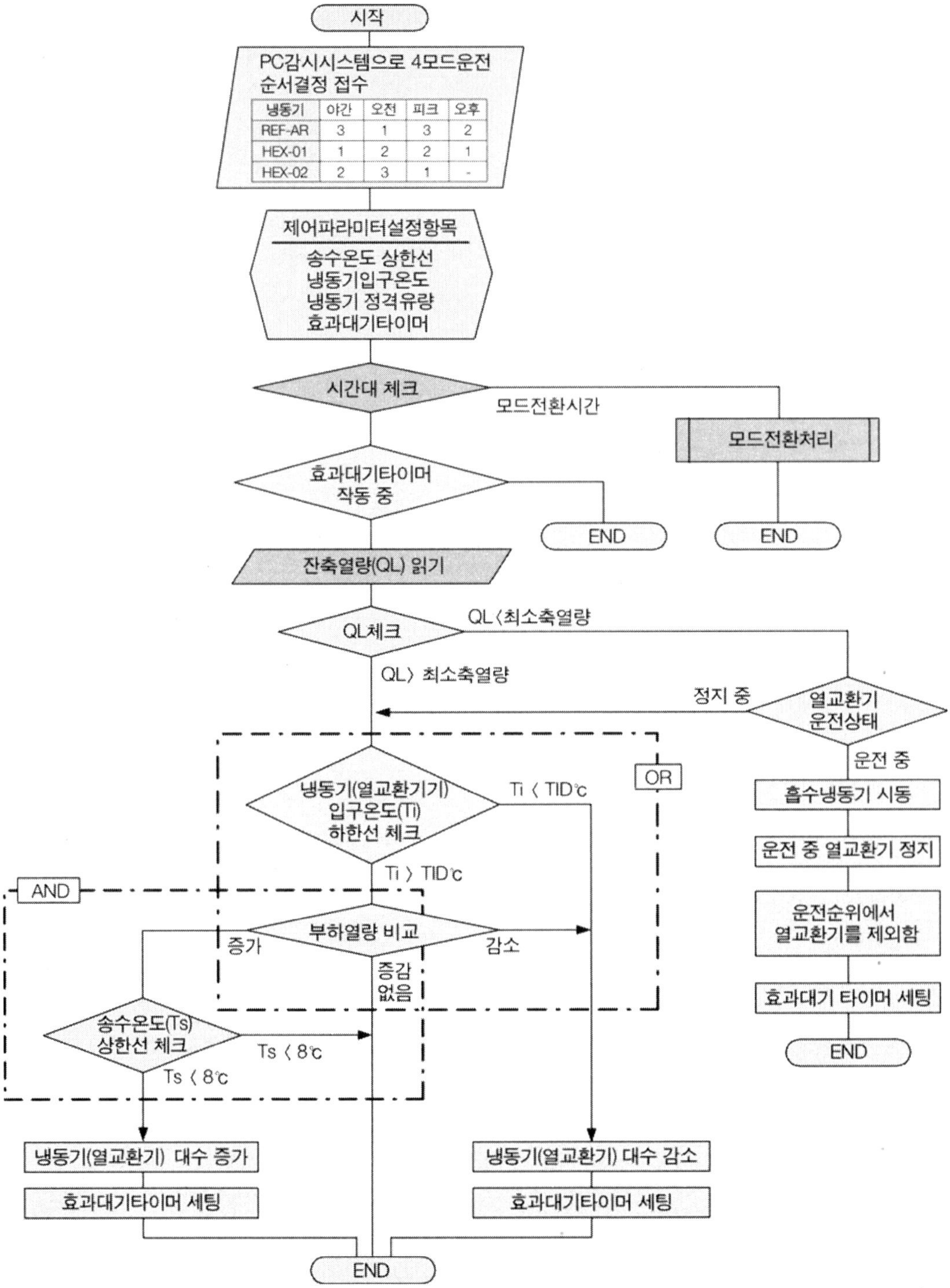

그림3.18 열원기기 대수제어 로직 플로

이 프로세스 중 열교환기는 냉동기와 동일하게 취급되지만 축열량을 항상 체크하여 축열조의 최소축열량 설정값 이하가 되었을 때에는 방열운전을 정지하고 이후 해당 일 1일은 대수 제어 로직에서 제외한다.

(3) 오픈형 냉동기 운전

오픈형 냉동기 운전은 그림3.14에서 제시한 PC 시뮬레이션을 통해 얻은 운전 개시 시간을 받아서 실행하는데, 8시가 지나도 축열이 100%에 도달하지 않는 경우 또는 냉동기 입구온도가 기준값보다 내려갔을 때에 냉동기를 정지한다.

3.3 수(水)축열조의 제어

축열시스템에서 동일한 용적으로 보다 많은 축열량을 확보할 수 있는 빙축열을 선호하는 것이 당연하다. 하지만 COP의 장점 및 초기비용 측면의 유리함 등으로 인하여 수축열도 아직은 많이 채택되고 있다. 빙축열시스템의 경우, 해결해야 하는 기술상의 문제점은 축열시스템을 제조하는 제조사측에 많이 의존한다. 따라서 건축설비관계자 및 설비운용자가 축열조 시스템의 기본을 이해하기 위해서는 수축열에 대하여 알아두는 것이 우선이다.

3.3.1 터보냉동기 입구온도 제어

수축열 시스템에서 가장 먼저 검토해야 할 제어항목은 축열조 저온부분의 온도를 일정하게 유지하는 것이다.

그림3.19에서와 같이 수축열조를 이용한 시스템에서 축열조의 온도 폭은 7℃(5℃ 송수~12℃반송), 냉동기측의 온도 폭은 5℃(입구 10℃~출구 5℃)로 하여 온도 폭을 다르게 계획하고 있는 것이 보통이다. 이러한 조건을 충족시키기 위해 고온부와 저온부에서 물을 혼합시켜 냉동기측 조건에 맞추는 제어를 하게 된다. 냉동기 입구온도를 10℃로 강제 설정하면 5℃의 출구온도를 확보할 수 있다. 입출구 온도폭을 5℃밖에 담당하지 못하는 냉동기는 부하측에서의 환수온도가 12℃인 경우 결국 출구온도가 7℃가 되어 버리기 때문이다.

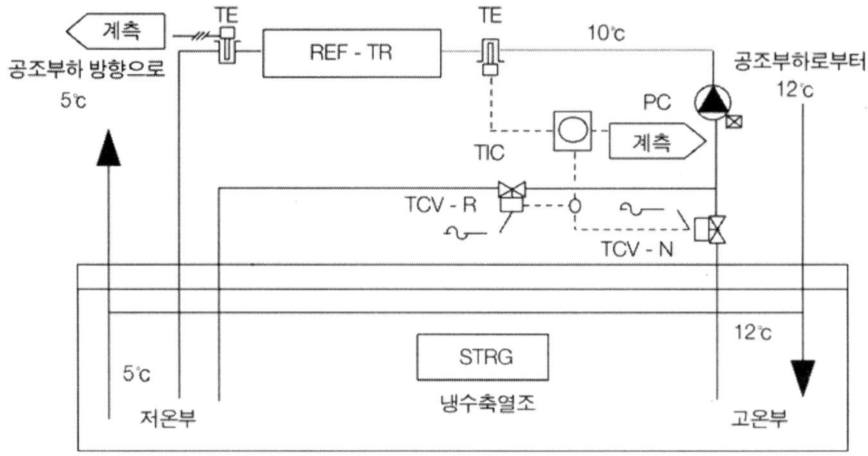

그림3.19 냉동기 입구온도 제어

축열조 냉각용으로 가장 많이 이용되는 터보냉동기는 흡입베인(inlet vane)으로 냉수출구온도를 컨트롤 한다.

고효율 운전을 고려할 때, 냉동기 입구온도를 10℃로 설정할 수 있는가에 대한 고려가 필요하다. 냉동기 입구온도 설정을 10℃로 하면 냉각수 온도 설정을 낮춰야 하며 경우에 따라서는 냉동기 정격 이상의 능력을 요하는 운전상태가 되며, 이 때 베인의 오픈은 100% 이하에서 균형을 이루게 되어 부분적인 잠금 운전상태가 된다.

이를 해결하기 위해 냉동기 출구온도 설정을 4℃ 정도로 설정하고 베인의 오픈정도를 100%가 되도록 조절하면 불필요한 비용이 발생하지 않는다. 냉동기 제조사는 폐회로 열원시스템에서 사용하는 방식을 염두에 두고 설계를 하므로 축열조에 적용할 때 이같은 간극이 발생한다. 설계자, 시공자, 냉동기제조사, 운용자 모두가 축열조의 의미와 특징을 이해하고 있으면 간단하겠지만 현실적으로는 의외로 이 정도의 것들도 잘 구비되어 있지 못하다.

3.3.2 방열용 열교환기 제어

열교환기의 제어는 그림3.20(a)와 같이 열교환기 2차 측 송수온도를 일정하게 하는 것이 목적이다. 온도검출기(TE)신호에 의해 온도조절기(TIC) 출력값이 결정되며, 이를 자동제어밸브(TCV)측에서 처리한다. 자동제어밸브(TCV)가 잠기면 열교환기 1차측 압력이 상승하고 1차측 냉수펌프 토출압력이 상승하게 된다. 이를 억제하기 위해 압력제어밸브

(PCV)를 마련하여 1차측 냉수펌프의 토출압력을 제어한다. 이러한 제어는 이론적으로는 문제가 없지만 현실적으로 지나친 감이 있다. 그림3.20(b)와 같이 2차측 토출온도를 제어하기 위해 인버터제어를 설치하면 온도제어와 1차측 펌프의 에너지도 절감할 수 있다.

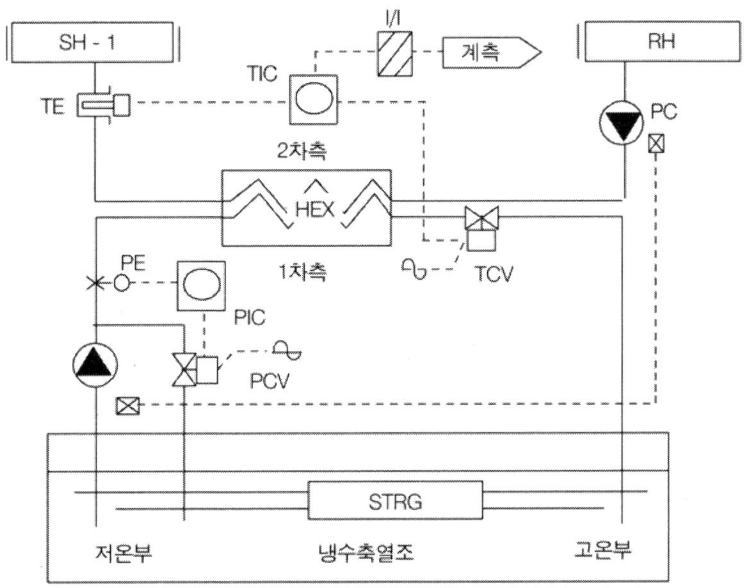

(a) 온도제어밸브와 압력제어에 의한 방식

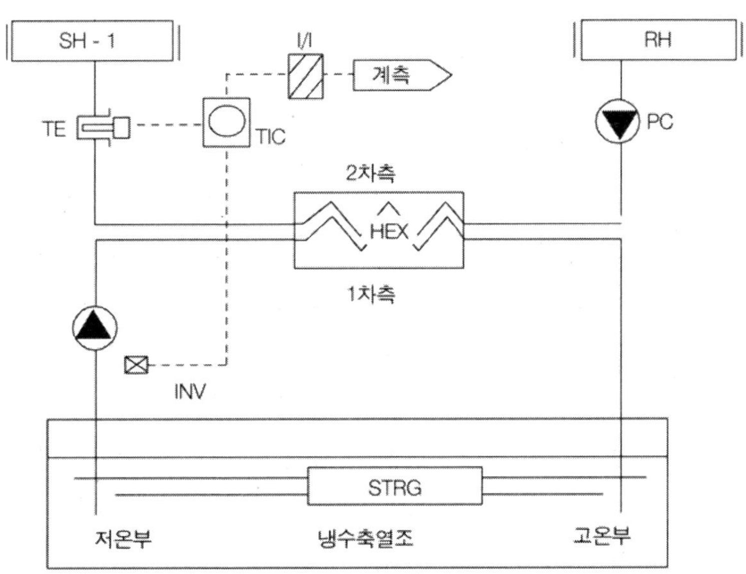

(b) 인버터에 의한 방식

그림3.20 열교환기의 송수온도 제어

인버터를 이용하여 제어를 하는 경우에는 최저 회전수를 설정할 필요가 있다. 열교환기 2차측의 온도제어를 1차측 펌프에서 인버터 제어하는 경우에는 오픈정도를 최저로 낮출 수 있다.

15～20Hz 정도의 회전수 사례도 있다. 특히, 1차측 펌프가 수조 레벨보다 위에 설치되어 있는 경우, 회전수를 너무 내리면 물이 올라가지 않게 된다. 15Hz에서 운전하고 있는 펌프는 회전하는 모습이 눈으로 보일 정도이며 그 이하에서 운전하는 것은 위험하다.

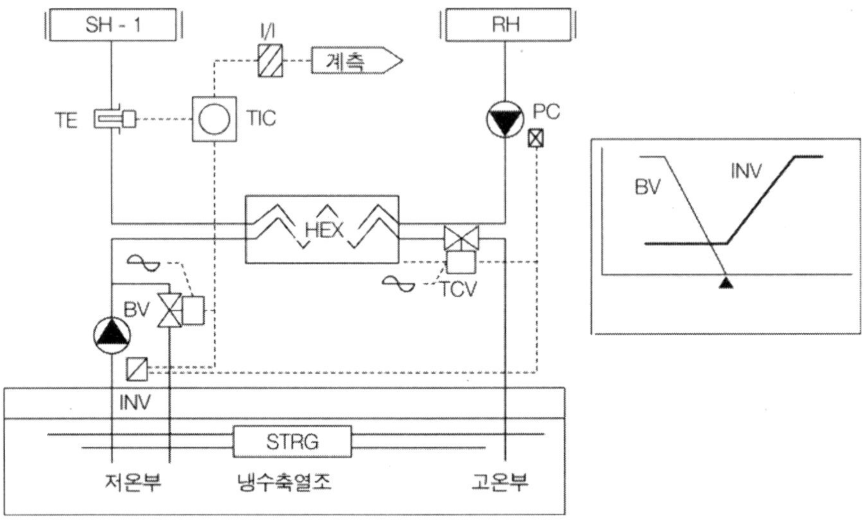

그림3.21 인버터 방식의 최소유량 방식

인버터가 최소 회전수 이하에서 동작하는 방식에서는 건물의 부하가 적을 때 송수온도가 내려가는 단점이 있다. 열교환기 1차측의 수량이 적어지면 배관계통 저항도 줄어들어 물이 쉽게 흐르게 되고 곧이어 제어의 한계에 도달한다. 그림3.21과 같이 최저 회전수일 때를 위한 특별한 회로를 설치하면 이러한 결점을 해소할 수 있다. 즉, 통상적인 운전시에는 INV(인버터)로 제어하고 동시에 BV(버터플라이밸브)는 완전개방, CV(자동밸브)는 완전차단으로 한다. 부하가 감소하면 INV는 최저 회전수로 고정되므로 BV를 완전차단으로 하여 CV의 제어영역으로 한다. 이때 CV가 완전차단 될 때까지 잠그면 펌프가 차단운전이 되므로 최소한의 유량은 흐르도록 해야만 한다. 지역냉난방 설비 등 송수온도 관리를 엄격하게 해야 하는 경우에는 이 정도까지의 고려가 필요하다. 하지만 일반적으로는 이러한 상황이 된다는 것은 부하열량도 극단적으로 적을 때이므로 무리해서 축열조 열원에 의존하지 말고 다른 냉동기를 통해서 운전하면 된다.

3.3.3 축열조 효율

수축열조를 평가하는 수단의 하나로 그림3.22의 축열조 효율곡선이 있다. x축은 축열조의 온도계측점을 물 흐름의 순서에 따라 나열한 것이고 y축은 온도를 나열한 것이다. 이것을 시간대별로 연결하면 그림3.22가 된다. 22시부터 축열을 시작하므로 각 센서는 건물 부하로부터 환수온도에 가까운 값을 읽는다.

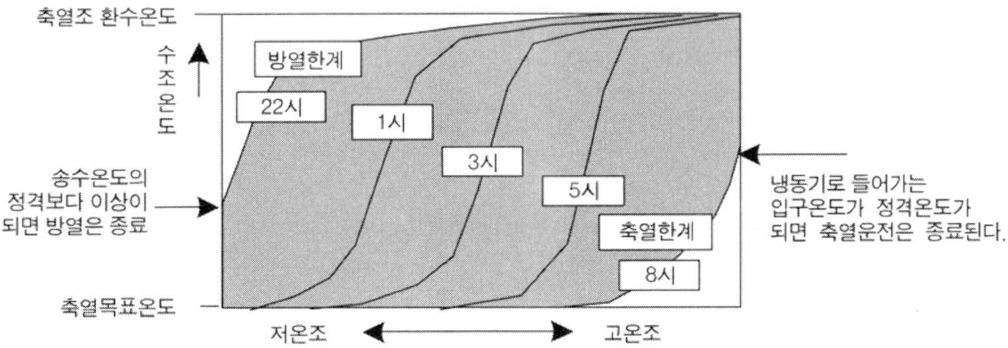

축열조 효율 η = 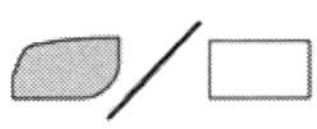 (1)

$$= \frac{\text{방열한계온도(22시)} - \text{축열한계온도(8시)}}{\text{축열조환수온도} - \text{축열목표온도}} \quad (2)$$

$$= \frac{\Sigma\,(\text{22시계측값} - \text{8시계측값}) \times \text{1조의 용적}}{(\text{축열조환수온도} - \text{축열목표온도}) \times \text{축열조 전체용적}} \quad (3)$$

그림3.22 축열효율 관점

시간이 경과하여 축열이 100%에 가까운 상태가 되면 각 센서가 읽는 온도값은 낮아진다. 그림3.22에서 분자는 방열한계와 축열한계에 둘러싸인 부분의 면적이 축열조의 열을 효과적으로 사용한 부분이다. 이에 대해 분모는 축열조의 환수온도와 축열 목표온도로 둘러싸인 사각형 부분이다. 이미지로 나타내면 식(1), (2)가 된다. 실제 계산에서는 각 센서가 담당하는 용적의 요소가 들어가므로 식(3)이 된다.

또한 이러한 검토에서는 y축의 수조온도를 맞추는 방법에 따라 효율이 상당히 달라지는데 이 그래프의 목표는 실제 운전에 대한 유효분의 비율을 구하는 것이므로, 축열조 환수온도와 축열목표온도는 설계 수치가 아니라 실제 운전상에서 나타나는 수치를 이용하도록 하고 있다.

그림3.22에서 축열조 고온부까지 온도가 내려가 냉동기 입구온도가 정격값이 되면 축열운전은 종료한다. 고온부에 가까운 부분이 충분히 차가워지지 않았더라도 이를 축열조의 용량 한계로 본다. 한편, 방열 완료는 축열조 저온부까지 온도가 올라갈 때이다. 지역냉난방설비처럼 수요자로부터 송수온도 제한을 받는 경우에는 정격값을 지킬 필요가 있지만 건물 내부에 열원이 있는 경우에는 방열완료온도를 높게 설정할수록 축열조의 운전효율이 좋아진다.

3.3.4 축열량의 연산

일반적인 축열량 연산방식은 다음 식과 같은 방법으로 연산한다.

$$\text{축열량} = \left(T_c - \frac{t_1 + t_2 \cdots t_n}{n} \right) \times V$$

T_c : 고온부 온도의 정격값

$t_1 \cdots t_n$: 온도계측값

n : 온도계측점 수

V : 축열조 총용적

축열조 계측값을 평균하여 이것을 고온부 온도의 정격값에서 빼고 여기에 다시 축열조 용적을 곱한 것이 축열량이 된다. 이 방법은 온도성층식 및 온도평형식 등의 축열조 형상 및 센서 개수 등에 대한 특징을 반영하지 않는다. 빌딩을 제어하는 데에도 컴퓨터를 도입하는 것이 당연해진 오늘날에는 조금 더 유용한 계산방법을 사용하는 편이 좋을 수도 있다. 그림3.23(a)와 같은 형상의 평형축열조를 예로 들어 생각해 보자. 산출방식은 다음과 같다.

$$\text{축열량} = \Sigma (T_c - t) \times V$$

T_c : 고온부 온도의 정격값

t : 각 온도계측값

V : 각 온도검출단말이 담당하는 용적

즉, 각층 별로 산출한 축열량을 합하는 것이다.

한편, 축열량의 정의에 대해 다시 생각해 보면 고온부의 정격온도와 계측온도 차이에

용적을 곱한 것이므로 이미 모두 사용한 축열조에서도 계측온도가 고온부의 정격온도보다 낮으면 축열량으로 산출되어 버린다. 이를 방지하기 위해, 예를 들어 수조 온도가 10℃ 이상인 수조는 방열 관점에서는 사용할 수 없는 수조로 여기고, 10℃ 이상 수조의 축열량을 "0"으로 카운팅한다. 이렇게 하면 방열량으로서 다음에 어느 정도 사용되는지 판단을 할 수 있게 된다. 또한 그림3.23(b)의 온도성층형 축열조인 경우에는 동일한 간격으로 센서를 직렬로 배치하므로 평형의 경우와 마찬가지로 수조의 높이를 센서수로 나누어 하나의 센서에 해당하는 열량을 구한다.

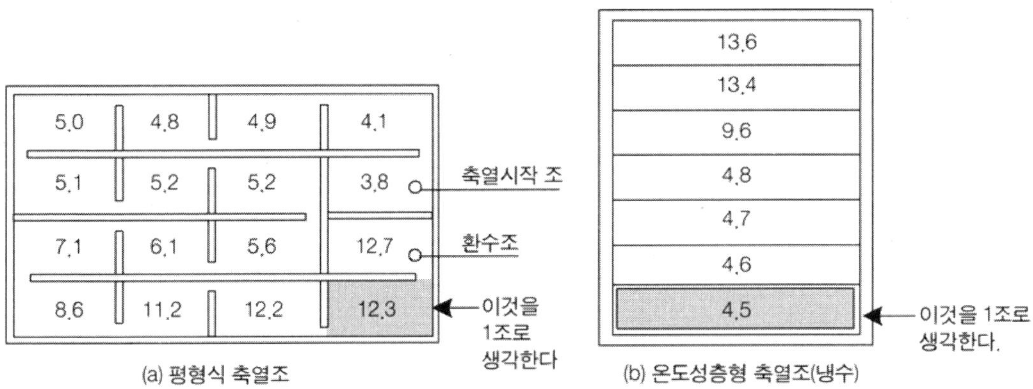

그림3.23 **축열량 산출 관점**

3.3.5 축열조 고온부의 온도확보

축열조를 운영할 때 많은 고민이 필요한 것 중에 하나가 건물측에서 저온의 냉수가 되돌아오는 것이다. 환수온도를 14℃로 설정해도 건물 부하로부터의 온도 차이가 생각만큼 크지 않고 축열조 고온부분도 온도가 낮아져 축열량이 적어지게 된다. 특히 지역냉난방설비의 경우에는 수요자가 다수이므로 이같은 문제 발생 시 해결이 쉽지 않다.

이 문제는 열원 측에서 해결할 수 있는 방법이 없다. 하지만 열원 자체의 문제로 인해 축열조의 고온부 측에 낮은 냉수를 보내는 경우도 있다. 폐회로 시스템의 냉동기와 축열조의 열교환기로 건물 부하를 대응하는 시스템에서는 열원기기 구성상의 이유로 인해 축열조의 고온부 측으로 저온반송이 이루어지고 있다.

그림3.24(*1)와 같이 냉동기(REF)와 열교환기(HEX)를 동시에 운전하고 있을 때에는 펌프의 병렬복합 특성에 의해 2대의 펌프 합계유량에서 그 때의 부하유량을 제한만큼 연결통로관의 바이패스 유량이 발생한다(제2장 2.2항 참조). 따라서 2대의 냉동기용 냉수펌프

(PC)가 동일한 정격이라고 한다면 HEX로 흘러들어가는 수온은 10.5℃까지 내려갈 가능성이 있다. 이 현상을 해결하기 위해 연결통로관에 차단밸브를 삽입하여 열교환기를 사용하고, 축열조에서 방열운전을 할 때에는 차단밸브를 잠근다.

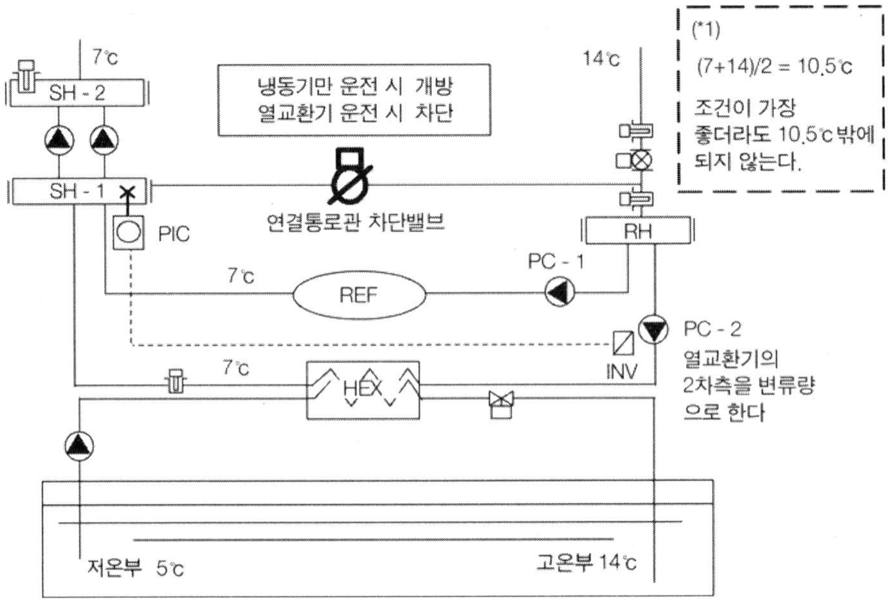

그림3.24 열교환기 2차측의 유량변화

이로 인해 송수 1차헤더(SH－1)의 압력은 펌프특성에 따라 상승하게 된다. 열교환기 2차측 펌프(PC－2)에 인버터를 붙여서 SH－1에서 체크한 압력으로 인버터를 제어하면 이 압력을 유지하도록 인버터를 잠그므로 필요한 만큼의 수량이 열교환기 2차측으로 흐른다. 이로써 축열조 고온부로 향하는 저온반송을 방지함과 동시에 PC－2에서 소비되는 전력을 절감할 수 있다. 또한 축열조의 열을 사용하지 않고 PC－2가 정지되어 있는 냉동기만을 운전할 때는 차단밸브를 닫아 일반적인 폐회로시스템 회로로 만들고, 이 때 냉동기 주변은 정류량이므로 연결통로관을 통해 바이패스 회로가 완성된다.

3.3.6 축열조의 온도관리

동일한 용적으로 조금이라도 더 축열 용량을 늘리기 위해 수조 저온부의 온도를 3℃로 하여 그림3.25와 같은 조건으로 운전하는 경우를 생각해 본다.

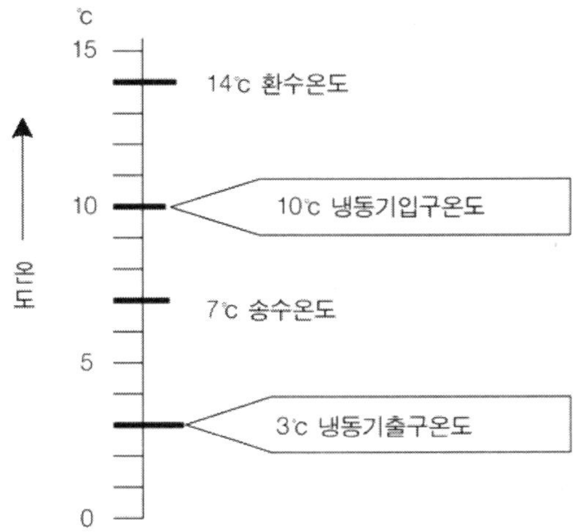

그림3.25 수조온도설정값

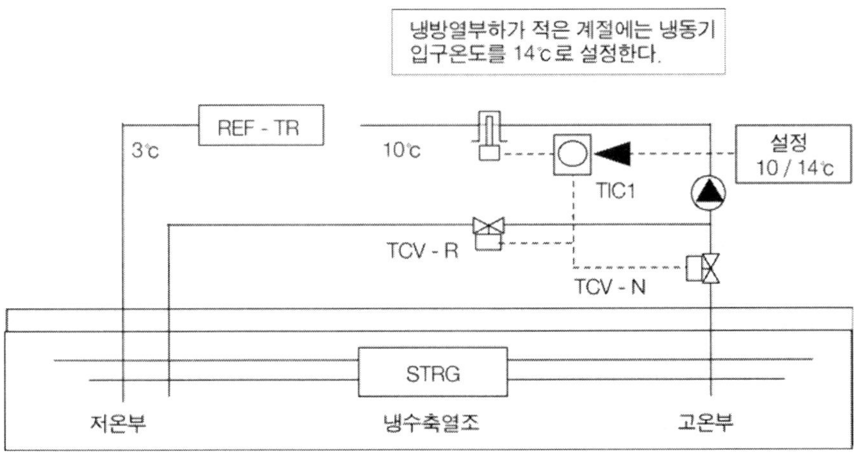

그림3.26 냉동기 냉수입구온도 제어

냉동기 동결방지센서를 변경해 주는 정도의 작은 개선으로 축열용량의 증대를 가져올 수 있다. 이렇게 설정을 하면 공조 부하로부터의 환수온도가 낮은 경우에도 냉동기 입구온도와의 차이가 커지므로 축열용 냉동기의 저효율 운전을 막는 운용상의 부차적인 효과도 생긴다.

봄가을이나 겨울철 등의 냉방부하가 적은 계절에는 그림3.26과 같이 냉동기 입구온도를 높게 설정하는 경우를 생각해보자.

원래 정격조건에서는 7℃의 냉각능력밖에 가지고 있지 않으므로 냉동기 냉수 출구온도 설정값을 3℃로 하더라도 실제 만들어내는 냉수온도는 7℃가 된다. 이러한 설정변경은 냉동기 입구온도 조절기(TIC1)에서 한다.

또한 냉수출구온도가 3℃인 냉동기를 7℃로 운용하면 냉각능력이 33% 정도 상승된다. 따라서 주간의 열부하량과 필요한 축열량과의 균형을 보면서 3℃ 또는 7℃ 중 효율이 좋은 것을 선택할 수 있다.

3.3.7 냉각수 온도에 따른 냉동기 입구온도 제어

제2장 2.5항에서 폐회로시스템 냉동기의 냉각수 입구온도가 내려가면 능력이 향상되는 제어를 설명하였다. 축열조용 냉동기에서 이런 제어를 실시하더라도 냉동기는 냉수출구온도 제어용 베인 컨트롤 기능을 가지고 있으므로 여분의 능력은 냉동기에 다시 버린다. 그런데 냉동기 입구온도 제어 및 냉각수 온도에 캐스케이드를 응용하면 이 문제를 해결할 수 있다(그림3.27).

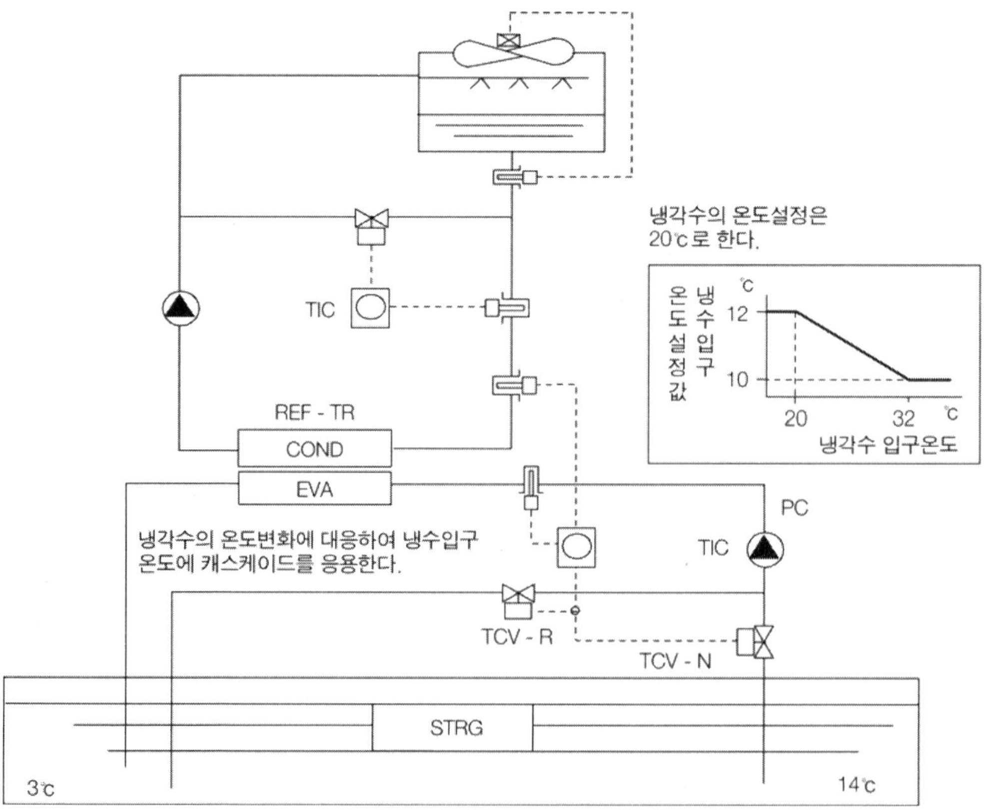

그림3.27 냉각수온도를 고려한 냉수입구온도제어

3.3.8 더블번들 히트펌프 냉동기의 제어

터보냉동기의 더블번들 히트펌프를 이용한 열회수를 이해하기 위해서는 그림3.28의 몰리에선도를 기초로 한 냉동사이클을 떠올리면 된다. 원래는 냉동기가 냉수를 만들 때 발생하는 열을 냉각탑을 이용해 방열하지만, 이 열을 온수로 이용하기 구조적인 제약이 발생한다. 부스터 압축기가 없는 보통의 냉동기는 그림3.29와 같은 구조이므로 온수 취출 능력은 냉수 취출능력의 약 1.3배 정도가 되며 냉수부하 열량이 적으면 온수 취출량도 적어지게 된다.

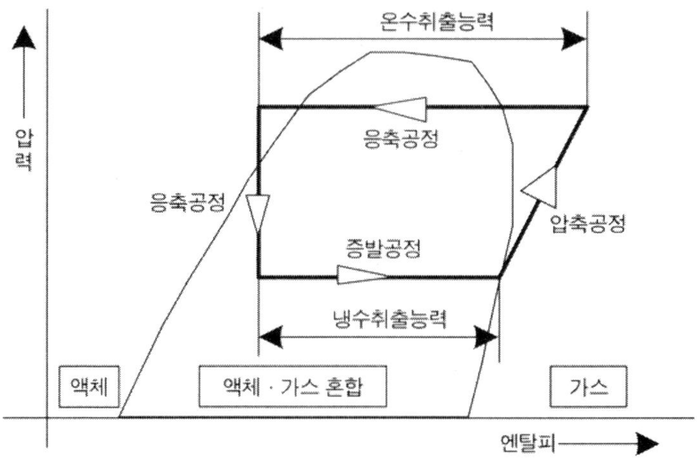

그림3.28 몰리에선도

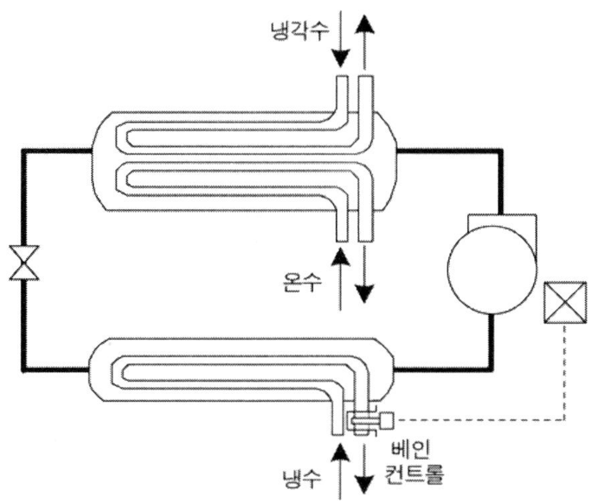

그림3.29 더블번들냉동기의 냉동사이클

그림3.30은 추천하는 장치 시스템을 나타낸 것이다. 열회수 히트펌프로서 사용할 때에는 온도조절기인 TIC2를 이용하여 45℃의 온수를 얻는다. 냉방전용 시에는 TIC1을 이용하여 20℃로 설정한 후 COP가 높은 상태로 운전을 실시한다. 어떤 운전을 선택할지는 공조부하 측의 온수 요구 여부로 정한다.

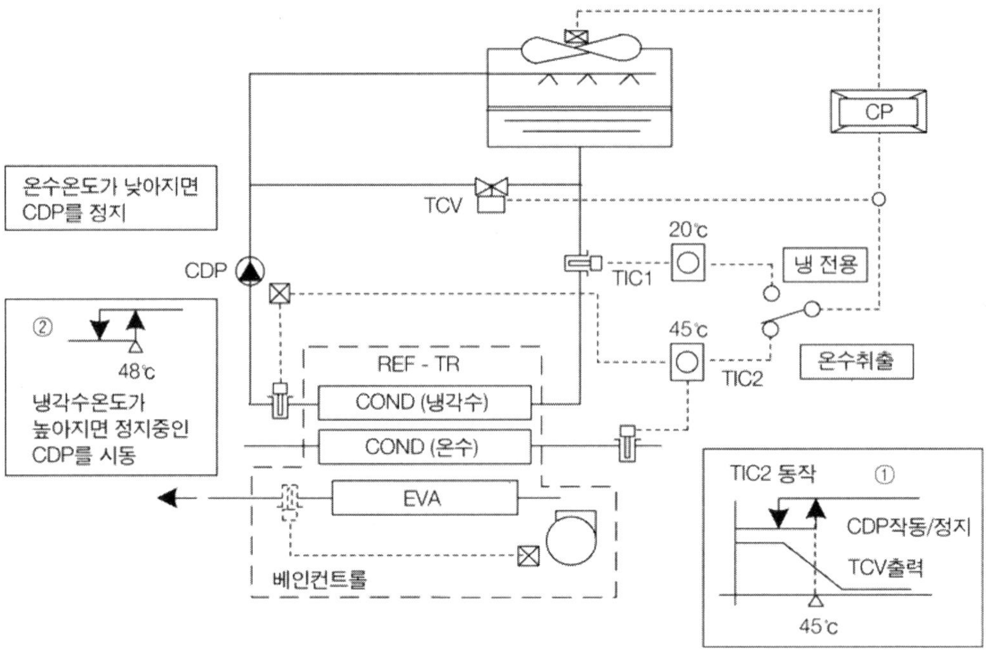

그림3.30 **열회수 히트펌프의 계기장비도**

TIC2의 보조접점을 이용하여 온수온도가 목표값보다 상당히 낮을 때에는 냉각수 펌프를 정지한다. 냉각수펌프를 장시간 정지하면, 방열이 필요하여 냉각수 펌프를 운전할 때 일시적으로 고온의 물이 냉각탑으로 퍼져 냉각탑 충진재를 손상시킨다. 이를 방지하기 위해 냉각수 열교환기의 온도를 체크하여 냉각수 펌프를 운전한다. 냉수부하가 온수부하보다 큰 경우에는 운전 중에 온수 취출모드를 냉방 전용모드로 전환한다. 냉방 전용모드로 하면 냉각수 온도가 내려가므로 냉동기의 COP가 향상되기 때문이다.

제4장 DHC(지역 냉난방) 제어

DHC(District Heating & Cooling, 지역냉난방) 설비의 패턴은 다양하다. 흡수식 냉동기로만 구성된 시스템, 열병합 시스템(co-generation system)을 도입한 경우도 있으며, 향후 연료전지 및 폐기물 발전과 병행하는 방식 등도 있다.

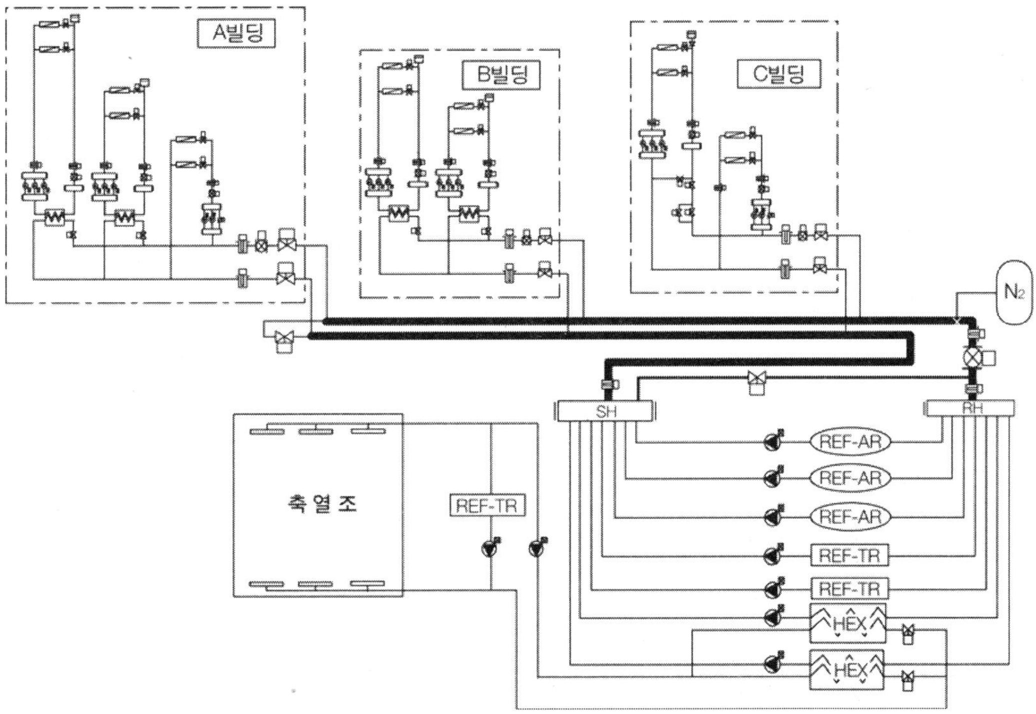

그림4.1 DHC 시스템의 전체 모습

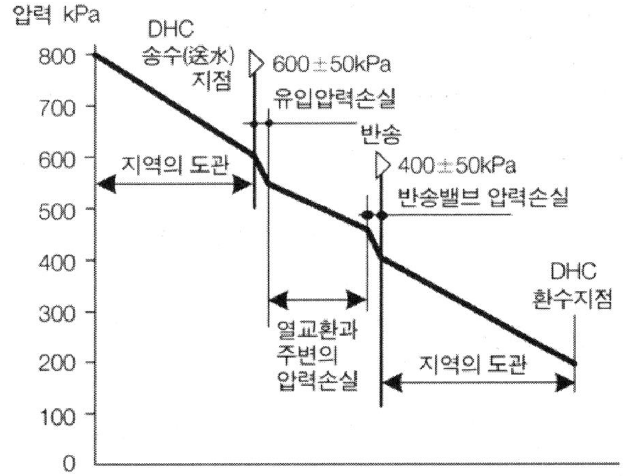

그림4.2 DHC 설비 전체의 압력변화

여기에서는 그림4.1과 같은 시스템을 기본으로 하여 빌딩측과 DHC측으로 나누어 설명하고자 한다. 그림4.2는 DHC설비에서 보낸 물이 하나의 빌딩을 경유하여 DHC로 되돌아오기까지 압력 변화를 나타낸 것이다.

4.1 빌딩 열원설비

DHC를 채택하는 빌딩은 열원설비가 없어 간단히 설계할 수 있을 거라 생각하는 사람이 있으나, DHC 시설을 사용하는데 필요한 설비 및 열교환기 설비의 검토는 다양하며 기본적인 것이라 적당히 여겨 간과하는 경우도 많다.

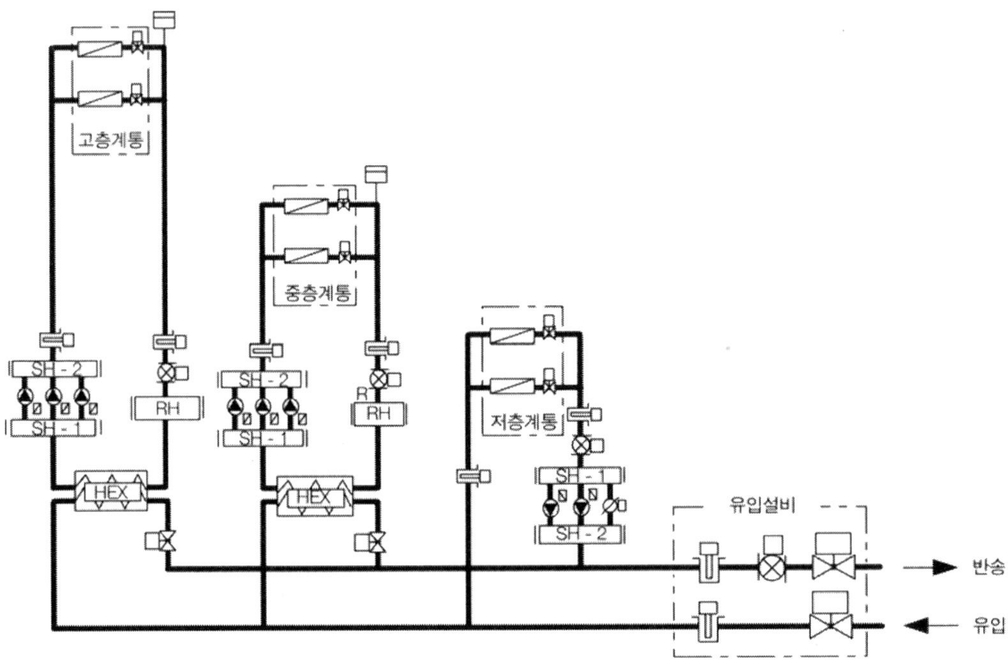

그림4.3 DHC의 빌딩측 설비

4.1.1 DHC용 건물 설비

그림4.3은 DHC 시스템을 사용하는 빌딩의 계통도이며 DHC설비의 냉동기용 냉수펌프가 빌딩측 열교환기의 1차측까지 유량을 공급하는 시스템으로 가정한다. 동시에 열교환기 1차측은 펌프가 없는 경우로 검토한다.

(1) 유입 및 반송압력제어

DHC 배관으로부터 가장 말단 부분에 배치되어 있는 유입 및 반송용 밸브는 압력제어 신호에 따라 동작한다. 여기에서는 반송기준압력을 400 kPa, 유입기준압력을 600 kPa로 정해 놓은 시스템을 가지고 설명한다.

주간 최대부하일 때는 각 빌딩 모두가 많은 유량을 필요로 하므로 DHC의 전체 배관의 저항이 커지게 된다. 야간이나 겨울철에는 부하유량이 적으므로 저항이 작아지고 빌딩으로의 유입과 반송부분의 차압에 여유가 생긴다. 전체 DHC시스템과 각각의 빌딩은 운전상황이 다르므로 열교환기의 1차측 유량확보에 문제가 발생하지 않는 범위 내에서 압력을 설정한다. 압력을 항상 규정값 대로 제어하는 것은 어렵기 때문에 압력 기준값은 유입 및 반송 모두 ±50 kPa 정도의 허용값을 가진다.

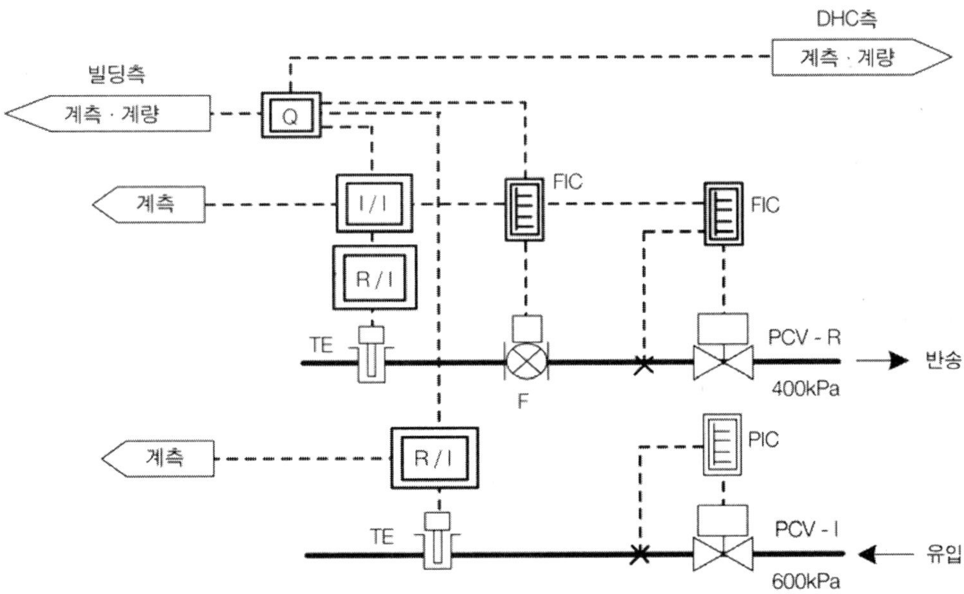

그림4.4 일반적인 DHC유입설비의 계기장비도

① 유입압력 제어

유입압력은 단순히 600 kPa로 제어한다.

② 반송압력제어와 유량、환수온도 체크

본래 이 부분에는 자동제어밸브가 필요 없다. 여기에서 규정대로 열심히 400 kPa로 유지하는 제어를 하더라도 배관의 최종 압력은 DHC설비의 질소 가압으로 결정된다. 빌딩 한 곳에 대한 DHC 설비배관이라는 관점에서 보자면 양동이의 물을 흘려보낼 때 강가의 샛길에서 흘려보내는 것이나 높은 다리 위에서 흘려보내는 정도의 차이밖에 되지 않아 강의 흐름에는 영향을 주지 않는 것과 같은 이치다.

DHC설비의 운용상 가장 곤란한 것 중 하나가 빌딩으로부터 저온이 반송되는 것이다. 그래서 이 반송제어밸브(PCV－R)를 잠가 반송온도를 올리려는 제어를 자주 하게 되는데, 반송제어밸브의 오픈정도를 "0"으로 하면 빌딩 내의 냉수도 0이 되어 버리므로 최소 유량을 설정이 필요하다.

건물 내에서 여러 개의 열교환기는 동일한 장소의 동일 조건에 배치하게 되는 것이 아니므로 일률적으로 잠가 버릴 수는 없으며 최소 유량값 설정을 상당히 느슨하게 할 수밖에 없다. 따라서 이 밸브가 저온반송 방지를 위해 효과적으로 작동하는 일은 좀처럼 없다. 또한 건물에서 운전을 시작할 때에 빌딩측이 많은 유량을 요구하는 것을 방지하기 위해 이 밸브를 사용하여 제어를 하기도 하는데 이것은 이론상으로는 성립되지만 이런 일은 좀처럼 발생하지 않는다. 건물 내 공조운전 개시에 시간차이를 두는 등 다른 수단은 얼마든지 있다. 따라서 큰 건물에서는 본 밸브의 사이즈를 14인치로 하는 경우도 있는데 이것은 불필요한 투자로 여겨진다.

(2) 계량과 계측

적산열량 계량값은 에너지요금과 직접적으로 관련되므로 DHC설비측과 빌딩측 모두가 동일하게 값이 나오도록 설정할 필요가 있다. 따라서 하나의 신호를 분할하여 사용한다. DHC측은 원거리 통신이 되는 경우도 있으므로 전화회선 및 펄스신호를 이용하는 경우도 많다. 하지만 현실적으로는 가정의 전력요금 및 가스요금에 대한 검침과 마찬가지로 사람의 눈으로 검침하는 것을 원칙으로 하는 경우가 대부분이다.

순간열량, 순간유량, 왕복온도 등의 정보는 빌딩이 정상적으로 기능하고 있는지를 파악하는 것이므로 빠져서는 안 된다.

가끔씩은 드물게 적산유량값 계량을 하고 순간유량값 계측을 빠트리는 경우나 양쪽 모두를 측정하는 경우도 종종 있지만 계량과 계측에 대한 계획성이 결여된 설비도 눈에 띈다.

4.1.2 열교환기의 제어

열교환기 제어는 그림4.5(a)와 같이 송수온도가 냉수공급온도 설정값으로 유지되도록 온도조절기(TIC) 신호로 열교환기 1차측의 자동제어밸브를 작동시키는 것이다. 제2장 「폐회로시스템 열원 제어」 2.3항에서 저온반송에 대한 대책을 설명하였는데 여기에서도 비슷한 대응방법으로 강구하면 간단히 DHC 방향으로의 저온반송에 대한 대책이 될 수 있다.

그림4.5(b)는 하나의 예이다. 열교환기 1차측 출구온도를 반송조건(12℃로 가정)이 될 수 있도록 송수온도 설정값에 캐스케이드 제어를 추가한다. 송수온도의 상승이 일어날 수 있으나 저온반송은 부하가 적어서 발생하는 경우가 많으므로 송수온도를 높여서 왕복 온도차를 적게 하는 방법은 합리적인 대처이다. 근거도 없이 무조건적으로 송수온도를 7℃로 정해 두고 있는 것은 재검토의 여지가 있다.

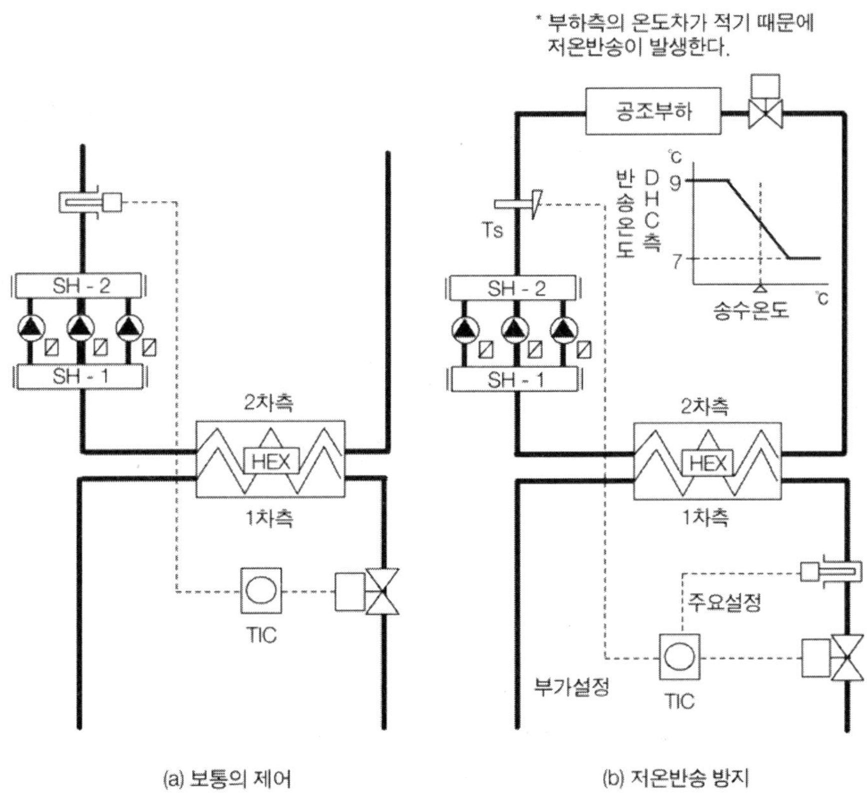

그림4.5 열교환기 제어

4.1.3 열교환기를 사용하지 않는 제어

열교환기에서 공조부하측과 DHC설비의 압력측을 단절시키는 방식이 일반적이기 때문에 사용빈도가 줄어들긴 하였지만, 공조부하까지 직접 DHC의 물로 조달하는 방식에 대해 설명하고자 한다.

DHC설비는 전체 수요자 설비까지 모두를 검토하면 폐회로시스템이지만 각 빌딩 단위에서는 오픈시스템적인 감각으로 파악해야 하며 각 부분의 압력 문제를 이해하는 데 있어서 이 방식을 습득하는 것은 큰 의미가 있다.

(1) 압력선도

건물 높이에 대한 압력 검토 시, 그림4.6과 같은 압력선도를 자주 이용한다. y축이 높이, x축이 압력이다. 유입부분으로부터 열교환기 최상부까지의 높이가 150 m인 건물을 예시로 활용한다.

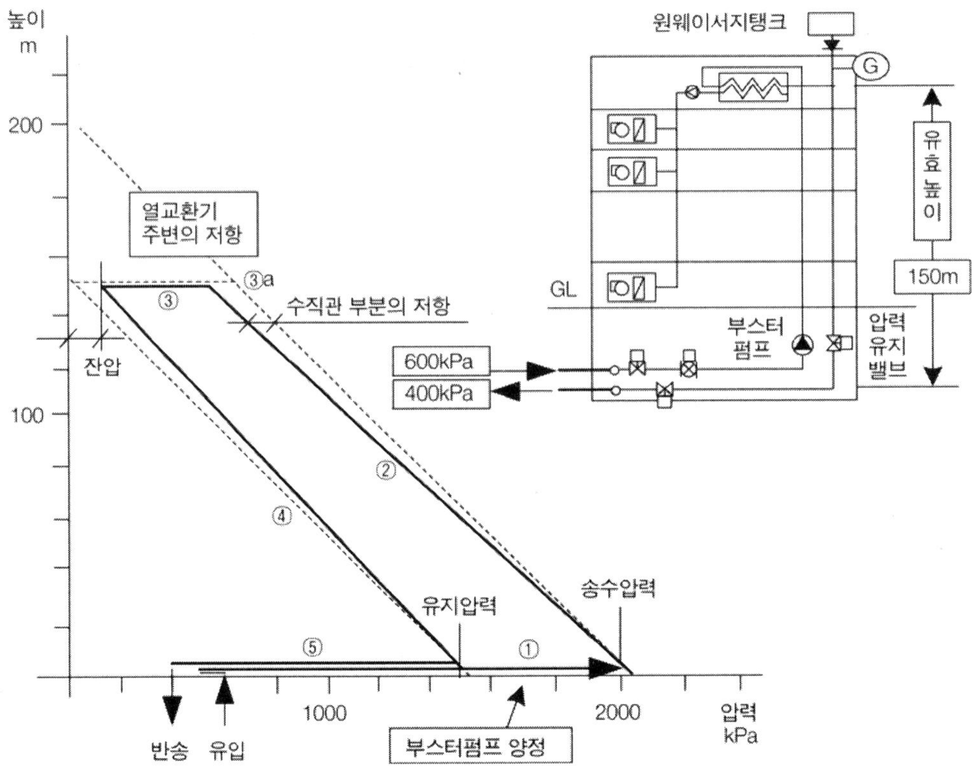

그림4.6 건물 높이와 압력 선도

먼저 유입압력이 600 kPa, 반송압력이 400 kPa인 건물을 가정한다. ①은 유입되어서 펌프 토출에 이르기까지 600 kPa로 유입된 압력이 유입설비의 제어밸브 및 유량계 등의 영향으로 약간 감압되었고, 열교환기 방향으로 물을 공급하기 위한 송수압력점까지의 압력 상승을 위해 펌프의 양정이 이루어지는 경우이다. ②는 수직관 송수 부분의 높이와 압력의 상관관계, 수직관 부분의 저항손실을 포함한다. ③은 열교환기의 저항. ④는 수직관 반송부분의 높이와 압력의 상관관계로 수직관 부분의 저항손실을 포함한 것이다. ⑤는 압력유지밸브로 인한 감압을 나타낸다. 이상은 최대부하일 때의 조건이다.

공조설비기술자는 펌프양정 및 유지밸브 사이즈를 결정하기 위해 압력선도를 만들기 때문에 여기까지 밖에 검토하지 않는다. 자동제어를 검토할 때는 부하열량이 적을 때에 대해서도 고려해야 한다. 이 제어계통에서 자동제어기기가 관련되는 것은 부스터 펌프 출구부분의 송수압력과 압력유지밸브 부분이다.

부하가 적을 때에는 수직관 부분의 저항이 무시할 수 있을 정도로 작아지므로 열교환기 부분의 수직관 왕복압력(송수와 반송) 차이는 그림4.6의 ③ a까지 넓어진다. 따라서 최대유량일 때에 확인한 반송관 최상부의 압력은 줄어든다. 이 값이 마이너스(−)가 된다는 것은 뒤에서 설명하겠지만 원웨이 서지탱크로부터 물이 공급되는 것이므로 피해야 한다.

이러한 조건을 고려한 자동제어의 조정 포인트를 설명한다. 조정을 할 때는 우선 정격수량을 확보할 수 있도록 공조기의 제어밸브를 완전개방 운전 조건으로 만든다. 맨 먼저 유지압력을 설정한다. 이를 위해 반송이 일어나는 주요 배관 최상부에는 눈으로 읽을 수 있는 게이지(Ⓖ)를 부착한다. 요점은 이 부분이 부압(負壓)이 되지 않도록 하는 것이며 이 압력이 50～100 kPa가 되도록 하고 운전 중에 배관 내부가 부압이 되는 일이 없도록 한다.

최대 유량일 때와 최소 유량일 때의 게이지압력 차이가 수직관 부분의 저항이다. 그 다음은 열교환기의 저항을 고려하여 운전할 때 만족할 수 있는 값으로 송수압력을 정하면 된다. 공조설계에서 저항을 계산할 때 안전계수를 너무 많이 잡는 것은 일종의 낭비가 되는데 앞서 설명한 프로세스를 따르지 않을 경우, 실제 장치값은 설계값과 상당히 동떨어진 수치가 되어버린다.

(2) 브리드인 방식의 환수 저온반송 방지

저온반송에 대한 고려를 하더라도 그림4.7의 회로 구성과 같은 나쁜 예에서는 그 순간만 반송온도를 높이고 곧바로 원래 상태로 되돌아가 해결책이 되지 못한다. 근본적인 원인은 공조기측 부하의 온도차를 잡지 못하는 것인데 열원에서도 주배관의 왕복온도 차이는 적게 해야 한다. 나쁜 사례의 경우, 브리드인 회로가 작동하여 반송온도가 정상으로 되자마자 브리드인 회로는 닫혀 버린다. 따라서 그림4.7과 같은 회로로 구성하고 메인 설정은 반송온도, 서브 설정은 부하 방향의 송수온도로 하여 공조기 전후의 온도차를 작게 제어한다.

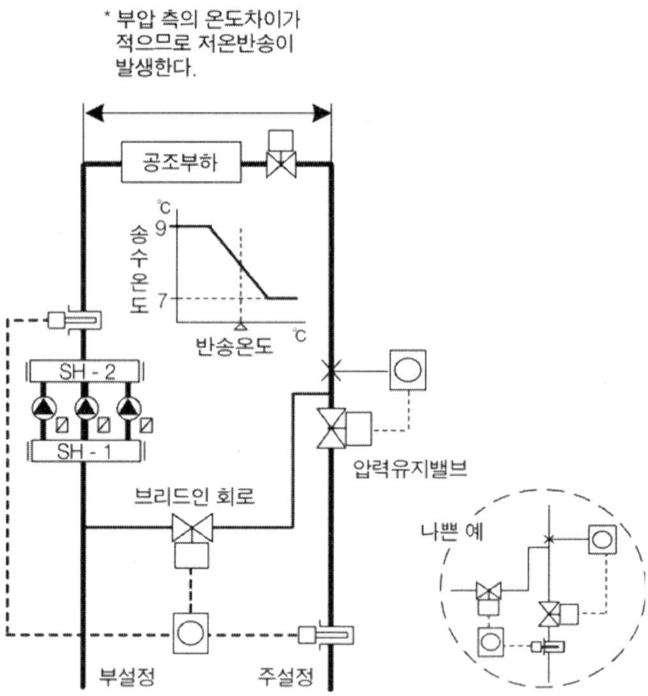

그림4.7 브리드인 방식의 저온반송 방지

(3) 왕복차압 변경으로 환수 저온반송 방지

저온으로 반송되는 요인의 하나로 배관의 왕복차압이 너무 크게 설정되어 있는 경우가 있다. 이 차압을 작게 하면 공조기 코일 속을 흐르는 냉수의 유속이 느려지는 만큼 온도 차이는 커지게 된다. 이러한 성질을 이용하여 그림4.8과 같이 반송온도가 낮을 때 왕복차압 설정값을 작게 하면 저온반송에 대한 대책이 된다. 또한 배관설계 상으로 안전계수를 너무 크게 잡는 경향이 있으므로 원래대로라면 어느 정도 필요한 지를 조사해 보는 편이 좋다. 일반적으로 왕복배관의 압력차는 200 kPa 정도면 충분하며, 환수온도가 낮을 때에는 100 kPa 정도까지 내려주어 환수온도의 상승시키면 된다.

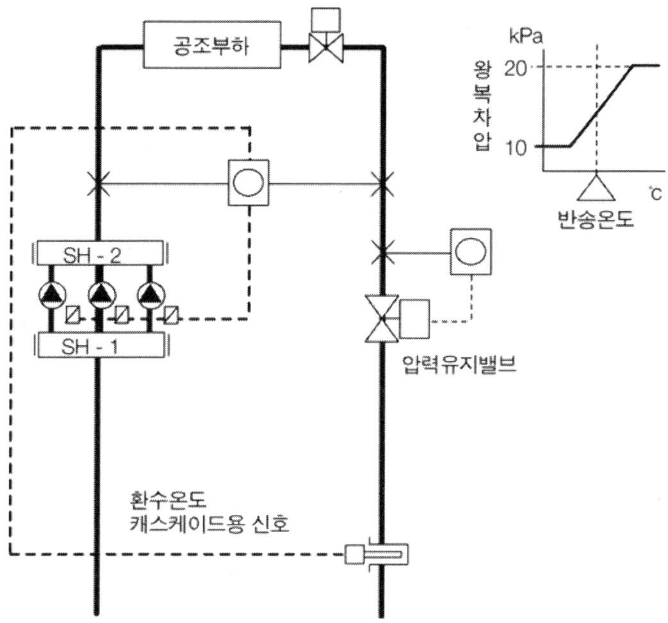

그림4.8 왕복차압변경으로 저온반송 방지 제어

(4) 반송펌프의 제어

DHC의 수배관을 통한 유입과 반송의 압력차이가 충분하면 수요자 설비측에서는 펌프가 필요 없지만, 수요자 설비측에서 필요압력 손실이 큰 경우에는 반송압력점까지 압력을 높이지 않으면 DHC 수배관까지 물을 돌려보낼 수 없다.

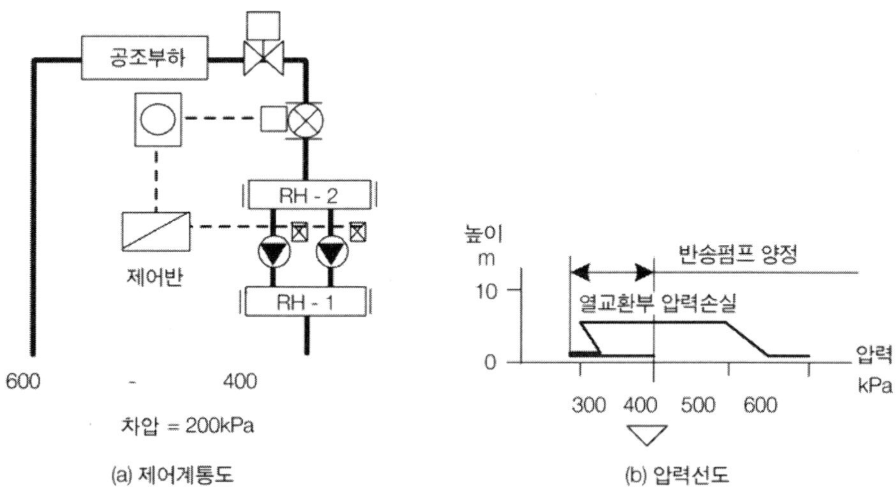

그림4.9 반송펌프 제어

그림4.9와 같이 반송펌프방식도 하나의 방법이 된다. 이 경우는 유량을 신호로 하는 펌프대수 제어가 자동제어 역할을 한다. 여러 대의 펌프를 병렬로 제어하는 경우가 자주 있으면 바이패스량 제어밸브 및 인버터를 붙이는 경향이 있는데, 이는 높은 위치의 강으로부터 물을 모아서 낮은 위치의 강으로 보내는 것과 같은 이치이므로 펌프 자체가 가지는 약간의 압력차는 무시해도 된다.

앞서 유입과 반송압력에는 각 50 kPa 정도의 허용오차가 있다고 설명하였는데, 그림4.10(a)와 같이 가장 좋은 조건의 최대차압일 때는 압력차가 300 kPa이며 반대로 가장 나쁜 조건의 최소차압일 때는 압력차가 100kPa가 된다.

그림4.10(b)의 압력선도에서 보듯 가장 좋은 조건일 때에는 반송펌프가 필요 없으며 DHC 배관에 가해진 압력만으로도 처리할 수 있다. 또한 부하유량의 조건이 어떠냐에 따라서도 반송펌프가 필요한 지에 대한 판단이 필요하다. DHC배관에서 가해진 차압이 300 kPa일 때는 부하유량이 최대이더라도 펌프가 필요 없다. 부하유량이 최소값에 가까울 때에는 200 kPa에서도 펌프는 필요 없다.

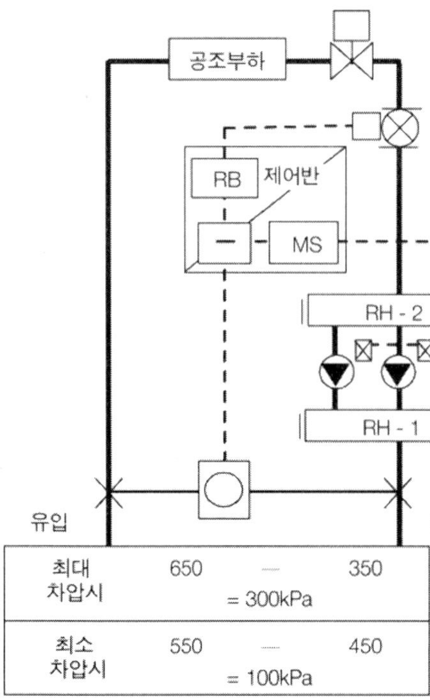

(a) 제어계통도

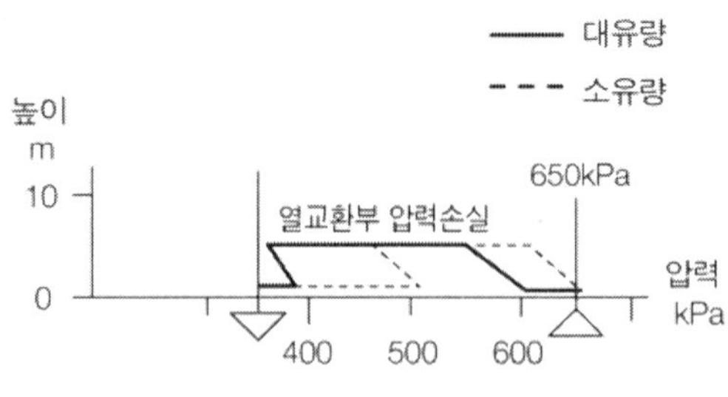

(b) 압력선도

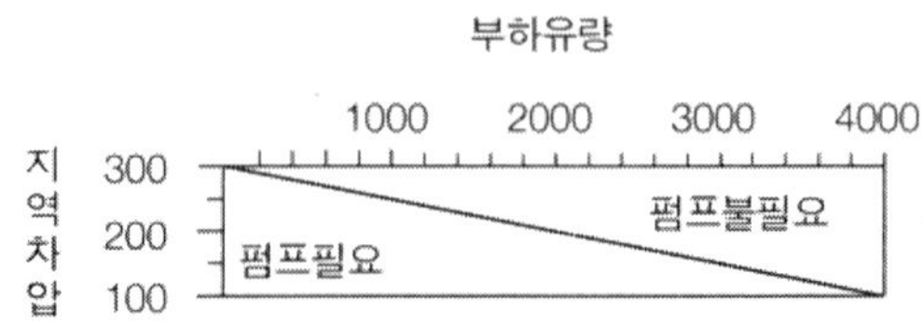

(c) 반송펌프 불필요영역

그림4.10 유입차압변동을 고려한 반송펌프제어

그림4.10(c)는 필요영역과 불필요영역을 간단하게 도식화 한 것이다. 그림4.10(a)의 제어계통도와 같이 Ratio, Bias(RB)、가감산기、모니터 스위치(MS) 등의 계기장비기기를 조합하여 운전 전환회로를 구성한다.

(5) 원웨이 서지탱크(그림4.11)

열교환기를 이용하지 않는 방식에서, 펌프 운전을 정지하였을 때에 동반되는 압력유지 제어밸브의 누수 및 펌프의 글랜드(Gland) 등으로 인한 누수에 대한 물 보충이 필요하며, 이는 배관의 최상부에 설치된 서지탱크에서 공급된다. 제2장「폐회로시스템 열원의 제어」에서는 팽창탱크를 이용하였지만 열교환기를 이용하지 않는 DHC시스템에서는 압력제어의 역할을 주로 하는 것은 뒤에서 설명할 DHC설비의 질소 제어이므로 서지 탱크에는 체크밸브를 삽입하여 원웨이 방식으로 하는 것이 일반적이다.

즉, 빌딩측은 물이 줄어든 만큼은 보충하지만 남은 분량의 방출은 하지 않는 것이 원칙이다. 평상시에는 이로 인한 문제가 없지만 연휴 등으로 인해 장기간 건물의 운전이 정지한 후에는 배관계 내의 압력이 상승할 수 있다. 공조기계실 및 팬코일 등으로부터의 열을 자연스레 흡수하여 물의 온도가 상승하므로 샤를 법칙에 따라 배관 계통 내의 압력이 상승하기 때문이다. 이에 대한 해결책으로 압력 릴리프 밸브(Relief Valve)를 설치하는 것이 좋다. 이것이 원인이 되어 공조기 코일이 파손된 사례도 있다.

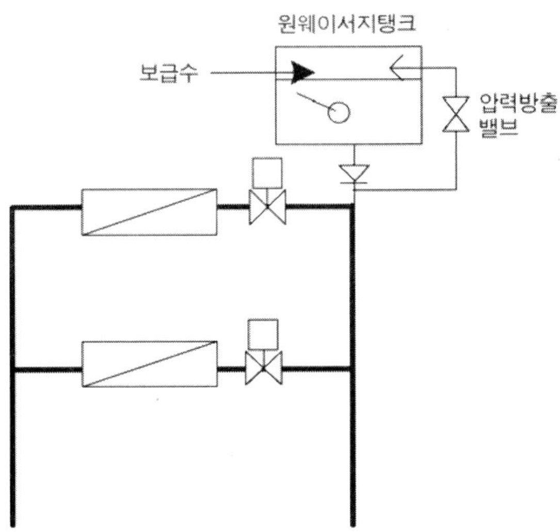

그림4.11 원웨이 서지탱크

(6) 운전정지 시의 제어(자동제어밸브)

배관 내부의 압력은 공조기 자동제어밸브나 펌프진동의 영향 등으로 인해 항상 미세하게 변한다. 압력유지 제어밸브도 미세한 진동의 영향을 받기 쉬운 부분이므로 압력유지 제어밸브의 반응이 느려지게 하여 압력조절기의 PID 신호를 출력시킨다(제6장 「자동제어기기」 6항 참조). 일반적으로 펌프를 정지시키면 냉온수의 반송 능력이 즉시 없어지지만, 상기와 같은 조치를 취하면 펌프를 정지시켜도 일정시간 이상 운전이 이루어지므로 배관계 내의 낙수가 생기는 단점도 발생한다.

이와 같은 시스템의 정지 시에는 그림4.12(a)와 같이 먼저 압력유지 제어밸브를 닫고 유지밸브가 닫힌 리미트스위치 신호를 받아 펌프를 정지한다. 이로 인해 배관 계통 내의 압력은 펌프 차단압력에 가까운 높은 압력이 된다.

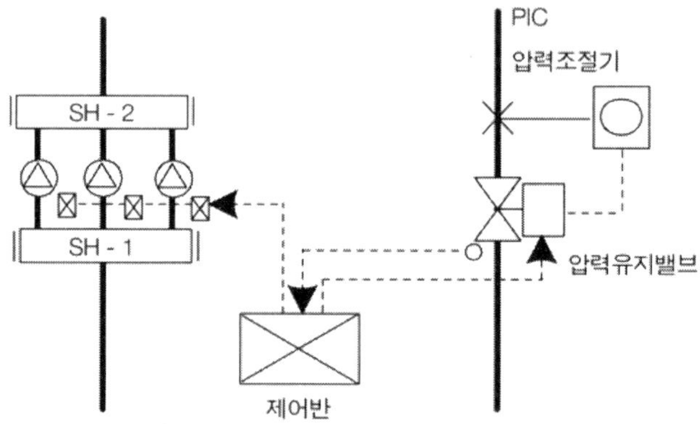

(a) 유지밸브가 자동제어밸브인 경우

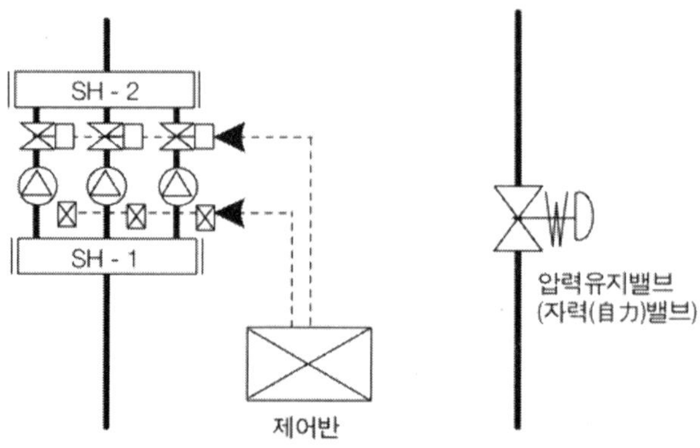

(b) 유지밸브가 자력식 제어밸브인 경우

그림4.12 시동/정지 제어

(7) 운전정지 시의 제어(자력식 제어밸브)

압력유지 제어밸브는 구경이 커 토크가 큰 공기식 자동제어밸브를 이용하는 경우가 많다. 하지만, 공조설비에서 대구경 제어밸브가 필요한 것은 열원설비에 국한되며 이를 위해 공기원 장치를 준비하는 일은 드물다. 따라서 전기식 자동제어밸브를 이용하는데 앞에서 설명한 대로 압력의 미세한 변동이 많기 때문에 제어밸브 조작부의 포텐셜미터가 닳아서 고장을 일으키는 경우가 종종 발생한다. 이런 상황을 회피하고자 할 경우는 자력식 제어밸브를 이용한다. 자력식 제어밸브는 기본적으로 P(비례) 동작만하며, I(적분) 및 D(미분)의 시간을 동반하는 제어는 불가능하다.

그림4.12(b)와 같이 펌프 토출부에 자동제어밸브를 설치하고 자력식 제어밸브의 특성에 맞추어 천천히 닫아 주면 압력유지 제어밸브도 원래 취지대로 사용할 수 있게 된다.

단, 자력식 제어밸브에는 그림4.13과 같은 부(不)동작 대역 및 이력현상(Hysteresis)이라는 독특한 특성이 있다. 압력설정점부터 부동작대역을 거쳐 비례대역에 도달하는 것이다. 단 이 비례대역은 밸브가 오픈되어 있을 때와 닫혀있을 때 이력현상이 생기며, 발생현황은 일률적이지 않다. 유지압력은 문자 그대로 일정한 압력을 유지하는 것이지만 실무에서는 재현하기가 힘들다. 또한, 자력식 제어밸브는 제조사에 따라 비례대역이 너무 커 사용하지 못하는 경우도 있으므로 주의가 필요하다.

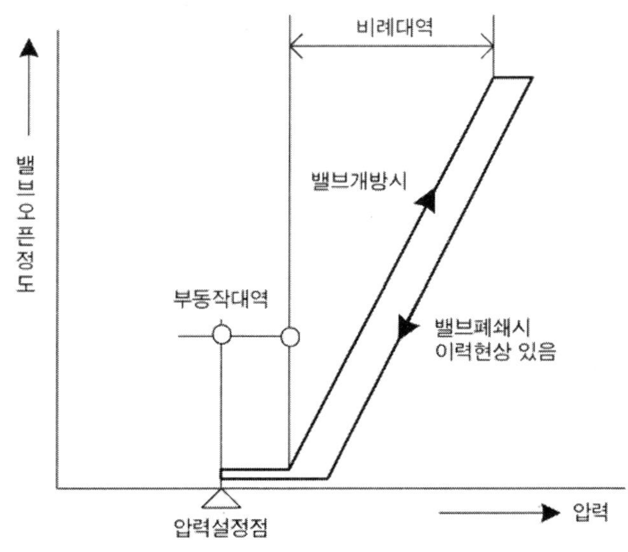

그림4.13 자력밸브의 특성

4.2 DHC측의 제어

DHC측의 열원설비는 기본적으로는 제2장 「폐회로시스템 열원의 제어」와 제3장 「축열조의 제어」를 응용하는 것이다. 따라서 앞에서 설명한 바와 같은 제어구성이 요망되나 DHC설비에서 냉동기 대수제어를 자동화하고 있는 예는 거의 찾아볼 수 없다. 제2장 2.1항 「열량비교에 의한 대수제어」에서 설명한 적합하지 못한 점을 극복할 수 없기에 수동으로 관리를 한다고 보면 된다.

여기에서는 DHC설비 특유의 가압 탱크시스템과 DHC 설비에서 자주 볼 수 있는 1차 펌프방식의 냉동기 대수제어에 대해 설명하기로 한다(그림4.14).

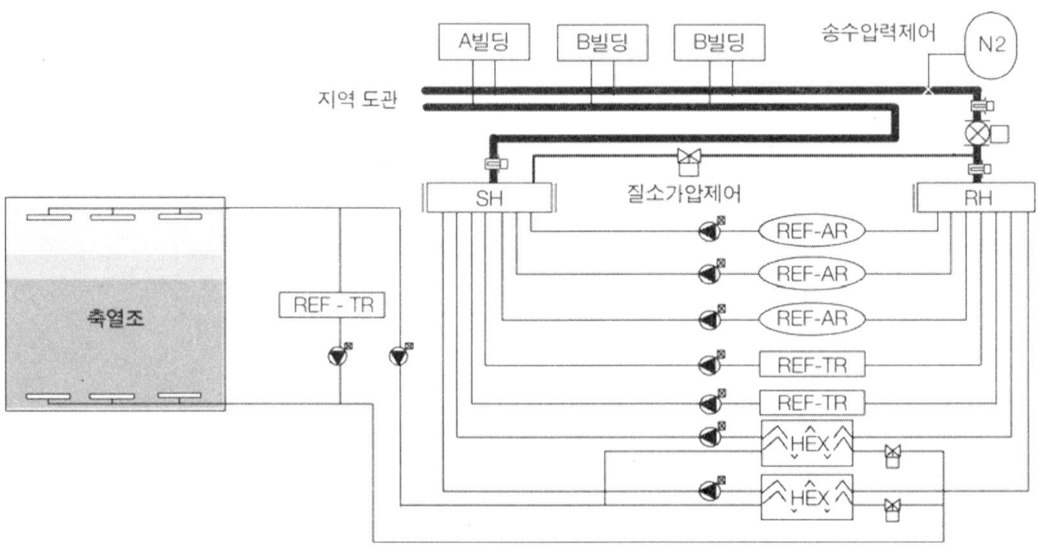

그림4.14 DHC 설비의 구성 예시

4.2.1 가압 탱크시스템

그림 4.15와 같이 가압탱크 주변의 시스템은 HEX~공급펌프~지역도관~수요측 배관 등의 배관계통이 포함되며, 펌프 글랜드(Gland)에서의 누수, 물빠짐, 블로(Blow) 등 배관계통 내에서의 수량 변동이 발생하는 곳이다. 특히 수량 부족분에 대한 보충이 필요하며 이를 통해 배관 계통의 압력을 일정하게 유지하는 것이 관건이다.

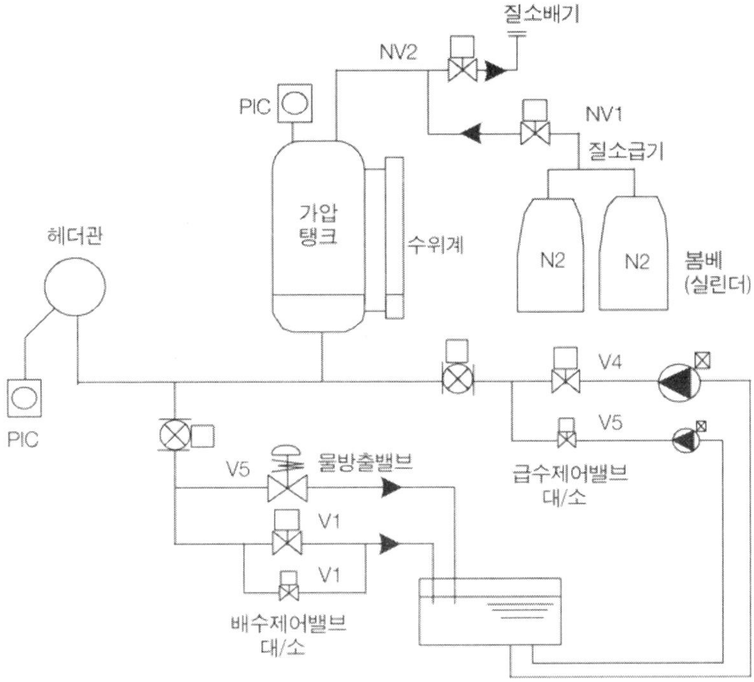

그림4.15 가압탱크시스템

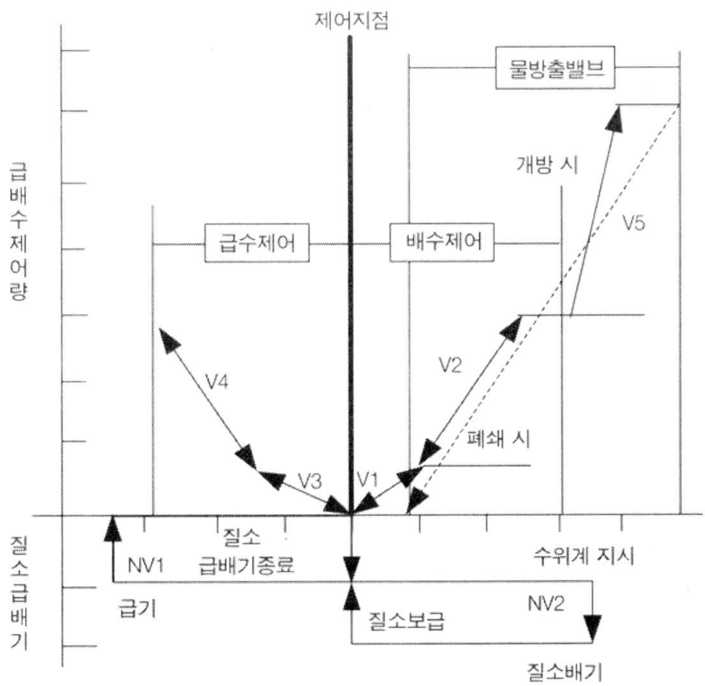

그림4.16 가압제어 구성

가압탱크 내부는 물과 질소의 2개층으로 구성하며 기체를 일종의 완충재(Buffer)로 삼아 수위 변동에서 발생하는 여러 종류의 압력변화에 완만하게 대응한다. 또한 건물 수요측의 낙수에 대한 대응도 가압탱크시스템이 담당한다. 탱크 내의 압력계와 수위계의 값은 거의 비례관계이므로 배관내부의 안정적인 압력을 유지하기 위해 상기에서 설명한 바와 같이 그림4.16의 제어를 실시한다. DHC 배관 내부는 상당히 커다란 용적을 가지고 있으나 엄연히 밀폐된 배관이므로 펌프진동 등을 제외하면 통상적인 압력변동은 거의 없다.

본장 1.3항「열교환기를 사용하지 않는 제어」에서 설명한 시스템에서는 운전시작 및 정지 시, 낙수가 발생하기 쉽다. 또한, 비교적 작은 수위나 압력변동에 대한 대응은 수위계 신호인 V1, V2, V3, V4를 매개로 하여 급수 및 배수 제어를 실시한다. 정전 등의 사고로 인하여 수요측 빌딩으로부터의 대량의 낙수가 발생하는 경우에는 탱크 내 압력신호로 NV2를 열어 질소를 외부로 방출한다.

그럼에도 수위계 신호가 높은 경우에는 물 방출밸브 V5를 작동시켜 강제 배수를 통한 배관내 압력유지 운전을 한다. 낙수 현상이 종료되고 수위가 설정값까지 복귀되면 질소를 보충하여 평상시의 상태로 복귀시킨다. 반대로 탱크 내 압력이 심하게 내려간 경우에는 탱크 내 압력신호인 NV1을 열어 질소를 보충한다. 그리고 수위계 신호가 낮은 경우에는 급수밸브 V4를 작동시켜 급수하고 수위를 설정 지점까지 보충한다. 이런 조치만으로는 질소가 과잉이 되어 탱크 내 압력이 높아지므로 질소 배출을 수정하여 평상상태로 되돌리는 추가적인 고려가 필요하다.

4.2.2 송수압력 제어

그림4.17은 DHC 설비와 각 건물 수요측의 유입지점과 반송지점의 압력분포 사례를 나타낸 것이다. 일반 빌딩설비의 관점으로 보면 DHC 배관은 거리가 길므로 압력감쇄도 크다. 수요측 빌딩의 배치 및 향후 추가 가능성 등을 파악한 다음 DHC설비의 가압탱크 압력과 송수압력을 정한다. 그림4.18과 같이 1차펌프 시스템의 경우에는 냉동기의 냉수 펌프가 이러한 압력을 모두 담당한다. 이 방식의 경우, 제2장「폐회로시스템 열원의 제어」 2.2항의 로직을 적용하면 냉동기 대수 증가를 요구하는 유량 변화 시에도 송수온도 조건이 충족되므로, 운전 대수를 증가시키면 송수압력의 저하를 유도할 수 있다(그림4.19).

하지만 이 경우, 원래 정류량이어야 할 1차펌프의 유량이 RH(환수 헤더)와 SH(송수헤더)의 압력차로 인해 증가하여 송수온도가 상승하므로 냉동기 운전대수는 증가하고 저하된 압력은 다시 원상복귀 된다. 단, DHC설비는 수요측 빌딩을 대상으로 유입부분의 압력과 온도를 보증할 의무가 있으므로 순간 송수압력 저하 및 온도 상승에도 주의할 필요가 있다.

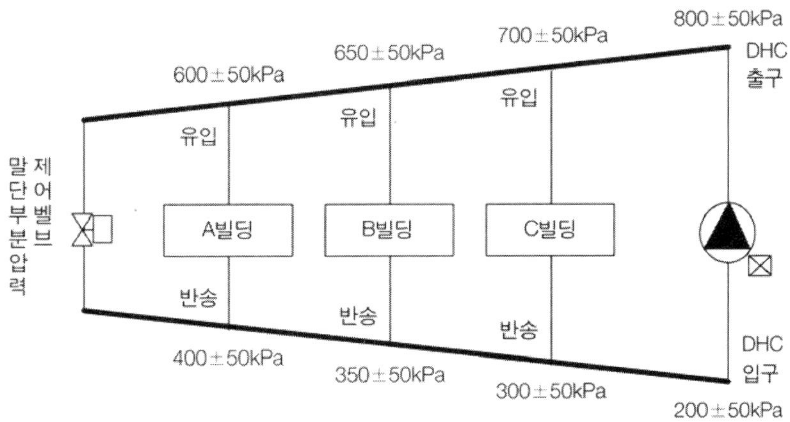

그림4.17 지역도관의 압력분포

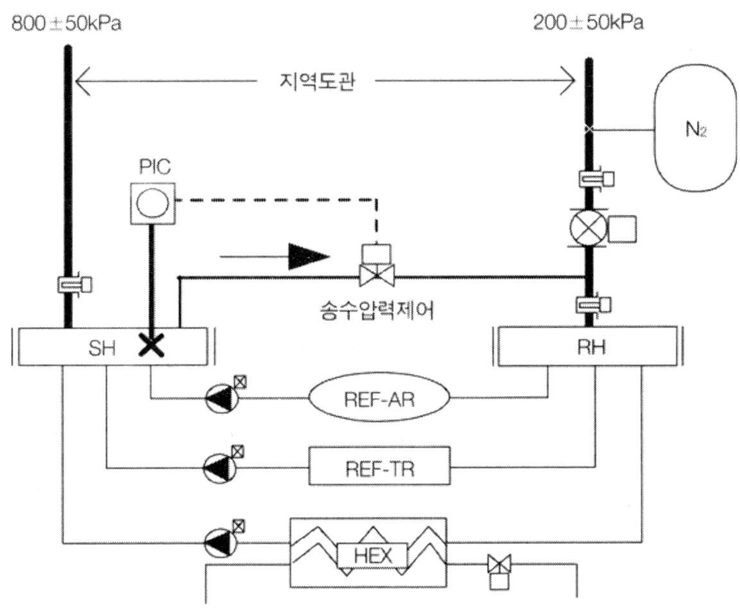

그림4.18 송수압력 제어

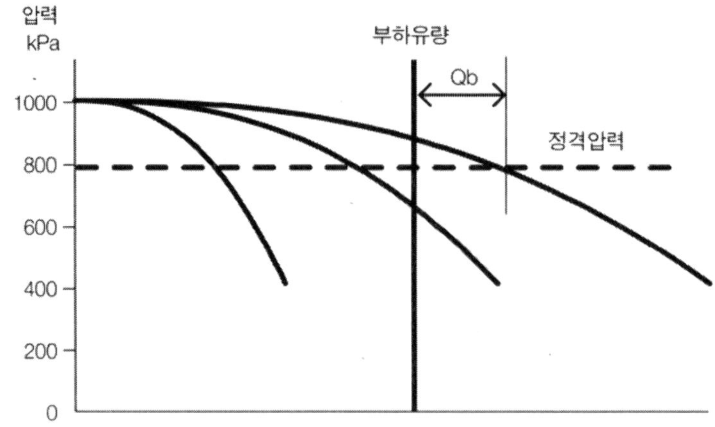

그림4.19 부하유량과 바이패스 유량

4.2.3 말단부분 압력제어밸브

DHC 시스템은 심야 등 대부분의 빌딩이 운전을 정지하더라도 어느 한 빌딩에서 약간의 냉수를 요구하면 계약된 온도의 물을 공급해야 한다.

오랫동안 DHC 배관 내에 물이 정체되어 있으면 냉수인 경우라도 온도가 상승하므로 규정온도 조건을 구비할 수 없게 된다. 이 경우 말단압력 제어밸브를 열어서 항상 물이 흐르고 있는 상태로 만들어 어떠한 조건하에서도 냉수온도를 확보할 수 있도록 한다. 단, 바이패스 유량이 너무 많으면 에너지의 손실이 발생한다. 말단부분의 차압이 DHC 설비의 왕복차압보다 약간 적은 정도의 값으로 설정하면 된다(그림4.20).

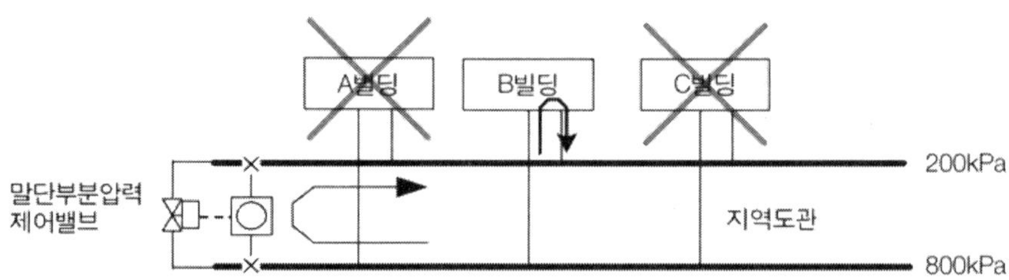

그림4.20 말단부분 압력제어

제5장 자동제어의 기초

5.1 자동제어와 계기장비

일반적으로 공조제어 분야에서 자동제어 또는 계장이라는 단어가 자주 쓰이는데, 그 차이점은 다음과 같다.

"계장"라는 단어는 석유정제 등으로 대표되는 플랜트 분야에서 사용되는데 일반적으로 "계기장비"의 약칭으로 사용한다. 실무에서는 약칭도 많이 사용하나, 본서에서는 앞으로 "계기장비"라는 용어로 통일하여 사용한다. 이 계기장비라는 단어는 의외로 음악용어인 "기악편성법"에서 발생하였으며, 작곡자가 '자신이 작곡한 곡의 각 악장에 적합한 악기를 사용하여 해당 악곡의 연주효과를 높이는 것'을 의미한다고 한다. 플랜트 계기장비를 통해 얻어진 온도, 유량, 압력, 품질, 효율 등의 설비 상태에 관한 수치를 가지고 전체를 제어하는 것이 작곡가의 역할과 유사하여 붙여진 것이라 보면 되겠다. 한편, 프로세스제어는 크게 폐회로(Closed Loop) 제어와 개회로(Open Loop, 본서에서는 "오픈회로"로 표기) 제어로 나뉜다.

5.1.1 피드백(Feedback) 제어

폐회로 제어의 대표적인 것이 피드백 제어이다. 백(Back)이라고 하는 어감 때문에 과거 세대의 제어방식으로 이해하는 사람이 있는데 잘못된 생각이며, 실제로 가장 널리 사용되는 제동제어의 기본이다.

날씨가 더우면 냉방기의 스위치를 켠다. 추워지면 스위치를 끈다. 사실 이것 역시 피드백 제어의 하나이다. 결과를 가지고 수정을 가하는 것이다. 그림5.1은 피드백 제어 루프를 나타낸 것이다. 그림5.1(b)와 같이 인간은 온도계를 통해 눈으로 확인한 온도값과 자기가 원하는 실내온도와의 차이를 머리로 계산하여 손으로 수동밸브를 조작한다. 그리고 설정온도를 유지하기 위한 냉수 또는 온수를 얻게 된다. 그림5.1(a)는 이러한 관계를 자동 제어적으로 표현한 것이다. 자동제어의 기본은 이러한 피드백 제어루프로 이루어진다.

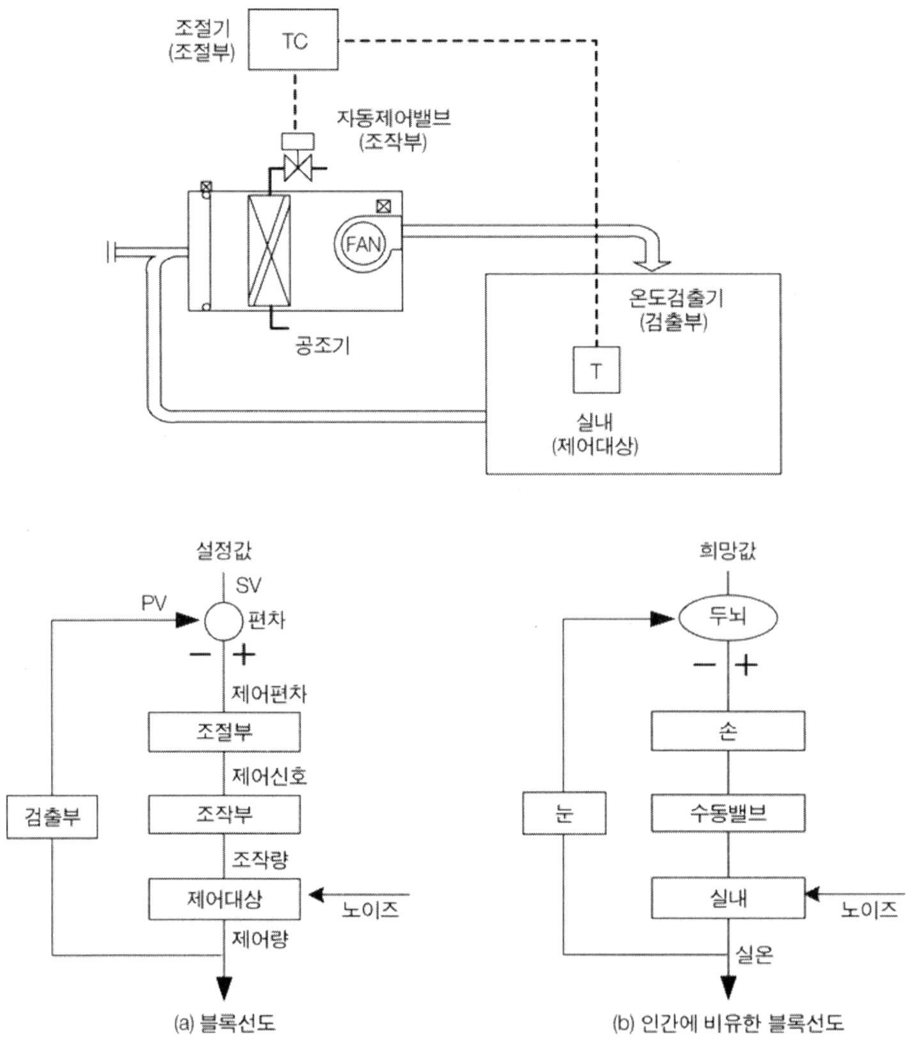

그림5.1 피드백 제어루프

5.1.2 오픈루프 제어

오픈루프 제어는 미리 정해진 값에 도달하였을 때 다음 동작이 개시되도록 하는 제어로, 시퀀스 제어 및 피드포워드 제어 등이 있다.

(1) 시퀀스(Sequence) 제어

릴레이 및 타이머를 사용한 회로도를 "시퀀스도"라고 하며 미리 정해진 순서에 따라 제어의 각 단계를 순차적으로 진행해 나가는 제어이다.

(2) 피드포워드(Feedforward) 제어

흡수식 냉동기 대수 제어를 예로 들어보자. 운전이 시작된 후 최대 능력에 도달하는데 10~20분 정도 시간이 걸리며, 정지 시에도 시작과 비슷한 희석운전 시간이 발생한다.

이 문제를 해결하기 위해 한 냉동기의 운전 또는 정지 명령이 발생하면 기존의 운전을 하고 있던 다른 냉동기는 피드백 제어의 냉수출구 온도제어 신호를 무시하고 미리 프로그램되어 있던 송수온도를 만들어낸다. 이러한 운전을 피드포워드 제어라고 한다. 피드포워드 제어가 종료된 후에는 통상적인 피드백 제어의 냉수출구 온도제어로 운전된다.

5.1.3 주요 계기장비 용어

여기에서 사용하는 JIS기재와 관련된 주요 계기장비 용어는 표5.1과 같다.

표5.1 여기에서 이용하는 주요 JIS 용어

번호	용 어	정 의
24302	목표값	지정 조건 하에서 그때그때 조정하고자 하는 양의 값
24305	설정	제어장치에 목표값 또는 제어동작의 파라미터를 부여하는 것
24306	설정값(SP)	기준량을 나타내는 신호. SP: Set Point
24307	프로세스변량(PV)	계측대상의 계측값 PV: Process Variable
24308	노이즈(noise)	기준량 이외에 바람직하지 않으며 통상적으로 예측 불가능한 입력량의 변화
24309	제어량	제어대상에 속하는 양 중에서 제어목적으로 되어 있는 양
24312	조작량	제어장치의 출력량 또는 제어대상으로부터는 출력량
24313	피드백 신호	제어량으로 정하는 신호로 비교요소로 돌아오는 신호
24315	제어신호, 조절신호	조작량을 지배하기 위한 신호
24405	비례동작, P동작	입력량에 비례하는 크기의 출력량을 출력하는 제어동작
24407	비례대역	비례동작에서 출력의 유효변화폭인 0~100%로 변하는데 필요한 입력 변화폭. 비례대역은 비례 게인(gain)의 역수(%)에 해당함
24412	적분동작, I동작, 셋동작	입력량(조절기의 경우 시스템의 편차)의 시간적분값에 비례하는 크기의 출력을 내는 제어동작. 적분동작은 플로팅동작의 하나임
24416	미분동작, D동작, 레이트동작	입력량(조절기의 경우 시스템의 편차)의 시간 미분값에 비례하는 크기의 출력을 내는 제어동작
24144	PID동작	비례동작, 적분동작 및 적분동작의 3동작을 조합한 제어

5.1.4 목표값에 따른 제어방식 분류

(1) 정격제어

목표값 또는 설정값이 일정한 경우로 대부분의 제어가 이에 속한다. 실내온도를 일정한 값으로 유지하는 것도 정격제어이다.

(2) 프로그램 제어

목표값이 미리 정해져 있을 때, 이 값이 변화하는 경우 이용한다.

(3) 추치제어(Variable Value Control)

통신위성을 따라 자동적으로 방향을 바꾸는 파라볼라 안테나(Parabolic Antenna)의 자동추적제어 등의 추종제어와 비율제어 등을 의미한다.

(4) 결합제어

이 제어의 대표적인 것이 "캐스케이드 제어"이다. 최근 공조설비에서 널리 이용되고 있다.

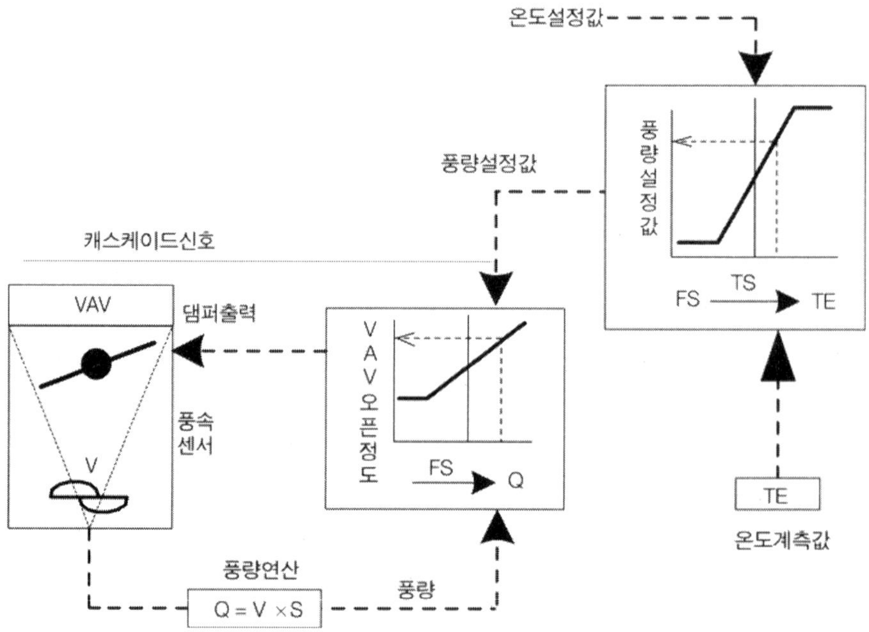

그림5.2 VAV기기의 제어

제1장 8항 「VAV방식 제어」에서 설명한 바와 같이 최근에는 대부분의 VAV방식에 이용되고 있다. VAV본체는 댐퍼와 풍속센서를 보유하고 있다. 그림5.2와 같이 실내온도값과 설정값의 편차로부터 적절한 풍량 설정값을 도출하고, 풍량제어기구측에 이 캐스케이드 신호를 보낸다. 그리고 앞서 설명한 VAV 본체의 풍속센서와 댐퍼에 주어진 풍량을 유지하기 위한 제어를 한다. 이러한 방식을 이용하여 공조기와 가까운 곳에 배치된 VAV와 먼 곳에 배치된 VAV도 동일하게 실내온도를 제어할 수 있게 된다.

5.1.5 제어에너지

공기설비에서 사용되는 주요 제어기기의 에너지원은 표5.2로 분류할 수 있다. 1980년대 무렵까지 공조설비용 제어기기는 플랜트 제어용 제어기기를 활용하는 경우가 많았으므로 공기식이 많이 사용되었다. 하지만 현재는 마이크로컴퓨터가 보급됨에 따라 DDC(Direct Digital Control)방식의 제어기기가 많아지고 있으며 이에 따라 전자식이 전성기를 맞이하고 있다. 전자식의 결점은 자동 제어밸브 조작기의 힘이 약하다는 것인데 공조기에 사용되는 자동제어 밸브 등의 경우에는 조작력이 약해도 큰 힘이 들어가지 않으므로 사용상의 문제는 없다. 단, 열원 부분의 압력제어 등에 이용하는 경우에는 큰 힘이 요구되므로 전자식은 적합하지 않다. 이 때에는 공기식 자동제어밸브를 이용하는 것이 유리하지만 열원을 위한 작은 자동제어밸브 때문에 고가에다 유지관리가 까다로운 공기원장치를 도입하는 것은 그다지 좋은 방법이 아니다. 이에 차선책으로 자력식 제어밸브를 이용하는 경우가 많다.

표5.2 제어 에너지에 따른 분류

	전자식	공기식	자력식
장점	취급이 용이함 DDC에 적합	조작능력이 우수 내구성이 좋음	조작능력이 우수 내구성이 좋음
단점	조작능력이 약함 내구성이 떨어짐	DDC에 부적합 공기원장치를 필요로 함	I(적분)、D(미분) 동작 불가

5.2 제어동작의 종류

5.2.1 ON/OFF제어

전기 온풍기 등과 같이 히터를 켜거나 꺼서 일정온도를 유지하는 가장 기본적인 제어방식이 ON/OFF제어이다. 옛날에는 실내 냉방장치(Room Aircon)나 패키지형 공조기 제어가 이러한 방식이었지만 최근 인버터를 이용하는 제어가 많아지면서 이 분야에서는 그다지 사용하지 않게 되었다. 제어 내용이 단순하고 너무나 당연한 것이라 소홀이 여기기 쉽지만 자동제어의 출발은 여기에서부터 시작된다.

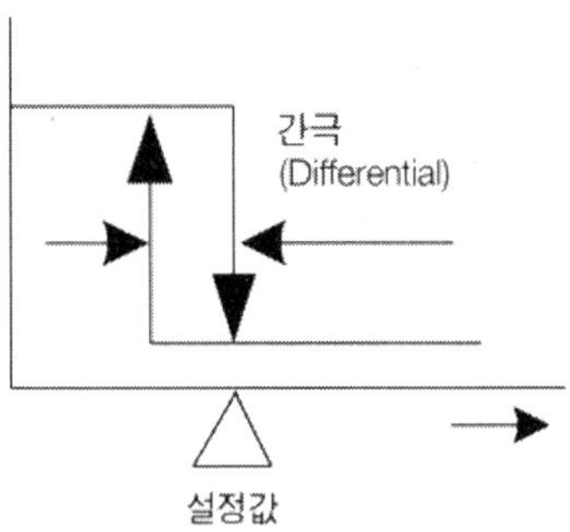

그림5.3 ON/OFF제어

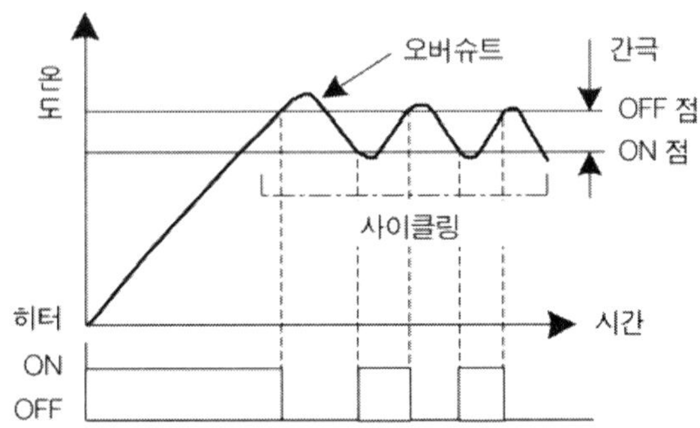

그림5.4 ON/OFF제어의 시간추이

그림5.3과 같이 ON점과 OFF점 사이에는 간극(Differential)이 설정된다. 그림5.4의 히터의 온도제어의 예로 살펴보자. 온도를 가능한 설정값 근처에서 유지하고 싶다면 ON점과 OFF점의 간극을 작게 하면 된다. 간극을 작게 할수록 ON/OFF빈도는 많아진다. 히터의 경우에는 ON/OFF빈도가 많아지더라도 문제가 없지만 냉방장치(Room Aircon)나 패키지형 공조기 등과 같이 동력의 운전、정지의 경우, ON/OFF빈도가 너무 많으면 기기 수명을 단축시키게 된다. 이러한 현상을 "헌팅(Haunting)"이라고 한다.

한편 ON/OFF를 반복하면서 제어하는 것을 "사이클링"이라고 한다. ON점 또는 OFF점을 넘어가더라도 잠시 동안은 히터가 가진 열 등의 이유로 동작 전환이 이루어지지 않는 상태가 있는데 이것을 "오버슈트(Overshoot)"라고 한다. 제어대상 용량에 비하여 히터가 너무 크거나 하는 경우에는 오버슈트도 커지게 된다.

5.2.2 P(비례) 제어

공조기의 냉수코일과 같이 아날로그 입력에 대응할 수 있는 자동제어 밸브를 제어하는 경우에는 "비례(Proportional)제어방식"으로 할 경우 ON/OFF제어보다 간극이 적고 설정치에 가까운 제어를 할 수 있다.

비례제어에서는 그림5.5와 같이 비례대역(Proportional Band, PB)이라는 개념을 이용한다. 26℃의 설정 온도에 대해 비례대역이 2℃인 것은 25℃에서 밸브가 완전차단 되며, 27℃에서 완전개방 되는 것을 의미한다.

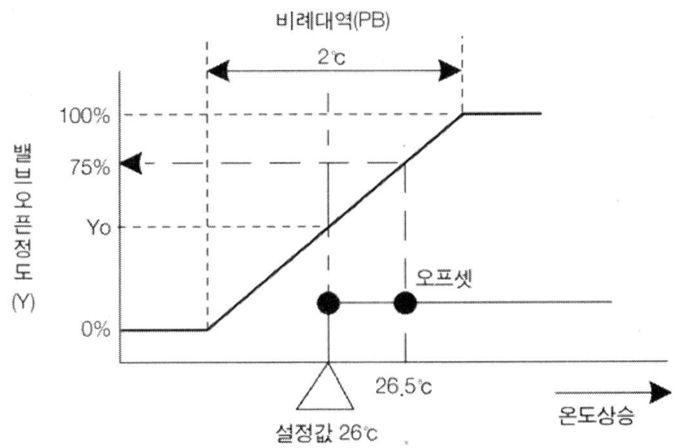

$$Y = \frac{1}{PB}(PV - SV) + Yo = K \cdot z + Yo$$

PV : 온도(26.5)
SV : 설정값(26.0)
Yo : 편차가 1일 때의 자동제어벨브의 오픈정도(50%)
Y : 밸프오픈 정도
K : 비례게인
Z : 편차(PV - SV)

그림5.5 비례제어

그림5.5를 통해 온도가 26.5℃이고 설정값이 26.0℃인 경우 자동제어밸브의 오픈량을 계산해 보자. PB값이 2℃이므로 k값은 1/2로 50%가 되며 PV－SV의 0.5℃를 곱하면 25%가 산출된다.

편차가 0일 때 조절밸브를 50% 오픈하고 있으므로 조절밸브는 25＋50 ＝75(%)로 오픈된다. 설정값에 대한 0.5℃의 차이는 오프셋(Offset)이 된다.

설정값에 보다 더 가까운 제어를 하고 싶다면 비례대역을 작게 하면 된다. 단, 그림5.6과 같이 비례대역을 너무 작게 하면 오버슈트량이 너무 커져서 헌팅을 유발하고 제어는 발산 상태가 되어 버려 안정치를 얻을 수 없게 된다. 반대로 비례대역을 너무 크게 하면 오프셋량도 커지며 안정적인 제어를 할 수는 있지만 제어결과는 나빠진다.

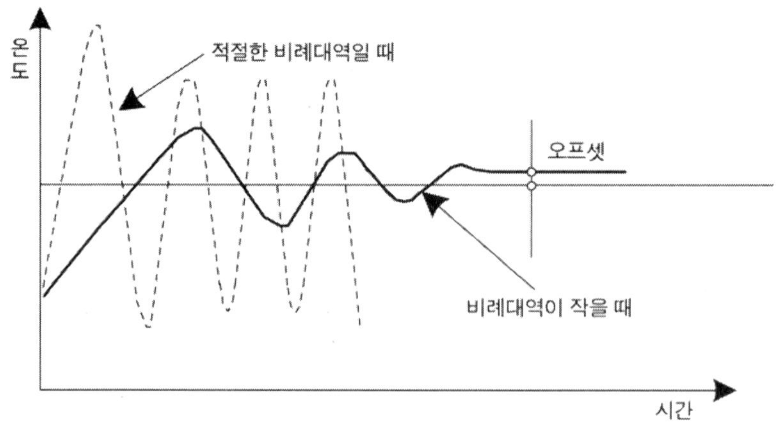

그림5.6 비례제어의 시간추이

5.2.3 PI(비례 + 적분) 제어

비례제어의 결점인 오프셋을 해소한 것이 "적분(Integral)동작"이다. 그림5.7과 같이 오프셋이 존재하는 한, 비례대역 자체를 이동시켜 오프셋이 없어질 때까지 계속해서 움직인다.

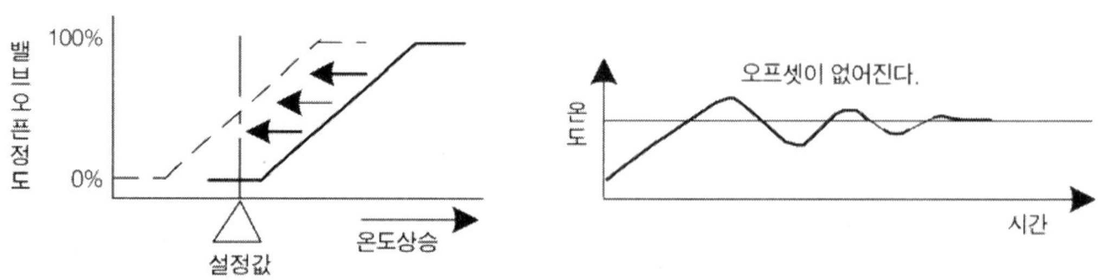

$$Y = K\left(z + \frac{1}{Ti}\int zdt\right) + Yo$$

Ti : 리셋시간

그림5.7 비례(P) + 적분(I) 제어

목표값에 도달할 때까지 리셋을 반복하는 동작이므로 적분정수 Ti는 리셋시간이 된다. 시간을 들여서 수정해 나간다는 개념을 도입한 것이 적분동작의 특징이다. 이러한 이유 때문에 적분동작은 독자적으로 이용하기보다 비례동작과 함께 이용된다.

이렇게 PI동작을 이용하면 오프셋 문제는 해소할 수 있지만, 부하변동이 작고 신호 전달에 시간이 걸리는 경우에는 안정성이 나빠지는 단점이 있다.

5.2.4 PID(비례 + 적분 + 미분) 제어

PID제어 중에서 "미분(Differential)동작"은 입력의 시간 미분값에 비례하는 크기를 출력하는 동작으로써, 편차가 발생하기 시작할 때 수정값을 크게 부여하여 프로세스 지연을 상쇄하는 것이다. 따라서 미분정수를 레이트 시간으로 부른다. 이를 PI제어 추가하면 신호의 전달에 시간이 걸리는 프로세스를 안정적으로 제어할 수 있다.

그림5.8은 PID동작방식 및 스텝입력에 대한 각 동작과 PID동작의 제어량 산출식을 나타낸 것이다.

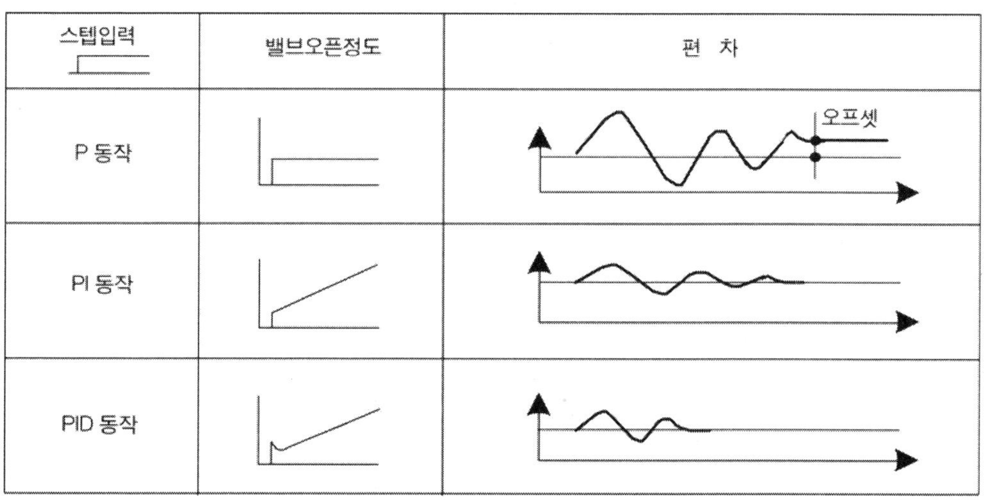

PID동작의 제어량 산출식

$$Y = \left(z + \frac{1}{Ti} \int zdt + Td \frac{dz}{dt} \right) + Yo$$

Td : 리셋시간

그림5.8 각 동작과 비례(P) + 적분(I) + 미분(D)제어

5.2.5 최적조정법

PID제어의 설정값을 결정할 때 최적의 조정법으로 Ziegler Nichols의 한계감도법을 이용할 수 있다. 제어루프를 구성한 상태에서 프로세스 특성을 모르더라도 적절한 PID값을 구할 수 있는 실용적인 방법은 다음과 같다.

(1) P동작만을 적용한다. (적분시간 : ∞, 미분시간 : 0)

(2) 비례대역을 최대값에서 천천히 줄여나가며 헌팅이 시작될 때의 비례대역값 PBu(%)와 헌팅주기 Pu(분)를 구한다.

(3) PID의 최적값을 표5.3에서 구한다.

표5.3 한계감도법

	P	Ti	Td
P동작	2PBu	–	–
PI동작	2.2PBu	$\frac{Pu}{1.2}$	–
PID동작	1.7PBu	0.5Pu	0.125Pu

5.2.6 오토 튜닝

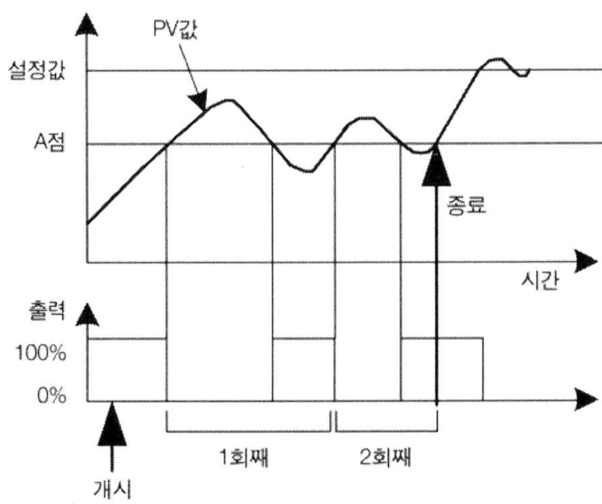

그림5.9 오토튜닝의 원리

시스템 운전을 하면서 PID설정값을 자동적으로 정하고자 하는 것이 "오토 튜닝"이다. 최근에 PID방식의 조절기는 마이크로 컴퓨터화된 것이 많으며 이러한 기능 탑재도 어렵지 않게 되었다. 오토튜닝의 기본원리는 다음과 같다. 그림5.9와 같이 오토튜닝을 실행하면 조절기는 현재값(PV값)을 설정값 부근의 A점까지 유도하고 조절기의 출력을 0% → 100% → 0% → 100%로 2번 사이클 반복한다.

이때의 PV값 파형 진폭과 주기를 계측하고 최적의 PID값을 연산한다. 여기에서 연산된 값이 조절기에 저장되면 안정적인 제어를 할 수 있게 된다.

5.3 퍼지 제어

세탁기를 비롯하여 한 때 다양한 기술 분야에서 퍼지제어가 인기를 끌었었다. 하지만 현재 퍼지(Fuzzy)는 "대충"이나 "적당히"라는 인상만 남아 더 이상 주목하지 않게 되었다. 그러나 퍼지제어는 유행어로서의 역할을 마쳤을 뿐이지 자동제어의 유일한 이론식으로 여겨졌던 PID에 대항하는 유력한 제어방식임에는 변함없다.

PID가 행렬식의 응용인데 반해 퍼지는 집합이론의 응용이며 대충이라는 의미로 소홀히 다룰 만한 것이 아니다.

일반적으로 퍼지제어를 이해하기 위해서는 그림5.10과 같은 멤버십 함수를 알아둘 필요가 있다. ZO는 중간점으로 플러스(P)와 마이너스(N) 각각에 S(Small), M(Middle), B(Big)의 크기를 지니는 7등급의 함수를 정의한다. 입력값과 출력값이 이 중에 어디에 속하는지를 선별하는 것이다.

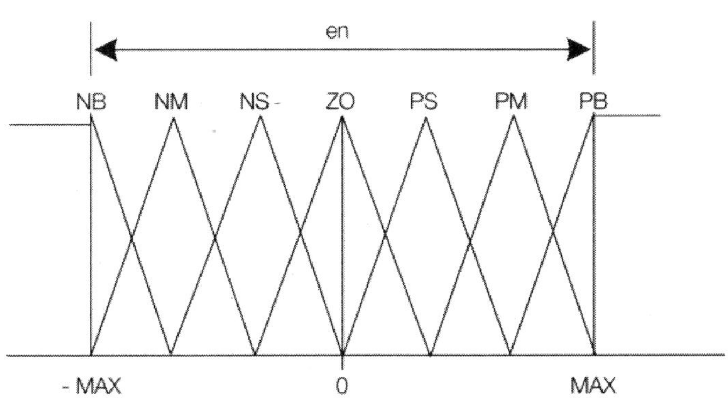

그림5.10 멤버십 함수

그림5.11과 같이 온도입력에 대한 밸브출력을 예로 들어보자. 먼저 PV(실측치)값과 SV(설정치)값의 편차량(en)과 이 편차의 미분값(△en = 이번 계측값과 일정주기 전의 지난 회 계측값의 차이)을 구한다. 표5.4에서 가로축을 편차로 하고 세로축에 미분값을 매트릭스상태로 나열하고, 그 중에 출력 가중치를 고려하면서 멤버십 함수를 적용해 나간다.

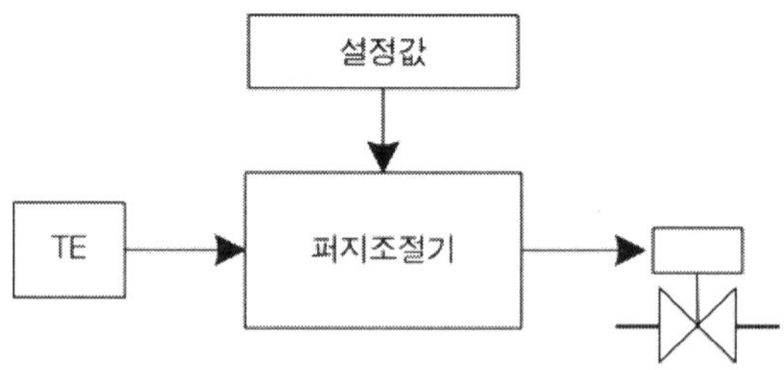

그림5.11 온도입력과 밸브출력

표5.4 퍼지제어의 룰 매트릭스(rule matrix)의 예

	Δen							
en		NB	NM	NS	ZO	PS	PM	PB
	PB	ZO	NS	NM	NB	NB	NB	NB
	PM				NM			
	PS	PM		ZO	NS			
	ZO	PB	PM	PS	ZO	NS	NM	NB
	NS				PS	ZO		NM
	NM				PM			
	NB	PB	PB	PB	PB	PM	PS	ZO

이러한 가중치에는 특별한 법칙은 없으며 경험값에 따라 정한다. 이런 점이 "대충"으로 불리는 원인인 되고 있는 것으로 여겨지지만 퍼지 애호가들은 "딱 알맞다"는 단어를 사용한다.

표5.4와 같이 프로세스 특성에 맞춘 적절한 숫자를 채택함으로써 PID에서는 피할 수 없는 오버슈트를 피할 수 있으며, 동시에 목표값에 가까워지는 효과를 얻을 수 있어(그림5.12) 공조기 밸브제어에 응용하여 효과를 보고 있는 제조사도 있다. 단, 퍼지제어는

논리의 자유도가 높은 만큼 설정값을 결정하는 것이 어렵다. 따라서 공조제어와 같이 건물이나 설비종류가 다양한 분야에서는 범용제품으로 취급하는 데에는 적합하지 않을 수 있다.

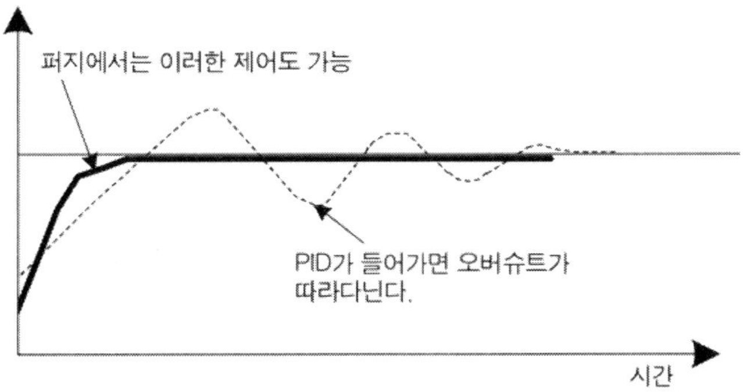

그림5.12 **퍼지와 PID의 특성비교**

제6장 자동제어기기

6.1 신호의 종류

공업계측과 관련된 아날로그 송신신호의 경우 전기신호는 IEC규격 4~20mA DC를, 공기 신호인 경우에는 미국의 SAMA(Scientific Apparatus Makers Association, 미국과학장치제조자협회) 규격을 세계적으로 채택하고 있으며 그 값은 20~100 kPa로 각각 통일되어 있다.

전기신호는 전압 강하로 인해 영향을 거의 받지 않는 전류전송이 일반적이지만 최근의 제어기기는 마이크로 컴퓨터화 되면서 0~100 mV 등의 전압신호도 많이 사용하고 있다. 컴퓨터 간에는 펄스전송이 상식적으로 되어 있다. 이번 장은 "자동제어기기"에 관한 것이므로 아날로그 전송신호를 이용하는 자동제어기기만을 설명한다.

6.2 온습도 계측기

6.2.1 온도 계측기

표6.1 각 온도에 대한 저항값

(a) Pt100(JIS C 1604~1989)

온도	Pt100 특성	등간격값	저항값 차이
0	100.00	100.00	0.00
10	103.90	103.85	0.05
20	107.79	107.70	0.09
30	111.67	111.55	0.12
40	115.54	115.40	0.14
50	119.40	119.25	0.15
60	123.24	125.10	0.14
70	127.07	126.95	0.12
80	130.89	130.80	0.09
90	134.70	134.65	0.05
100	138.50	138.50	0.00

(b) Pt3K

온도	Pt3K 특성	등간격값	저항값 차이
0	3000.0	3000.0	0.0
10	3115.6	3114.0	1.6
20	3230.9	3228.0	2.9
30	3345.8	3342.0	3.8
40	3460.4	3456.0	4.4
50	3574.6	3570.0	4.6
60	3688.4	3684.0	4.4
70	3801.8	3798.0	3.8
80	3914.9	3912.0	2.9
90	4027.6	4026.0	1.6
100	4140.0	4140.0	0.0

일본의 경우, 공조자동제어에 사용하는 온도센서는 JIS C 1604로 규격화된 Pt100이 압도적으로 많으며 최근에는 Pt3k도 사용한다. 각 온도에 대한 저항값은 표6.1과 같다. 40~60℃ 정도에서는 저항값에 차이가 있으므로 변환기 및 DDC부분에 선형화(Linearization) 기능이 요구된다.

플랜트 계기장비에서 많이 사용되는 열전대(Thermo Couple)의 경우 Pt에 비하면 시공성이 좋지 않고 선형 특성이 아니므로 한정된 온도대만을 필요로 하는 빌딩제어에서는 거의 사용하지 않는다. 냉방장치(Room Aircon) 등의 가전제품에서는 서미스터(Thermistor)가 자주 사용되는데 센서와 조절기 간의 거리가 짧고 한정된 조건으로 사용되므로 문제되지 않지만, 일반적인 빌딩제어용으로는 적합하지 않다.

(1) 측온저항체의 계측원리

측온저항체의 계측원리를 알기 위해서는 그림6.1(a)의 휘트스톤 브리지(Wheatstone Bridge)를 이해해야 한다. 서로 마주하는 저항체 간에 R1 × R3 = R2 × R4의 관계가 성립될 때 c－d간에는 전류가 흐르지 않는다. 즉, c－d간의 전위 차이는 0이다.

이 원리를 기본으로 그림6.1(b)와 같이 한 변에 측온저항체(Rt)를 배치한다. 이 때 그림6.1(a)의 R2와 R3를 동일한 값의 저항값 Rb로 하고 Ra와 Rt 관계에서 c－d간의 전위차를 재면 측온저항체 Rt값을 구할 수 있다. 배선길이에 의한 저항 r은 그림6.1(c)의 등가회로에서 보이듯이 상쇄되므로 배선의 길이에 영향을 받는 측정오차는 무시할 수 있다. Pt100을 3가닥으로 배선하는 것은 이러한 이유 때문이다.

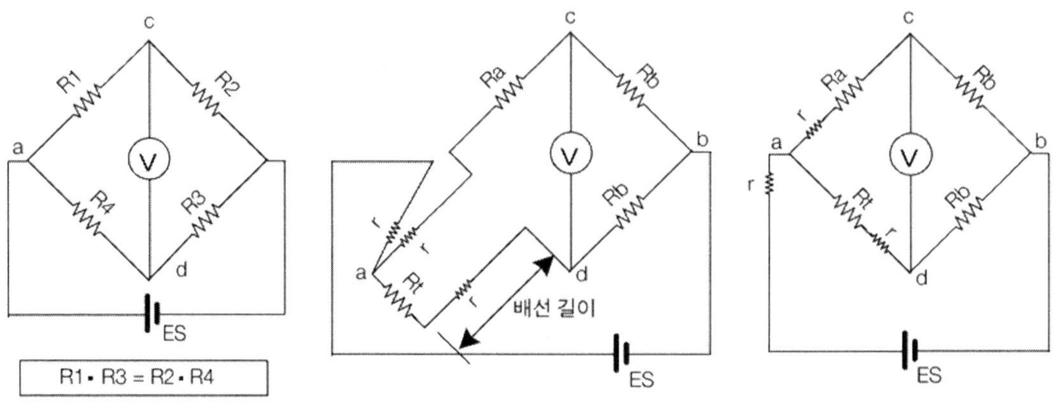

(a) 휘트스톤 브리지 (b) 측온저항체를 구성한 휘트스톤 브리지 (c) 등가회로

그림6.1 측온저항체의 온도계측원리

(2) 측온저항체의 정확도와 오차

JIS C 1604에서는 측온저항체의 정확도를 "클래스A"와 "클래스B"로 나누고 있다. "클래스A"는 ±0.15℃, "클래스B"는 ±0.3℃ 이내의 안정적인 범위이어야 한다. 측온저항체의 정확도를 논할 때, 측온저항체 주변을 흐르는 전류값의 영향으로 인한 가열 문제를 무시할 수 없다. JIS에서 규정한 전류는 0.5mA、1mA、2mA이다. 공조설비에서 이용되는 측온저항체와 휘트스톤 브리지(Wheatstone Bridge)가 들어있는 조절기는 일반적으로는 2mA의 전류가 흐르므로 이 조건만으로 "클래스B"가 된다. 휘트스톤 브리지의 저항전체를 높은 값으로 하고 측온저항체의 저항값도 높이면 배선 길이로 인한 저항값은 무시할 수 있을 정도가 되므로 2선식으로 하는 것도 가능하다. Pt3k는 이러한 점을 이용한 것이다. 그림6.2에서 Rt가 3k베이스가 되므로 Ra, Rb도 이에 맞춘 값의 저항으로 배치된다. 따라서 배선저항 r의 팩터는 Pt100에 비해 매우 작아지므로 2선식으로도 가능해지는 것이다.

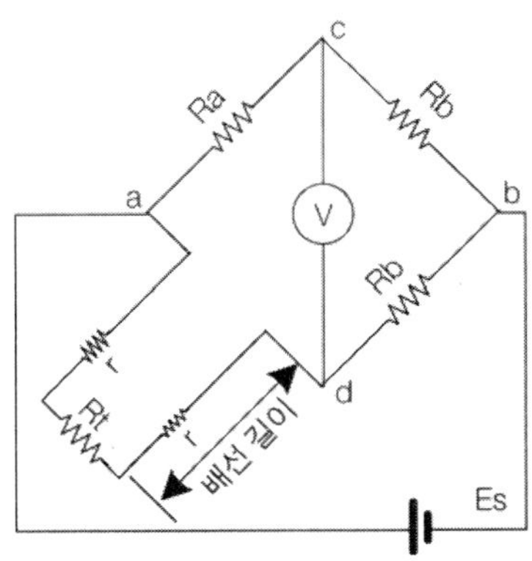

그림6.2 Pt3k의 온도계측원리

6.2.2 습도 계측기

(1) 습도계측기의 종류

습도계측기를 측정원리로 분류하면 표6.2와 같이 고분자용량, 염화리튬, 세라믹의 3가지 방식으로 나뉜다. 최근에는 유지관리 관점에서 안정성이 높은 고분자 용량방식이 자주 사용되고 있으며 과거의 주류였던 염화리튬은 거의 이용하지 않는다. 또한 고분자 용량식과는 별도로 고분자 폴리머 내의 불순물 (소금성분)이 가지는 이온화 습도 의존성과 이의 교류저항 변화로 파악하는 고분자 저항식도 있다.

(2) 고분자용량식 계측

고분자 용량식의 습도 엘리먼트가 측정해야 할 환경에 노출되면 해당 환경의 수분량을 감지한다. 해당 수분량의 변화에 따라 감습성 고분자의 유도전기율이 변화한다. 이 변화에 따라 발생하는 상부전극과 하부전극 간의 정폐회로량 변화는 측정환경의 상대습도에 비례하는 것으로 알려져 있으므로 이것을 측정함으로써 측정환경의 상대습도를 계측한다(그림6.3).

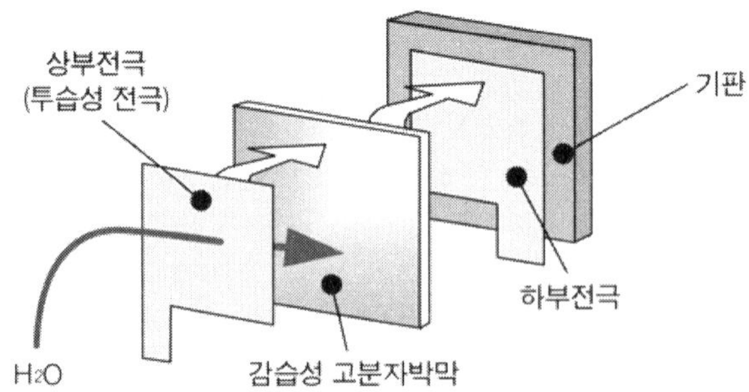

그림6.3 고분자용량식 습도계측기의 구조

표6.2 습도계측기의 계측원리

고분자용량	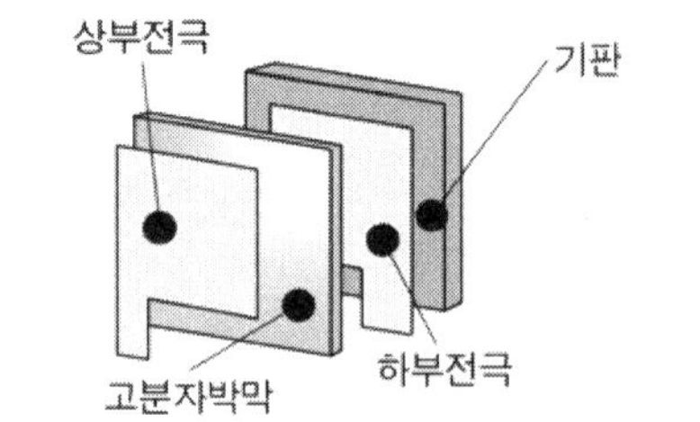	고분자 속으로 수증기가 흡탈착되고, 정폐회로량이 변하는 것을 이용함	시간에 따른 오차 증가가 적음
세라믹	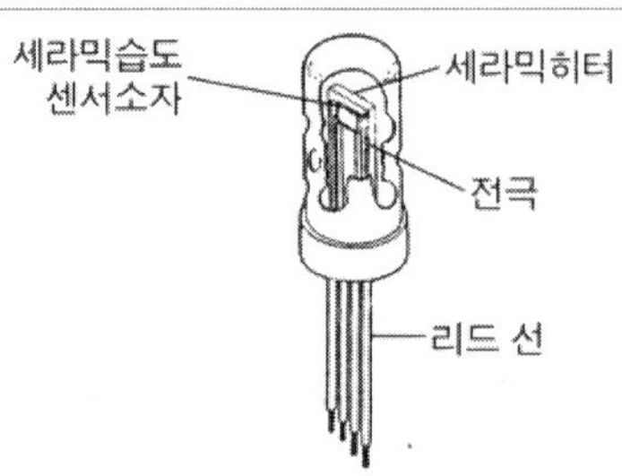	금속산화물 다공질 결정체(세라믹)에 수증기가 흡탈착되고 전기저항값이 변하는 것을 이용함	내약품성이 우수 히터가열을 하므로 클리닝 필요
염화리튬	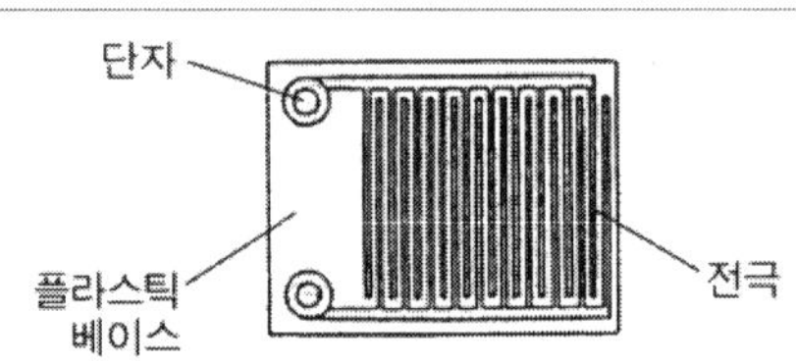	염화리튬의 전기저항값이 습도로 인해 변하는 것을 이용함	고감도, 저가 내약품성이 약함 풍속 1m 이하의 조건에서만 사용

6.2.3 온습도 계측기 및 조절기 설치

수배관에 온도계측기를 설치하는 것은 기본적으로는 그림6.4(a)와 같이 온도계측기 보호관이 굽어져 있는 부분의 물 흐름 방향과 정면으로 마주하여 설치하는 것을 기본으로 하는데, 배관의 배치 상 직관 부분밖에 설치할 수 없을 때에는 배관 사이즈에 따라 그림 6.4(b)~(d)와 같이 설치한다.

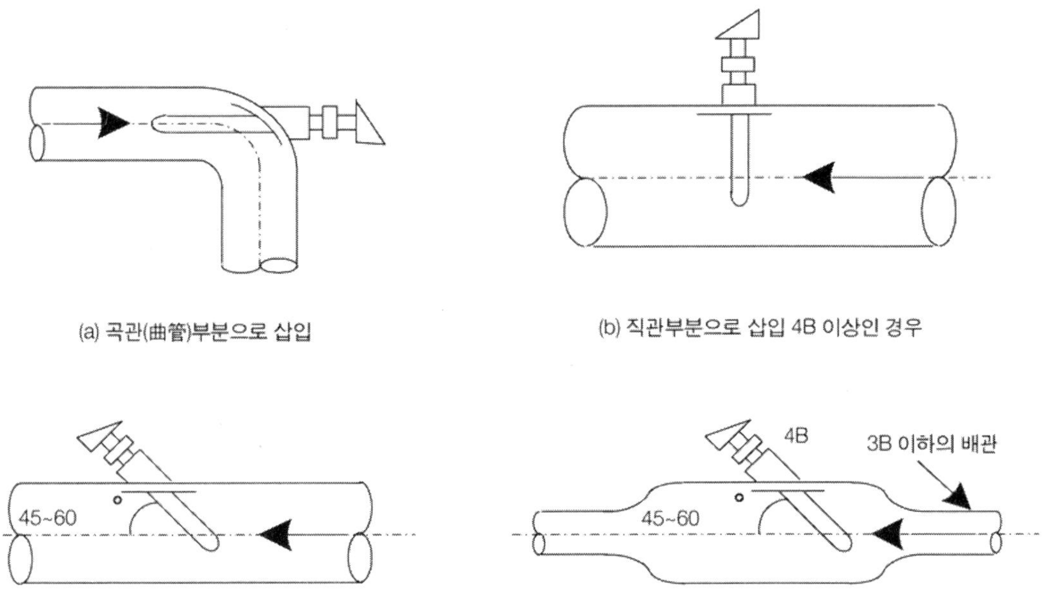

(a) 곡관(曲管)부분으로 삽입

(b) 직관부분으로 삽입 4B 이상인 경우

(c) 직관부분으로 삽입 4R 이하인 경우

(d) 직관부분으로 삽입 3B 이하인 경우

그림6.4 수(水)배관에 온도계측기 설치

실내용 온도와 습도계측기는 원칙적으로 바닥 위 1.5m 정도의 높이, 출입구 문에서부터 1m 이상 떨어진 장소에 설치한다. 창문 표면 가까이 일사광선의 영향을 받는 장소 및 실내 덕트 취출구로부터 바람을 직접 받는 장소는 피해야 한다. 설치위치에 아웃렛 박스를 넣어 접속하는 전선관을 이용하는 경우, 그림6.5와 같이 전선과 전선 사이에 코킹재를 넣어 기계실 등에서의 공기침입으로 인한 계측값 변화 등을 방지한다. 전선관을 이용하지 않는 케이블 시공의 경우에도 마찬가지로 계측기 뒷면으로부터 영향을 받지 않도록 코킹처리를 한다.

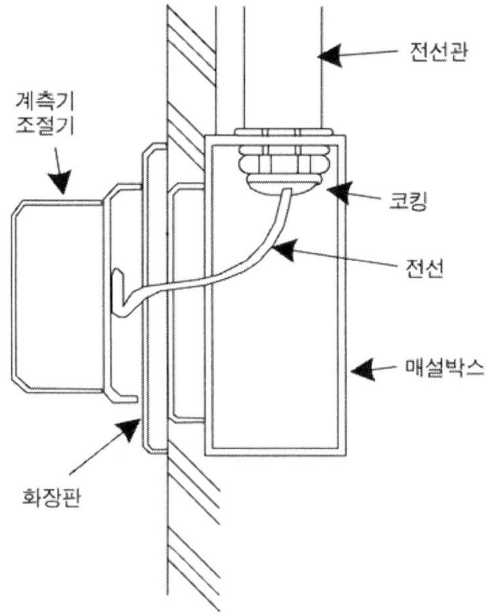

그림6.5 실내용 온도습도계측기 설치

6.3 압력계

그림6.6은 피트관 유속계를 나타낸 것이며 유체가 흐르는 방향으로부터 받는 전압(Total Pressure)에서 정압(Static Pressure)을 빼면 동압(Dynamical Pressure)이 되며, 압력은 유속의 제곱에 비례하므로 유량을 측정할 수 있다. 일반적으로 단순히 압력이라고 하면 정압을 의미한다.

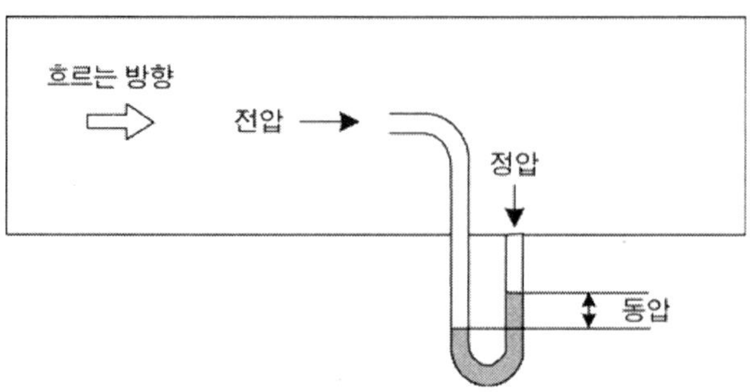

그림6.6 피트관 유속기

6.3.1 게이지압과 절대압

대기압을 기준으로 하여 계측된 압력이 "게이지압"이다. 일반적으로 공조제어에서 취급하는 물이나 증기 등의 비교적 높은 압력은 게이지압을 사용한다. "절대압"은 진공상태를 기준으로 한 것이며, 제2장「폐회로시스템 열원의 제어」4항에서 설명한 냉동기 몰리에선도에서 나오는 압력은 절대압이다. 보통 게이지압은 사람이 거주하는 환경에서는 기상조건 및 고도의 조건을 무시하며 게이지압 = 절대압 + 98 kPa(대기압)으로 취급한다.

6.3.2 압력계측기의 종류

표6.3에 공조설비에서 사용하는 압력센서를 분류하였다.

표6.3 압력센서 분류

분 류	종 류	측정범위
탄성형	부르동관(Bourdon Tube)	0.5 ~ 50 MPa
	벨로즈(Bellows)	1 ~ 100 kPa
	다이어프램(Diaphragm)	0.1 ~ 50 kPa
전기소자형	반도체	−1 ~ 5000 kPa
	정전(靜電)용량	
액체기둥	U자관	~ 2 mHg
진 공	피라니 진공계(Pirani Gauge)	10^{-4} ~ 2 mHg

(1) 탄성형 압력계측기

탄성형에 속하는 압력계측기에는 그림6.7과 같은 벨로즈형(Bellows Type), 다이어프램형(Diaphragm Type), 부르동관형(Bourdon Tube type)이 있다. "벨로즈"는 원통 내부와 외부의 압력차에 따른 축방향의 변위를 차동트랜스 등을 통해 전기신호로 바꾸는 것이다. "다이어프램"은 주변부를 고정한 얇은 원판에서 다이어프램 양면의 압력차에 의한 변위 크기를 파악하는 것이다. 보통 다이어프램은 파형(波形) 형상으로 하여 변위량을 증가시켜 압력을 더욱 정확하게 측정할 수 있도록 하고 있다. 50 kPa 이하의 저압 및 차압을 측정하는데 적합하다.

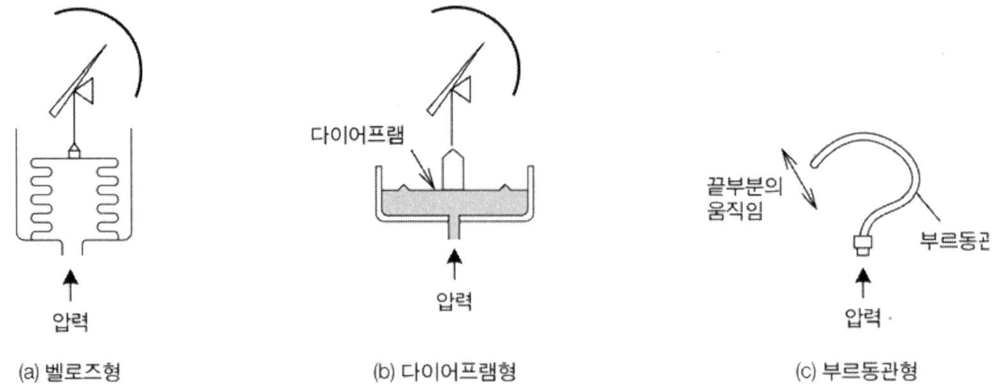

그림6.7 주요 탄성형 압력계측기

"부르동관"은 다시 C형、스파이럴(Spiral)형、헤리칼(Helical)형으로 분류된다.

관의 내부에 압력을 가하면 관의 단면은 원형에 가까워지면서 부풀고 이 때문에 구부러진 관은 직선에 가까워지는 형태로 변형되는데, 관의 탄성으로 인해 어느 정도 관이 늘어났을 때 양쪽이 균형을 이룬다. 이 변위를 차동 트랜스 등을 통해 전기신호로 바꾸는 것이다.

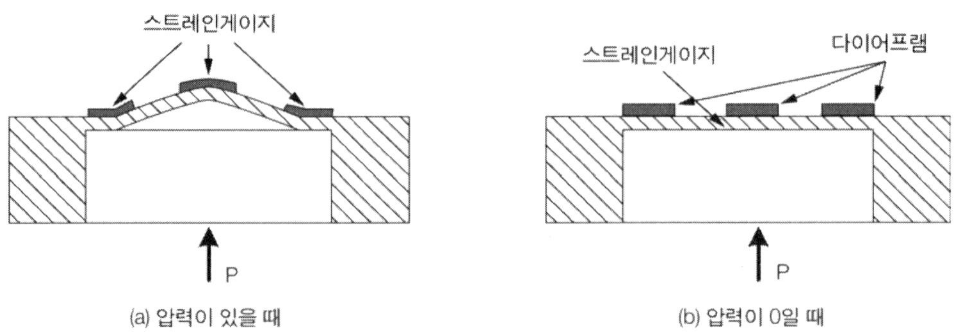

그림6.8 반도체 압력센서

(2) 전기 소자형 압력계측기

그림6.8의 반도체 압력센서는 압력에 따라 반도체 저항이 변하는 것을 이용한 것으로 압력 변화를 다이어프램으로 검지하여 스트레인 게이지(구조체, 이 경우 다이어프램의 일그러짐에 비례하는 전위저항을 나타내는 소자)의 저항변화로부터 전기신호를 얻는다. 공조분야에서도 냉온수 및 증기압력계측에서 사용되는 빈도가 높은 센서이다.

(3) 기타 압력계측기

액체기둥형 U자관은 가장 단순한 압력측정방법이며 현재까지도 흡수식 냉동기에서 사용되기도 한다. 진공계측에서는 피라니(Pirani) 진공계가 일반적이다. 정전(靜電)용량 압력센서는 압력으로 인해 전극판의 정폐회로량이 변하는 특성을 이용한 것이다.

6.4 유량계

공조설비에서 자주 사용하는 유량계에는 전자유량계, 과류량계, 초음파유량계, 소용돌이식, 오리피스(Orifice)식, 용적식, 터빈형 등이 있다. 가장 단순하고 정확한 계측방법은 컵으로 하나씩 떠서 재는 것이다.

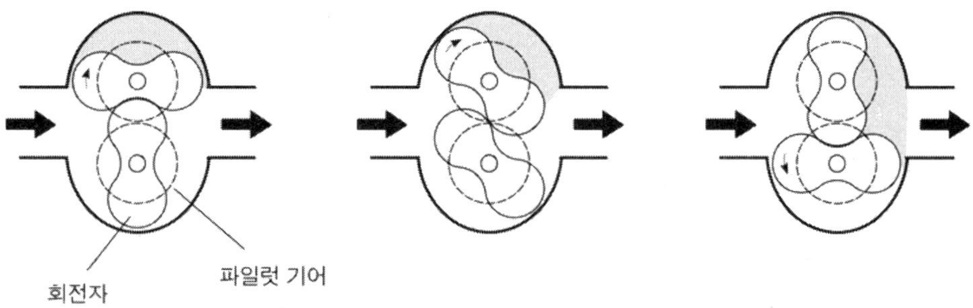

그림6.9 용적식 유량계

이것과 가장 유사한 방법으로 그림6.9의 루츠형(Roots type) 유량계로 알려진 용적방식이 있다. 두 개의 호리병 모양의 회전자를 조합하여 1잔씩 재는 방법이다. 증기의 응축수 계측에 자주 이용되었지만, 구조상 먼지 등에 의해 입구가 막혀 최근에는 그리 사용되지 않는다.

최근에는 냉온수를 계측할 때 대부분 "전자유량계"를 이용하며 앞에서 설명한 응축수 계측도 전자유량계로 대신하는 경우가 많다. 증기계측에서는 오리피스식을 많이 이용하였지만 계측범위가 좁아 최근에는 범위가 넓은 "소용돌이 유량계"로 교체되는 경우가 많다. 여기서는 최근 공조설비에서 사용하는 빈도가 높고 전자유량계、소용돌이 유량계와 함께 배관 외부에서 계측할 수 있는 초음파유량계에 대해서 설명한다.

6.4.1 측정오차

계측기 오차에는 풀스케일(full-scale) 오차(FS)와 지시값 오차(Of Reading)가 있다. 계측값으로 요금을 부과하는 경우 및 펌프나 냉동기의 대수제어에 이용하는 경우에는 풀스케일 포인트보다 범위(range)가 큰 쪽부터 작은 쪽까지 오차율이 동일한 편이 바람직하다.

따라서 유량계를 선정할 때는 지시값 오차가 명확하게 표시된 유량계를 선택해야 한다. 지시값에 대한 오차 e 및 풀스케일에 대한 오차 e_F 는 다음의 수식으로 구할 수 있다.

(a) 지시값에 대한 오차(Of Reading)

$$e = \frac{I - Q}{Q} \times 100[\%]$$

e : 지시값에 대한 오차

I : 유량계의 지시값

Q : 기준교정값 또는 기준교정값으로 구한 실제유량

(b) 풀스케일 유량에 대한 오차(F.S)

$$e_F = \frac{I - Q}{I_{max}} \times 100[\%]$$

e_F : 풀스케일에 대한 오차

I_{max} : 유량계의 풀스케일 유량

(JIS B 7554 전자유량계 측정오차 및 유량특성에서)

표6.4 유량계의 오차표시 예

Vs(m/s)	측정 중 유속 ≧ Vs × 20%	측정 중 유속 〈 Vs × 20%
1.0 ≦ Vs ≦ 10	지시값의 ± 0.5%	지시값의 ± 0.1%
0.1 ≦ Vs ≦ 1.0	지시값의 ± (0.1/Vs + 0.4)%	Vs의 ± 0.2(0.1/Vs + 0.4)%

Vs : 설정유속 범위(range)의 상한값

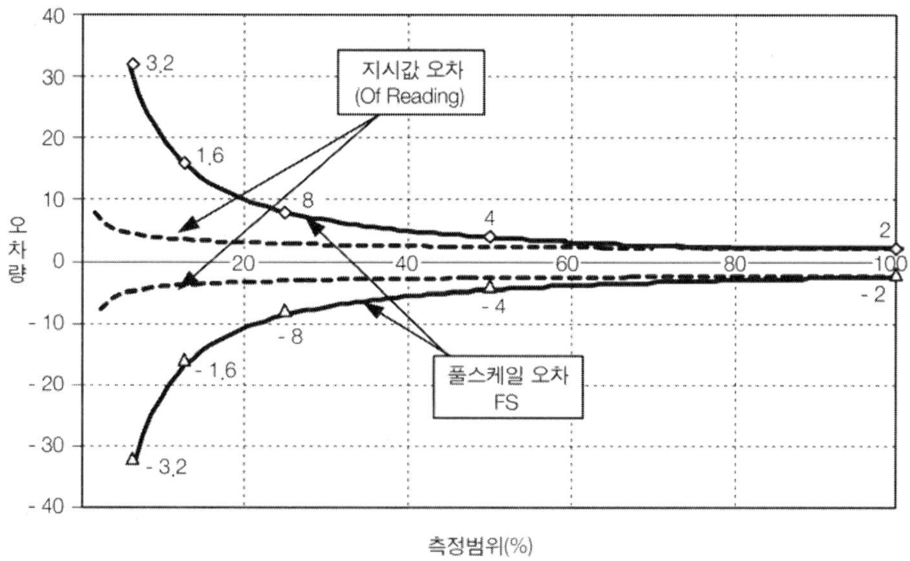

그림6.10 지시값 오차와 풀스케일 오차

풀스케일 오차는 그림6.10과 같이 수치가 작아질수록 허용 오차량이 크게 정의된다. 계기장비 중에서 변환기 등은 풀스케일 오차로 표현되는 경우가 많으므로 주의해야 한다. 표6.4는 어느 제어기기 제조사의 유량계 카탈로그에 나와 있는 오차표시의 예를 나타낸 것이다. 최대유속 20% 이상에서는 지시값의 20%에서 Of Reading이 발생하나 그 외의 항목은 표현방법이 난해하고 무엇을 의미하는지 이해하기 힘들다. 그래도 이 제조사는 이 정도라도 표시하고 있으므로 양심적이라고 할 수 있으며, 경우에 따라서는 풀스케일 오차만 표시한 경우도 있다.

6.4.2 전자(電磁)유량계

전자유량계는 공조용도로 사용되는 물 이외에도 약품이나 슬러리 상태의 물까지도 계측대상으로 한다. 공조분야에서는 최근 먼지 막힘이나 사용시간 경과에 따른 노후화 걱정이 없다는 이유로 대부분의 전자유량계를 이용하고 있다.

(1) 측정원리

전자유량계는, 패러데이의 '자계(磁界)에서 전하를 가진 물질이 움직이면 그 물체 내에 기전력이 발생한다'는 전자유도 법칙을 측정원리로 하고 있다. 그림6.11과 같이 배관을 둘러싼 코일에 의해 자속(磁束)밀도 B가 가해지면 배관 속의 유체가 V의 속도로 흐르고 그 유속에 대응되는 기전력(es)을 얻을 수 있다.

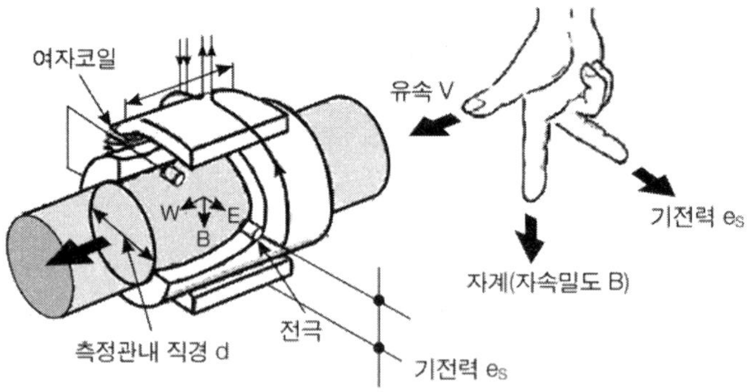

기전력 es $\quad e_s = B \cdot d \cdot v \ (V) \quad (1)$

유량(Q)와 유속(V)의 관계 $\quad Q = \dfrac{\pi \cdot d^2}{4} \cdot V \quad (2)$

(1) (2) 보다 $\quad e_s = \dfrac{4B}{\pi \cdot d} \cdot Q \ (V)$

그림6.11 전자유량계의 측정원리

(2) 선정 시 주의사항

제4.1항에서 설명한 측정오차를 고려하면 유량계의 크기는 특별히 상관없지만, 무조건 큰 것을 선택하는 것은 바람직하지 않다. 일반적으로 공조설비의 수배관에서는 최대유량을 2m 이하로 억제하는 경우가 많은데 유량을 계측해보면 비교적 유속이 빠를 때 계측 정확도가 좋아지므로 전자유량계는 배관보다 1사이즈 작은 정도를 기준으로 하고 최대유속이 5～7m 정도가 되도록 구경을 선정한다.

(3) 설 치

전자유량계의 상류 측에는 배관 내의 유체를 정류량 상태로 유지하기 위하여 직관 부분의 거리가 필요하다. 그림6.12와 같이 구부러진 부분, T, 게이트밸브, 확대, 축소관의 유무 및 자동제어밸브 · 펌프종류가 하류에 있는지 여부에 따라 유량계측기 구경(D)에 대한 몇 배의 거리가 필요하다. 하류 측은 직관 부분에 대해 고려할 필요가 없지만 주변에 버터플라이 밸브를 설치하는 등 흐름을 방해하는 원인이 되는 배관을 결합해서는 안 된다.

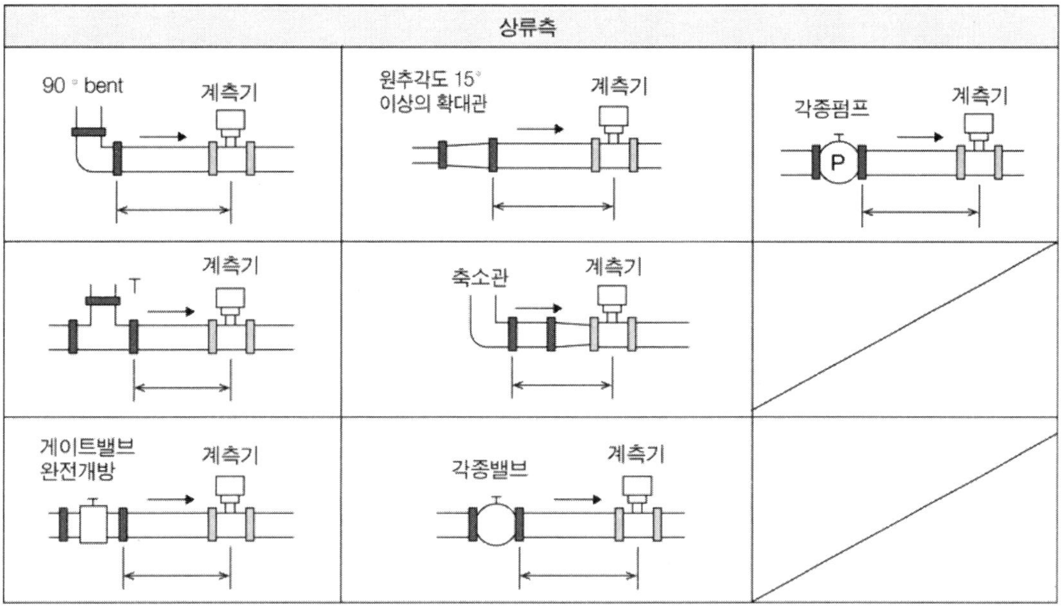

계측기 상류측의 직관부분(D:계측기 공칭 구경)

그림6.12 전자유량계의 상류측 직관부분 거리

6.4.3 소용돌이 유량계(Vortex flowmeter)

소용돌이 유량계는 기체, 증기, 물, 기름 등을 계측대상으로 한다. DHC를 사용하는 설비 등, 증기유량을 계측할 때는 측정범위가 넓은 소용돌이 유량계를 널리 이용한다.

레오나르도 다 빈치는 1513년, 강가에 박혀 있는 기둥의 후방에 소용돌이가 발생하는 현상을 관찰하였다. 그리고 T、F、칼만은 1911년, 유체의 가운데에 놓인 물체 하류에 서로 나란히 번갈아서 규칙적인 와열(vortex train)이 발생하는 것을 이론적으로 해석하였다. 이것을 "칼만와열"이라고 부른다.

(1) 계측원리

소용돌이 유량계는 그림6.13과 같이 배관 내에 소용돌이를 발생시키는 "과발생체(Black Body)"와 소용돌이를 계측하는 "센서"로 구성되어 있다. 칼만 소용돌이가 발생하는 주파수는 그림6.13에 있는 관계식과 같이 유체가 흐르는 속도에 비례한다. 이 식에서 스트루할 정수(St)는 레이놀즈수(흐름 상태를 결정하는 수치)에 따라 변하는데, 레이놀즈수의 넓은 범위에서는 거의 일정하다. 따라서 소용돌이 주파수(f)는 유속에 비례하게 된다.

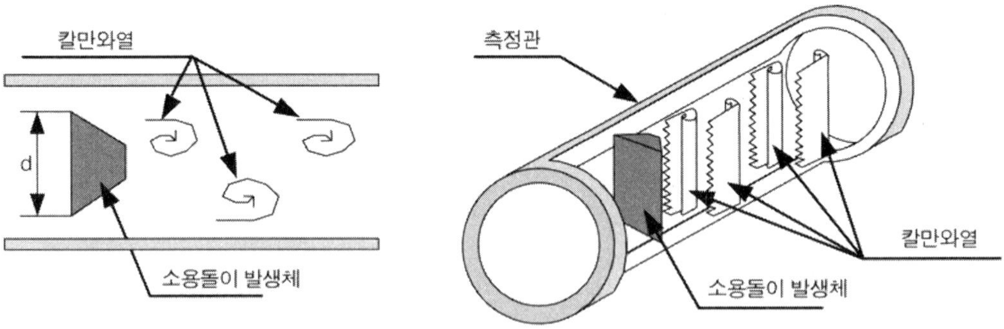

$$f = st\frac{v}{d}$$

f : 소용돌이 주파수
v : 유체의 평균유속
d : 소용돌이 발생체의 폭
st : 스트루할 정수

그림6.13 **소용돌이 유량계의 측정원리**

와열을 전기신호로 변환하는 방법은 여러 종류가 있지만 압전소자에서 전기신호를 파악하는 유량신호 방식이 널리 이용되고 있다.

(2) 소용돌이 유량계의 측정범위

일반 공조설비에서 자주 사용하는 784.8 kPa(8 kg/cm^2) 포화증기에 대한 유량계측범위를 나타낸 것이 표6.5(지시값 오차 1%)이다. 측정범위가 대단히 넓으므로 부분부하 계측을 중요시하는 DHC 설비의 증기유량 계측 분야에서는 오리피스를 대신하여 사용하는 경우가 많다.

표6.5 8k 포화증기의 유량계측 범위

구경(mm)	최대(kg/h)	최소(kg/h)
15	151	16
25	595	39
40	1320	65
50	2240	110
80	5030	240
100	8470	400
150	19100	880
200	32000	1530
250	48100	3380
300	68700	4850

(3) 설 치

소용돌이 유량계는 그림6.14와 같이 전자유량계 등에 비해 배관 내에서 유체가 정류량 상태로 되는데 필요한 직관거리가 길다.

배관상태		직관부분 길이	비고
리듀서 (reducer)	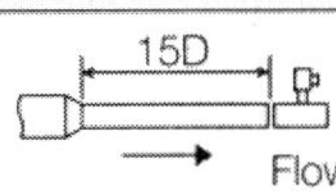	15D 이상	상류측에 동심(同心) 리듀서가 있는 경우
엘보	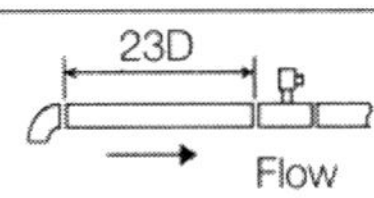	23D 이상	상류측에 엘보가 있는 경우
	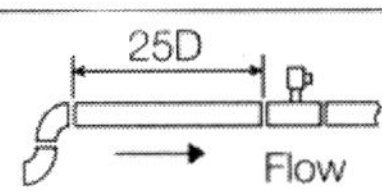	25D 이상	상류측에 2개의 엘보가 수평으로 있는 경우
	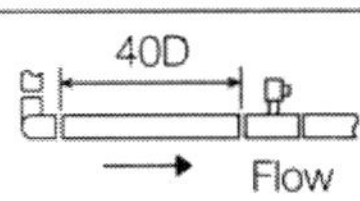	40D 이상	상류측에 2개의 엘보가 수직으로 있는 경우
완전개방의 게이트밸브	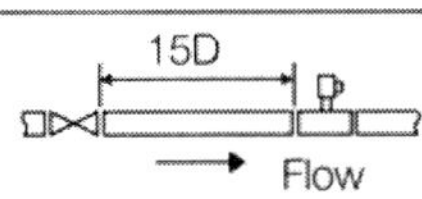	15D 이상	상류측에 완전개방의 게이트밸브가 있는 경우
50%개방의 게이트밸브	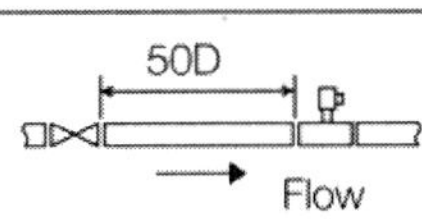	50D 이상	상류측에 50%개방의 게이트 밸브, 급격한 조임 등, 현저하게 흐름을 방해하는 것이 있는 경우

그림6.14 소용돌이 유량계의 상류측 직관부분 거리

6.4.4 초음파유량계

초음파유량계는 배관을 분할하지 않고 외측에 계측기를 설치하여 유속을 검지할 수 있으므로 기존에 설치된 냉동기능력을 측정할 목적으로 설치를 일시적으로 하거나 할 때 등에 매우 효과적이다. 초음파란 인간의 귀로는 들을 수 없는 높은 주파수대의 음파이며 일반적으로 20 kHz 이상의 음향진동으로 구성된다.

(1) 측정원리

초음파유량계의 측정원리는 전반(傳搬, 전기에너지 전파)시간차이법, 싱 어라운드법(Sing Around method), 도플러법 등이 있는데 가장 자주 사용되고 있는 "전반시간차이법"에 대해 설명할 것이다.

그림6.15에서 초음파센서 A와 B는 A→B 및 B→A와 같이 상호 초음파를 송수신한다. 초음파 이동에 걸리는 시간 A→B를 Tab, B→A를 Tba로 하면 유속 "0"일 때에는 Tab = Tba = L/C가 된다. 여기에서 L은 센서간 거리, C는 음속이다. 흐름이 있는 경우의 초음파 전반시간은 센서 AB간에 (a)와 (b)가 된다. 이 두 개의 식으로 (c)를 얻고 유속을 구하는 식(d)을 얻을 수 있다.

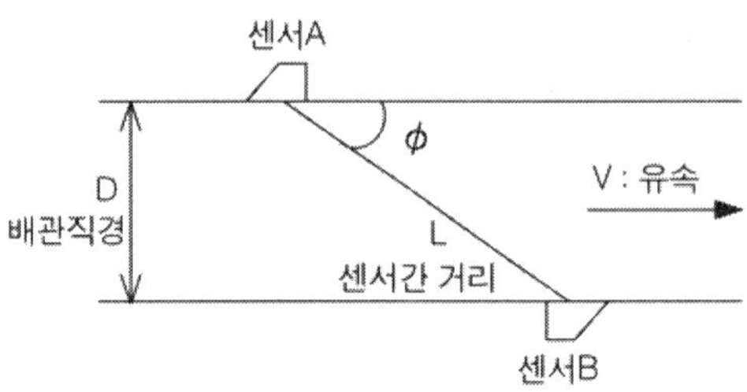

(a) 초음파 A → B

$$Tab = \frac{L}{(C + V\cos\phi)}$$

(b) 초음파 B → A

$$Tba = \frac{L}{(C + V\cos\phi)}$$

(c) 연립방정식에서

$$\frac{1}{Tab} - \frac{1}{Tba} = \frac{(C + V\cos\phi) - (C + V\cos\phi)}{L}$$

(d) 유속을 구하는 식

$$V = \frac{L}{2\cos\phi}\left(\frac{1}{Tab} - \frac{1}{Tba}\right)$$

그림6.15 초음파유량계

6.5 풍속계

덕트 내부 및 공조기 취출구의 평균풍속을 측정하는 방법으로는 열확산을 이용한 열선식, 회전을 이용한 비람(Biram)식(풍차), 압력차를 이용한 피트관식, 빛을 이용한 레이저유속계, 음파를 이용하는 초음파유속계 등이 있다.

6.5.1 열선식

현장 사용성이 우수하여 풍속계측에 가장 많이 이용되는 풍속계이다. 백금 등의 가는 금속선을 가열해 두고 여기에 바람이 닿으면 온도변화가 발생하여 전기저항에 변화가 발생한다. 이 저항변화를 그림6.16의 휘트스톤 브리지(Wheatstone bridge)(제6장 2.1항「측온저항체의 계측원리」 참조)로 계측한다. 풍속센서의 저항체(r), 및 여기에 흐르는 전류(i)와 열량(q)의 관계는 $q = i^2 \times r$로 나타낼 수 있다. 주위 유체의 온도(Ta) 및 풍속센서의 표면온도(T)와 방산열량(q) 사이에는 $q = (a + bU^{1/m})(T - Ta)$의 관계가 있다(a, b, m은 유체 및 열선의 형상에 따라 정해지는 정수). 이러한 두 개의 식으로 $i^2 = (a + bU^{1/m})(T - Ta)/r$을 얻을 수 있다. 이 저온형 열선식풍속계의 기본식을 King식이라고 하며, 열선온도를 통해 풍속을 얻는 식이 된다.

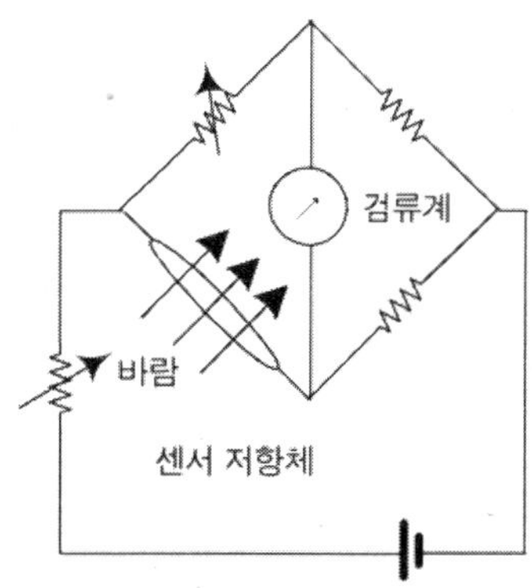

그림6.16 열선식 유속계

6.5.2 비람(Biram)

원통 내부를 통과하는 풍속과 풍차의 회전수는 비례하므로 일정한 측정시간에 통과하는 바람(회전수)을 계측하여 풍속을 구할 수 있다(그림6.17).

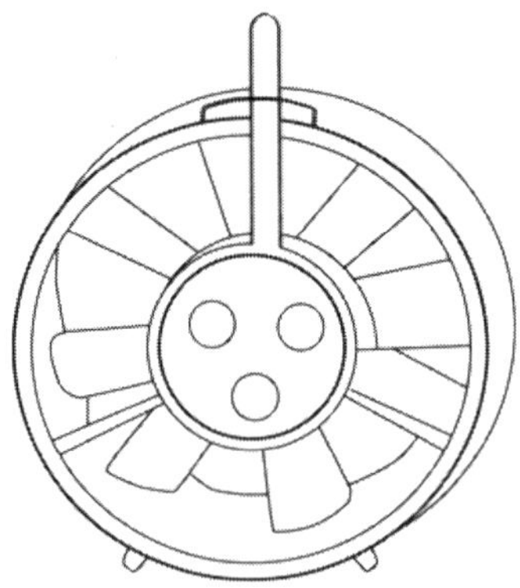

그림6.17 비람(Biram)

6.5.3 피트관(그림6.18)

전압력에서 정압을 뺀 것이 동압이며 다음 식으로 풍속을 구할 수 있다.

$$V = 4.04\sqrt{Pv}$$

피트관의 원리를 응용하여 전압력과 정압의 차압으로 풍속을 구하는 유속측정기에는 아뉴바(Annubar) 및 에어로댐퍼 등이 있으며 공조설비에서는 풍량계측용으로 많이 이용하고 있다.

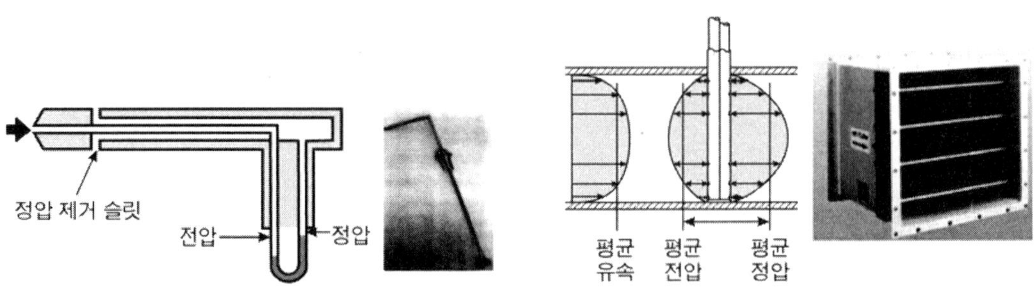

(a) 피트관 (b) 피트관의 응용제품

그림6.18 피트관과 응용제품

6.5.4 VAV용 센서

VAV제어에 대해서는 제1장 8항 「VAV방식의 제어」에서 설명하였다. 여기에서는 해당 제어에 신호를 공급하는 풍속센서에 대해 소개한다.

일반적으로 VAV 풍속센서는 VAV 본체에 부착되어 있으며 VAV 기기 제조사가 공급하는 경우가 많다. 그림6.19는 비람(Biram)과 비슷한 센서를 이용하는 경우이다. 덕트 직관 확보가 어려우므로 각 제조사는 다양한 방식을 취하고 있다. VAV 제조사에 따라서는 그림6.20 및 그림6.21과 같이 시공요령을 명시하는 경우도 있지만 이러한 문제를 알면서도 대응하지 않는 제조사도 있다.

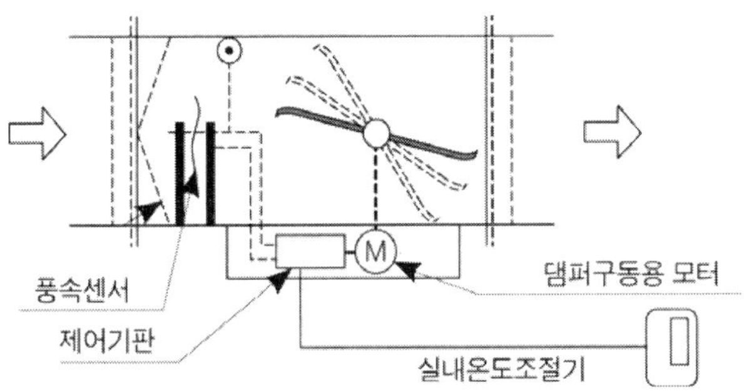

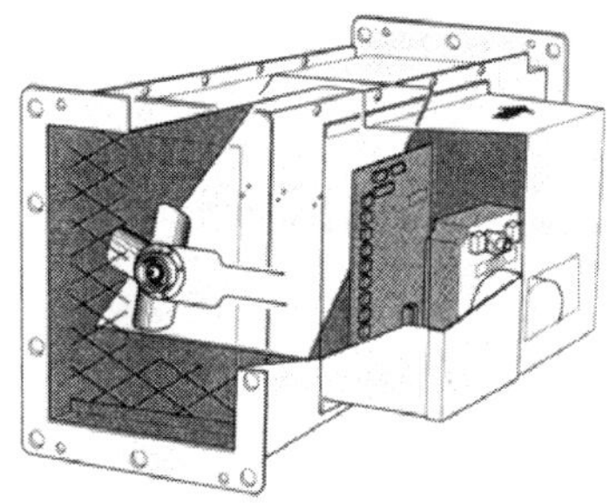

그림6.19 VAV의 풍속센서

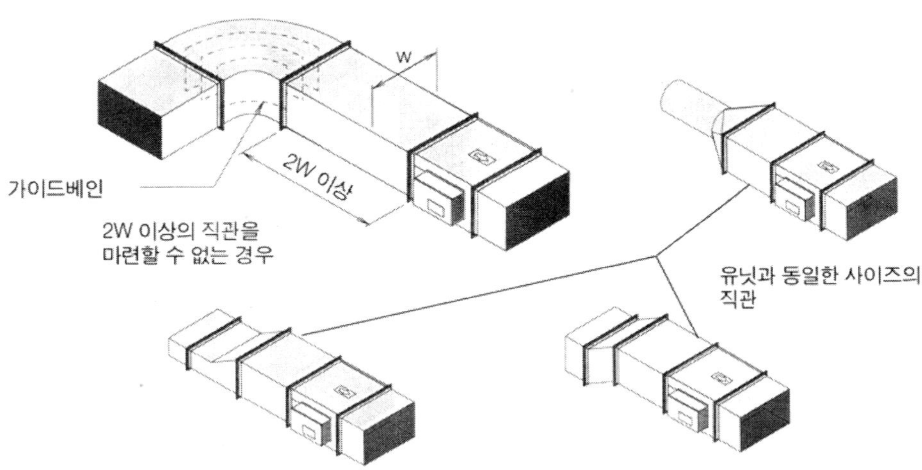

그림6.20 VAV 앞의 직관길이

NO	유닛입구 덕팅	약 도 (화살표는 기류방향)	제어풍량 오차	NO	유닛입구 덕팅	약 도 (화살표는 기류방향)	제어풍량 오차
1	직관		±0%	7	가로bend X2	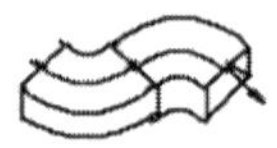	+6%
2	가로bend (엘보)	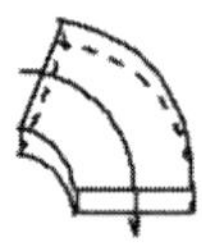	±10%	8	세로bend X2	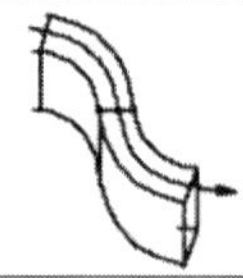	※ +4%
3	세로bend		※ ±13%	9	세로bend X3	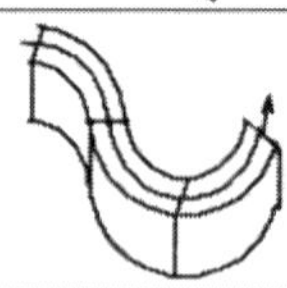	※ +7%
4	chamber	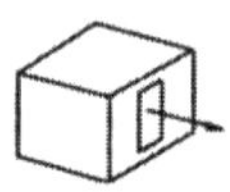	-8%	10	가로bend + 세로bend	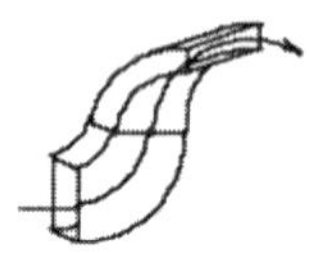	※ +17%
5	chamber + 직관	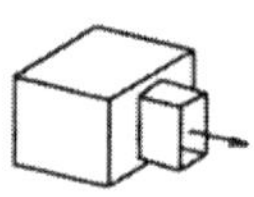	+3%	11	세로bend + 가로bend	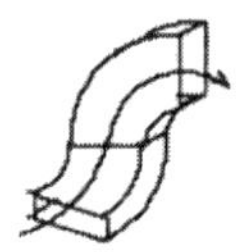	+14%
6	chamber 세로bend	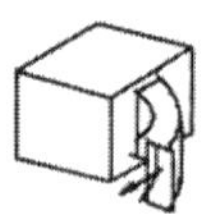	※ +10%				

그림6.21 덕트의 영향으로 인한 오차

VAV 풍속센서처럼 사용처가 특이한 센서는 드물고, JIS 등에 규정되어 있지 않기 때문에 제조사조차 시행착오를 거치면서 개발하고 있다.

하지만 건물 중에 실제로 장착되는 VAV 수만큼 풍속센서가 붙게 되므로 숫자는 상당히 많다. VAV 댐퍼제어뿐만 아니라 공조기 풍량제어에도 관련되므로 신중하게 선정해야 한다.

6.6 자동제어밸브와 댐퍼 조작기

자동제어밸브 및 댐퍼를 작동시키는 조작기에는 전동식(전기식 · 전자식)과 공기식이 있다. 일반적으로 전동식은 힘이 약하므로 3인치가 넘는 제어밸브 등에는 적합하지 않다. 큰 제어밸브는 공기식을 이용하는 경우가 많다. 빌딩제어의 경우, 공조기 주변에 소형제어밸브가 많으므로 전자식으로 통일하는 경우도 많다. 열원 기기 등에 대형제어밸브의 설치 개수가 많은 경우에는 공기원 장치를 설치하여 공기식으로 하고, 수가 적은 경우에는 대형제어밸브를 자력식 제어밸브로 하는 경우가 일반적이다.

조절기의 출력신호대로 제어밸브나 제어댐퍼가 동작하고 있는지에 대한 피드백은 조작기 부분에서 한다.

이 조절기 출력신호에 조작기 입력신호의 피드백을 받아들이는 기능이 없으면 그림 6.22와 같이 신호 피드백은 실내 온도를 통해 이루어지므로 실온 목표값에 도달하는데 여러 로직의 모순이 발생한다. 또한, 제어신호의 피드백과 실내온도제어 전체의 피드백을 혼동해서는 안 된다.

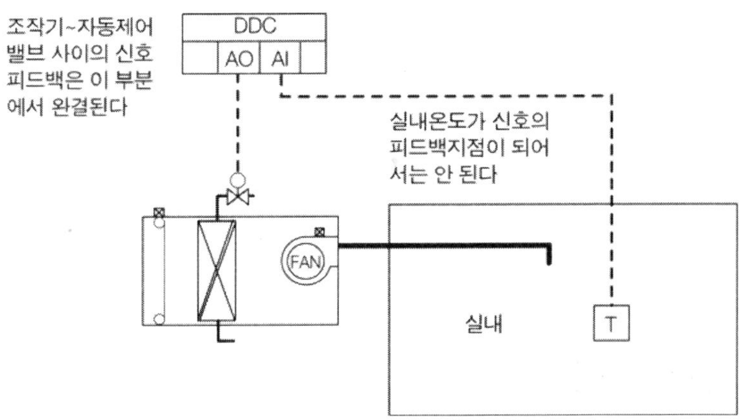

그림6.22 신호 피드백

그림6.23(a)에서 보듯 전기식 기기는 조작기에 기계기구의 밸런싱 릴레이를 내장하고 있으며, 온도제어를 하는 경우에는 측온저항체의 신호를 주는 것만으로 제어루프가 완성된다. 이에 대해 전자식 기기는 그림6.23(b)와 같이 조절기 개방 또는 차단 릴레이 출력신호를 받고, 밸런싱 릴레이 대신에 피드백 포텐셜 미터로 측온저항체와의 브릿지에서

균형을 이루어 제어루프의 평행을 이룬다(온도조절기 내에서 단자 A−B간의 전류값이 “0”이 되기까지의 접점①의 반시계 방향과 ②의 시계방향 신호 사이에서 피드백을 한다. 본방향 제2.1(1)항 「측온저항체의 계측원리」 참조).

이러한 방법을 선택함으로써 전기신호 레벨의 피드백이 성립된다. 공기식(空氣式)인 경우에는 그림6.23(c)에서와 같이 포지셔너가 설치되어 기계적으로 공기신호의 피드백이 이루어진다.

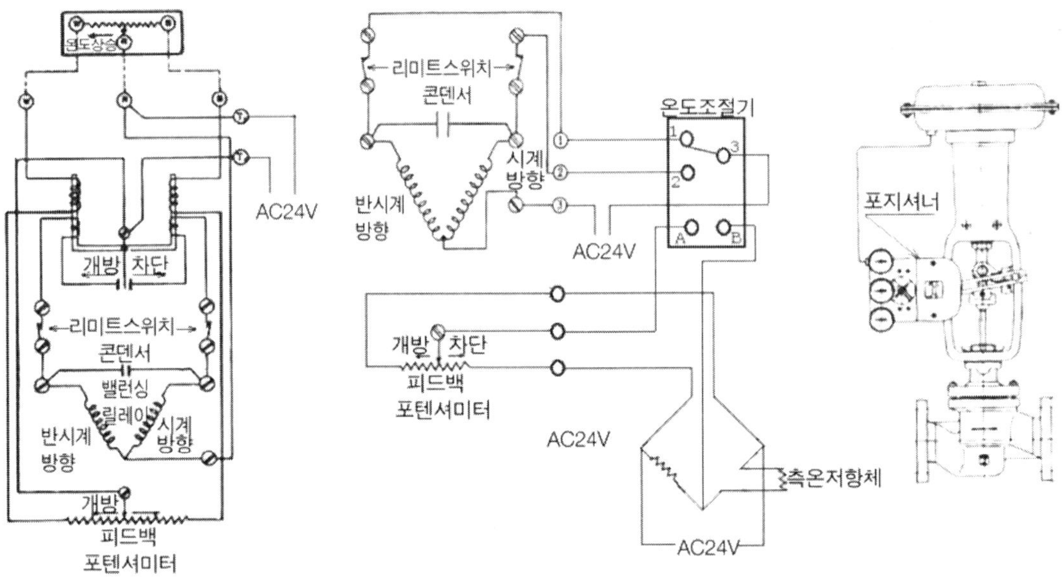

(a) 전기식 비례식 온도계측기 (b) 전자식 (c) 공기식 포지셔너

그림6.23 전동형과 공기식 조작기

6.7 자동제어밸브

최근 공조기에 이용되는 2인치 이하 정도의 소형제어밸브는 그림6.24(a)에서와 같이 조작기 일체형으로 비례제어에 적합한 로터리밸브를 주로 이용한다. 로터리밸브는 볼 밸브를 나열한 것으로 측정범위를 넓혀 유량이 낮은 영역에도 대응할 수 있다. 그림6.25와 같이 비례제어에 적용할 수 있는 좁고 긴 홈을 커팅하여 고안한 것이다. 또한 동일한 사이즈의 단좌밸브에 비해 볼 밸브를 기본으로 하므로 대부분의 유량을 흘려보낼 수 있으

며, 유량이 큰 복좌(複座) 밸브와 비교하더라도 보다 많은 유량을 흘려보낼 수 있다.

열원 등에 이용하는 대형 제어밸브의 경우, 그림6.24의 (b) 단좌2방향밸브, (c) 복좌2방향밸브를 채택하는 경우가 많다.

제어밸브를 증기계통에 이용 시, 복좌밸브는 시트(좌)가 2개이기 때문에 구조적으로 누출 양이 많다는 이유로 사용을 꺼리는 경우가 많다. 또한 공조설비에서 일반적으로 사용하는 제어밸브는 뒤에서 설명할 Cv값에 대하여 0.5%의 누출 양이 허용된다는 것도 기억해 둔다.

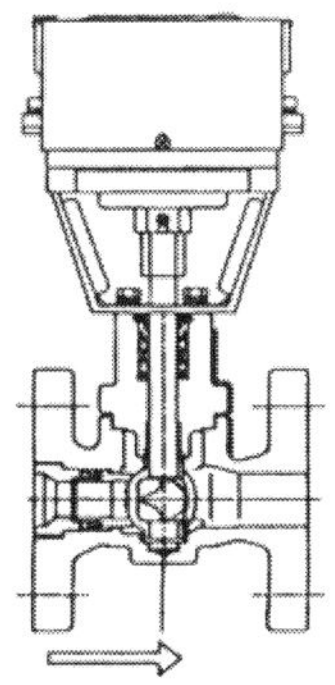

(a) 조작기 일체형 로터리밸브

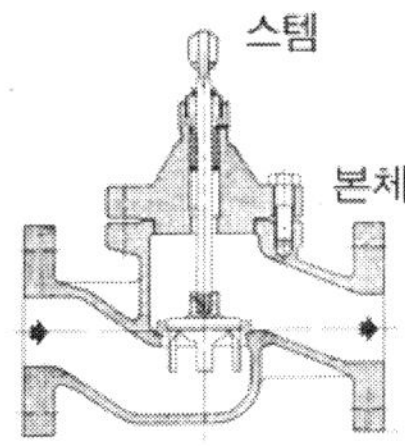

(b) 단좌2방향밸브

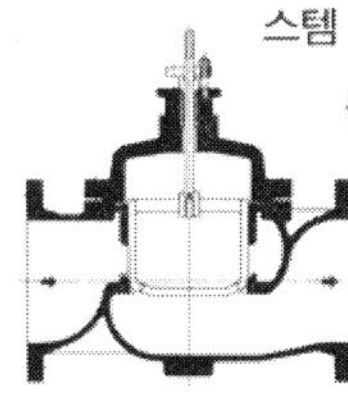

(c) 복좌2방향밸브

그림6.24 자동제어밸브의 구조

그림6.25 로터리밸브

6.7.1 제어밸브의 특성

그림6.26과 같이 자동밸브의 리프트와 유량의 관계를 나타내는 제어밸브 고유특성에는 퀵오프닝 특성, 리니어 특성, Equal Percent 특성 등이 있다. 공조용 비례제어밸브로는 제어밸브 리프트와 열출력 관계가 직선에 가까운 Equal Percent 특성을 이용한다.

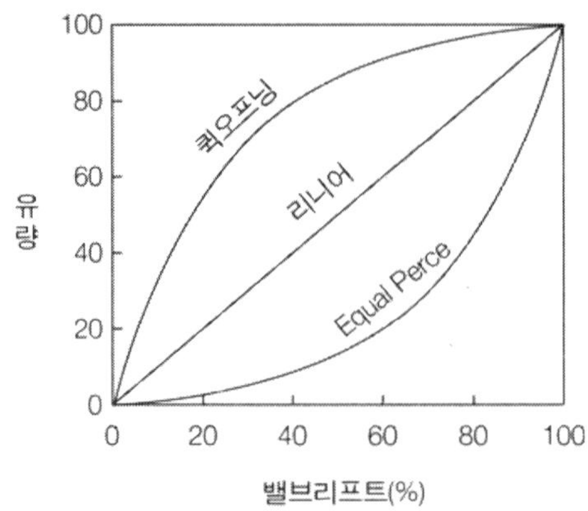

그림6.26 제어밸브의 특성

6.7.2 자동제어밸브의 구경 계산

(1) Cv값 계산

제어밸브는 저항체 전후의 압력에 따라 배관 내부에서 흐르는 유량에 변화가 생기므로 어떠한 조건을 부여하여 유량의 변화를 원래대로 되돌려야 한다. 제어밸브의 용량을 나타내는 수치로 대표적인 것이 Cv값이다. Cv값은 밸브가 완전개방상태일 때를 기준(밸브 전후 차압 1 psi = 0.048 kPa)으로 15℃(60°F)의 물이 해당 제어밸브를 통과할 때의 유량을 US갤런으로 나타낸 것이다.

(a) 유체가 냉온수인 경우

$$\mathrm{Cv} = \frac{0.693\,W\sqrt{G}}{\sqrt{h}}$$

W : 최대유량[ℓ /분]

G : 비중(물 = 1)

h : 밸브의 압력강하(Pa)

(b) 유체가 포화증기인 경우

$$Cv = \frac{0.3643\,W\sqrt{V}}{\sqrt{h}}$$

W : 증기(蒸氣)중량유량[kg/h]

h : 밸브의 압력강하[kPa]

h = 0.2(P1－P2) 2위치 동작밸브

h = 0.5(P1－P2) 비례동작

P1 : 밸브 입구 증기압[Pa]

P2 : 밸브 출구 증기압[Pa]

(2) 클로즈오프(Close-off) Rating

그림6.27(a)와 같이 공조시스템 대부분이 운전 상태이지만 하나의 AHU 계통이 정지한 경우, 제어밸브 전후에는 차압이 걸리므로 제어밸브가 완전차단상태라고 해도 차압이 커져 밀려 올라간다. 제어밸브의 close-off rating이란 제어밸브가 특정 조작기와 결합되었을 때 제어밸브를 완전차단으로 유지할 수 있도록 제어밸브 전후에 걸리는 최대 허용압력 차이를 말한다.

그림6.27(b)에서 제어밸브의 스템(stem)에 작용하는 힘은 아래쪽을 향하는 F2이며, 이에 대해 제어밸브 전후의 압력차(P1－P2)는 F1이 되어 위쪽을 향하여 움직인다.

F2는 제어밸브 조작기가 스템을 통해 제어밸브에 가하는 힘이므로 이 힘이 약하면 제어밸브는 완전차단을 유지할 수 없게 된다.

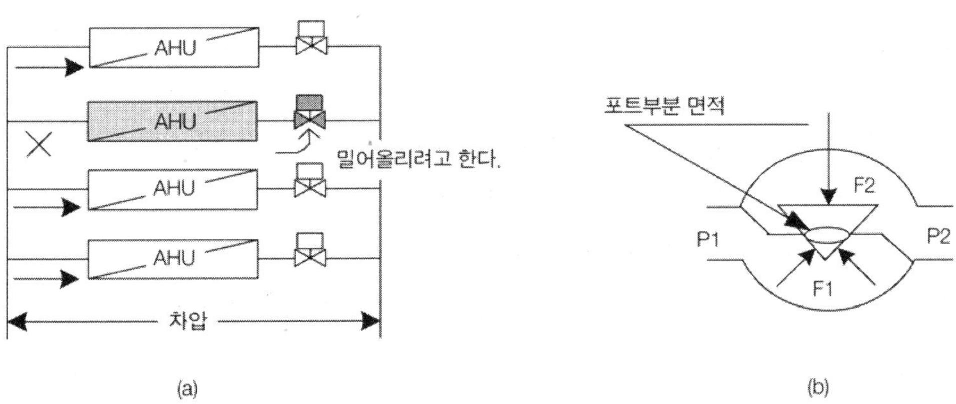

그림6.27 Close-off Rating

따라서 제어밸브의 구경을 정할 때에는 Cv값 계산뿐만 아니라 조작기까지 고려하여 close-off rating을 체크해야 한다.

(3) 각 제어밸브의 비교

표6.6은 로터리, 단좌(單座), 복좌밸브 중 많이 사용되는 대표적인 제어밸브의 Cv값과 클로즈오프에 대하여 비교한 것이다.

표6.6 Cv값과 클로즈오프 비교

	Cv 값			클로즈 오프		
	로터리	단좌	복좌	로터리	단좌	복좌
15A(1/2B)	6	4	–	980	980	–
25A(1B)	16	11	–	980	539	–
40A(11/2B)	40	25	28	980	225	863
50A(2B)	65	44	50	980	137	638
65A(21/2B)	95	68	78	980	88	441
80A(3B)	125	99	112	686	88	343

6.8 댐 퍼

공조제어에서는 루퍼댐퍼가 많이 사용되며 그림6.28 (a) 평행익(平行翼)과, (b) 대향익(對向翼) 댐퍼 등이 있다. 야간의 외기를 차단할 목적으로 ON/OFF 제어를 하는 경우에는 평행익댐퍼를, 외기냉방 제어 등의 비례제어로 사용하는 경우에는 대향익댐퍼를 선택한다.

댐퍼 구동조작기는 그림6.28(c)와 같이 댐퍼 중심에 직접 연결하는 댐퍼조작기를 사용하는 경우가 많다. 이것은 조작기의 능력에 따라 댐퍼를 분할하는 것을 의미한다. 간이 계산법으로 “1 m^2당 조작기 한 대”로 분할해도 크게 무리는 없다. 댐퍼 토크 산출계산 예에서와 같이 실험수치에 의존할 수밖에 없는 사정이라 부득이하게 간이 기법을 사용할 수밖에 없는 것이다.

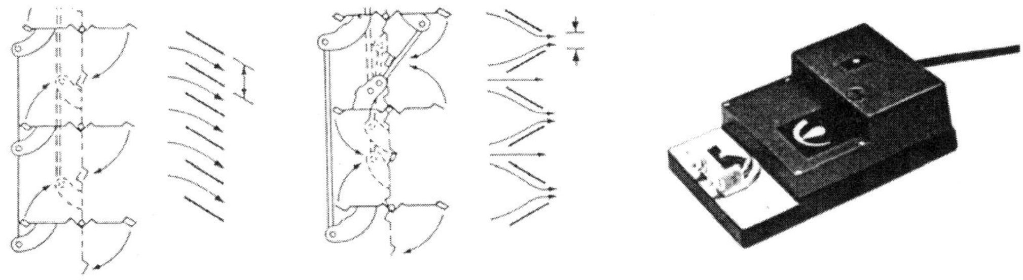

(a) 평행익댐퍼 (b) 대향익댐퍼 (c) 직결형댐퍼조작기

그림6.28 댐퍼의 종류와 조작기

■ 댐퍼의 구동축 토크계산 예시

① 계산 조건

댐퍼형상 : 대향익, 축받이(베어링)형상 : 볼베어링축받이, 댐퍼치수 : 가로1.2 m. 세로1.2 m, 댐퍼전후차압($\triangle$Pn) : 300 Pa, 블레이드 : 길이(a) 1.2 m, 폭(b) 0.32 m, 매수(n) : 4매

② 일반적으로 댐퍼의 구동토크(To)는 정(靜)토크(Ts)와 불균형 토크(Tu)의 합이다.

$$To = Ts + Tu \quad \cdots (1)$$

③ Ts 산출

Ts는 실험을 통해 대향익 볼베어링의 경우, 댐퍼면적 × 1.7 Nm가 된다.

④ Tu 산출

$$Tu = 0.0087 \times a \times b2 \times \triangle P \times n \quad \cdots (2)$$

⑤ To 산출

$$To = 1.2 \times 1.2 \times 1.7 + 0.0087 \times 1.2 \times (0.32)^2 \times 300 \times 4 = 3.73 \text{ Nm} \quad \cdots (3)$$

⑥ 필요토크

③은 댐퍼가 열리기 시작하는 값이며 50% 오픈 시, 개방 시작 토크의 3배에 해당되는 토크가 필요하다. 따라서 필요토크는 3.73 × 3 = 11.19 Nm가 된다.

⑦ 적 용

유지토크가 10 Nm이므로 댐퍼를 2개로 분할한다.

6.9 인버터

공조설비에서 VAV 방식의 공조기 풍량을 제어하거나 펌프계통의 압력을 제어할 때 인버터를 많이 사용한다(그림6.29).

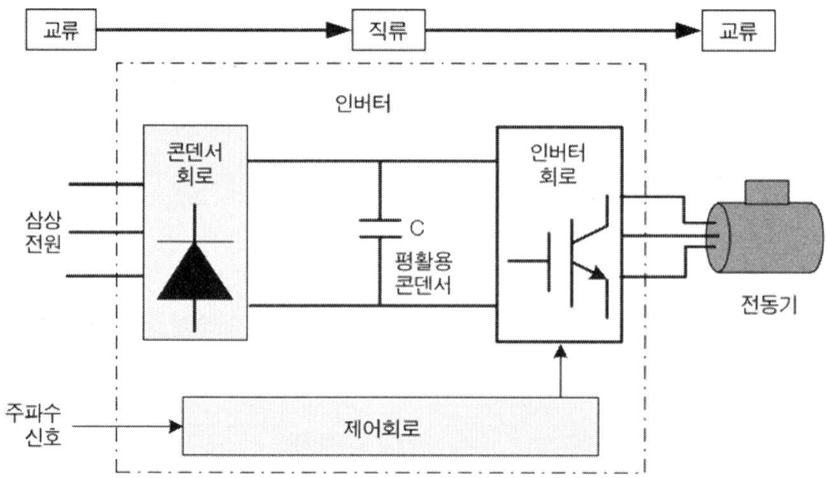

그림6.29 인버터의 내부구성

6.9.1 인버터의 기본원리

일반적으로 인버터라고 불리는 기기의 내부구조를 분해하면 그림6.30과 같이 컨버터 회로(교류→직류)에서 평활(平滑)회로[컨버터 출력의 리플(Ripple)을 콘덴서로 제거하는 회로 : 그림6.30]를 경유하여 직류화 한 후 인버터회로에 의해 다시 교류를 만들어내는 방식으로 되어 있다.

스위치 회로의 ON/OFF신호 제어 결과 직류화된 전압은 인버터회로 부분에 배치된 사이리스터(Thyristor) 또는 트랜지스터를 통해 사인커브 형태의 펄스로 송출된다(그림6.31). 이러한 방식의 인버터를 "PWM방식(Pulse Width Modulation)"이라 한다.

이에 대하여 전압의 파고값을 증감시키는 "PAM방식(Pulse Amplitude Modulation)"이 있다. 일반적으로 PWM방식의 특징은 모터 등에 가하는 진동은 작지만 노이즈가 크며, PAM방식은 노이즈가 적지만 진동이 크다. 널리 보급되어 있는 것은 PWM방식이다.

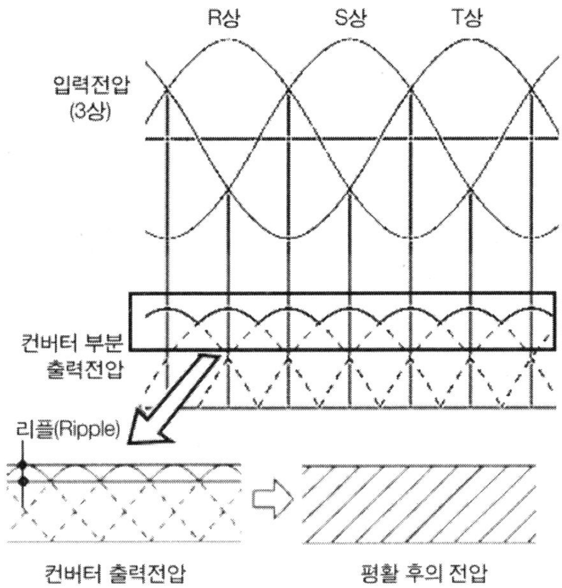

그림6.30 교류-직류 변환

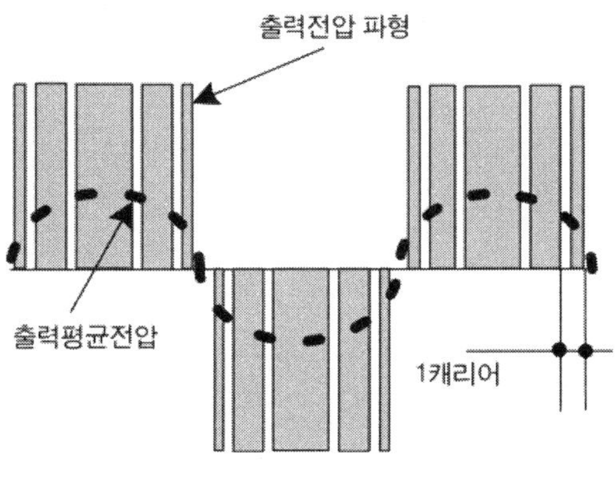

그림6.31 인버터 출력전압 파형

6.9.2 인버터와 노이즈

교류파형은 군더더기 없는 사인커브를 그리는 것이 상식으로 되어 있는데 반해, 제어기기에서는 인위적인 조작을 가하기 때문에 어쩔 수 없이 전기적인 노이즈 및 소음이 발생하게 된다. 최근에는 상당히 개량되어 일부 문제점들이 해결되고 있다. 특히 소음문제 등은 초기 인버터에 비하면 현격하게 개선되었다. 이는 캐리어주파수를 높여 소음을 억제하는 방법을 일반적으로 채택하게 되었기 때문인데 이로 인해 누전차단기 및 전동기베

어링에 미치는 악영향 등의 새로운 문제요인이 유발되기도 한다.

전기적인 노이즈를 "고주파"라 하며, 이는 컨버터 부분의 정류회로가 발생원인이다. 그림6.30과 같은 리플(Ripple)을 포함한 정류파형을 만들어 내기 위해 사인커브는 그림6.32처럼 일그러진 파형이 된다. 이런 변형파형은 "기본파"와 다른 "고주파"로 분해하여 표현할 수 있다. 이 고주파는 전원으로 변환되어 트랜스 및 동일 전원선에 접속된 다른 기기에 파손사고를 유발하는 악영향도 초래하기도 한다. 범용인버터에서 고주파가 발생하는 차수(次數) 7, 11, 13차이다. 고주파 차수가 클수록 발생량은 적어진다. 표6.7은 일본 전기공업회(JEMA)의 가이드라인이다.

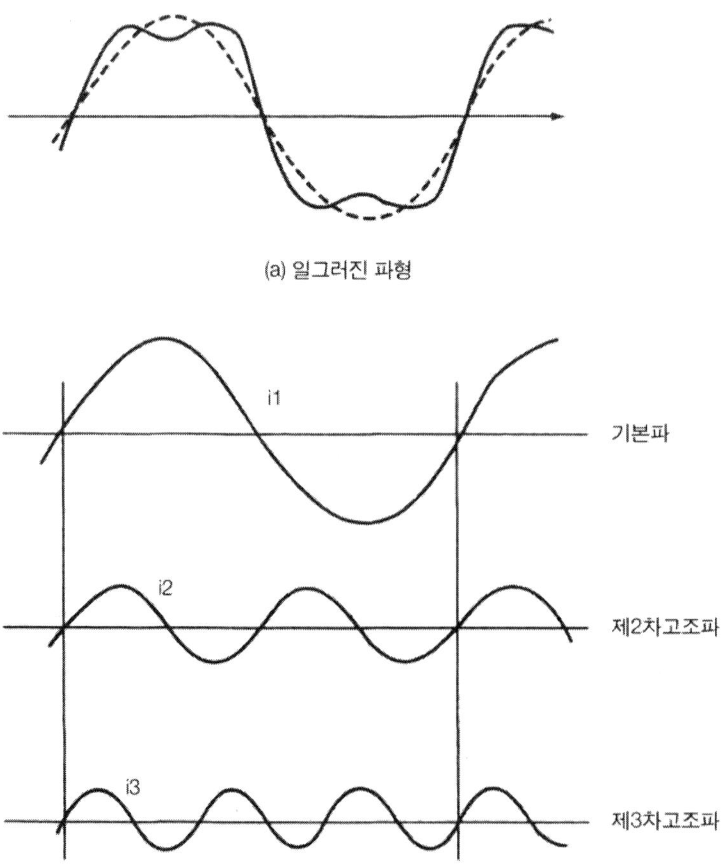

(a) 일그러진 파형

(b) 기본파와 고주파

그림6.32 고주파

표6.7 고주파 가이드라인

차수	5차	7차	11차	13차	17차	19차	23차	25차
유출전류[mA]	564	215	110	50	48	28	25	19
유출전류 상한값[mA/kW]	3.5	2.5	1.6	1.3	1.0	0.9	0.76	0.70

가이드라인 설정값

인버터를 포함한 전기기기의 고주파에 대한 대책으로 그림6.33과 같은 DC리액터와 고효율컨버터 및 AC리액터가 있는데 초기비용 측면에서 유리한 AC리액터가 널리 사용된다.

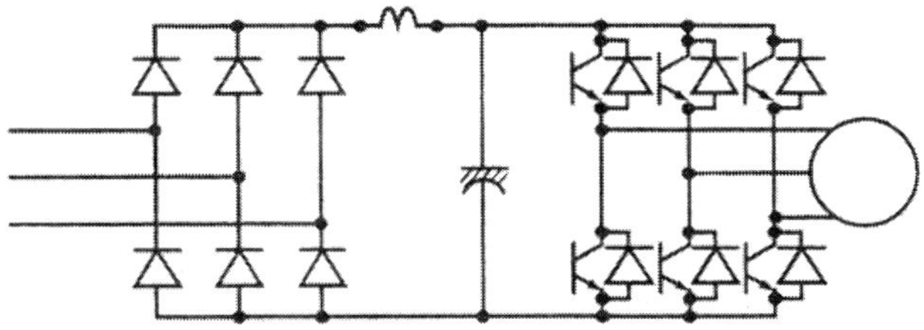

(a) DC리액터

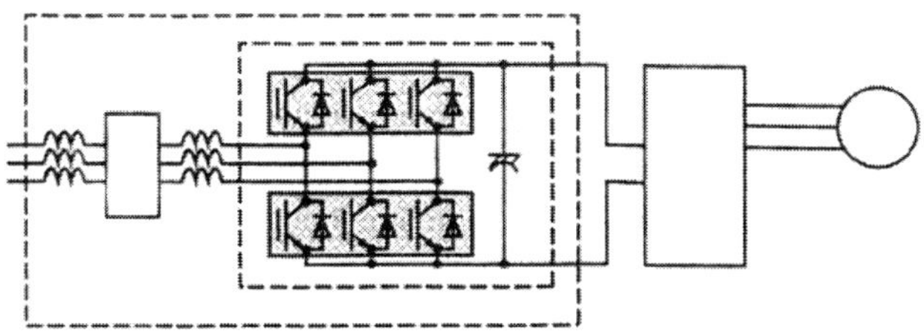

(b) 고역률 컨버터

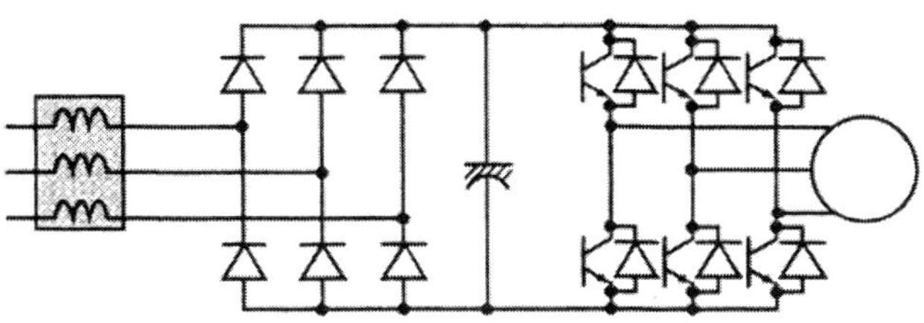

(c) AC리액터

그림6.33 인버터의 고주파 대책

정류(整流)회로 자체는 TV 등과 같은 반도체를 이용하는 전자기기류에서 반드시 사용하는 것이지만 소비전력량이 적으므로 문제가 되는 일은 없다. 인버터는 소비전력량이 많으므로 해당 전원트랜스에 인버터를 포함한 기기가 많을 경우 악영향을 미치는 경우가 있다. 따라서 전원측 트랜스 용량을 키우고 전원설비에 여유를 두는 것도 고주파 대책이 된다.

6.9.3 인버터에 의한 동력 감축

동력소비량과 회전수의 관계는 $y = ax^3$이다. 또한 회전수는 유량에 비례하므로 유량이 동력소비량에 비례한다고 봐도 무방하다. 인버터를 이용할 때의 동력소비량과 회전수의 관계는 그림6.34와 같이 이상적인 특성에 가까워져 $y = ax^3 + b$가 된다.

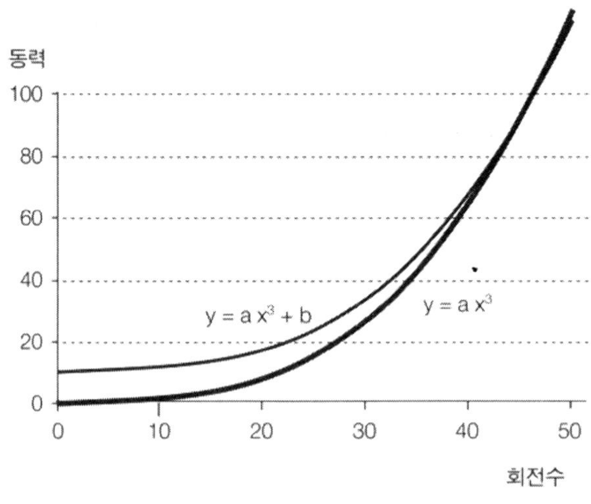

그림6.34 회전수와 동력의 관계

인버터를 이용하면 반드시 동력을 감축할 수 있다고 생각할 수도 있지만, 제1장「공조기 제어」8항 "VAV 방식 제어" 및 제2장「폐회로시스템 열원 제어」1.3항「제어방식별 동력소비량 비교」등을 참조하여 시스템을 잘 구성해야 한다. 적절한 시스템 구성과 파라미터 설정을 하지 않으면 인버터 도입은 불필요한 투자가 된다.

6.9.4 인버터의 수명

인버터와 같은 반도체 기기는 시간에 따른 노후화(열화, 劣化)가 없는 것으로 여겨지나, 제어반 내부의 온도가 너무 높거나 할 경우에는 처리성능도 떨어지게 되고 수명도 짧아진다. 인버터 내부의 부품 중에는 평활 컨덴서 수명이 가장 짧으며, 일본전기공업회(JEMA)에서는 "범용인버터의 정기점검 권유" 기간을 5년으로 권장하고 있다.

6.10 UPS

컴퓨터를 비롯하여 중요한 자동기기의 정전 및 순간적인 전원 공급중단에 대한 대책으로 비상 전원장치인 UPS(Uninterruptible Power Supply, 무정전 전원장치)를 이용한다.

6.10.1 정전과 순간정지

정전은 문자 그대로 전력회사의 송전이 정지되는 것이다. 또한 전원콘센트가 빠지거나 차단기가 내려가는 것도 컴퓨터 등에서는 정전과 동일하게 취급한다. UPS는 이러한 현상에 대하여 특별한 대응을 할 수 없다. UPS가 지닌 백업용 전지는 5분이나 기껏해야 1분 정도밖에 되지 않기 때문이다. 따라서 UPS를 순간정지 대책부품 정도로 생각해야 한다.

"순간정지"란 주로 낙뢰의 영향 등이 송배전선에 전달되어 몇 사이클 정도의 전원전압이 저하되는 것을 말한다. 낙뢰가 많은 지역에서 80% 이하의 전압으로 저하되는 회로는 연간 10회 이상이며 그 대부분은 0.2초 이하의 순간이다. 번개의 전류가 강한 것은 100 kA도 있으며 송전선에 낙뢰가 있을 경우에는 송전선이 쇼트되는 경우가 있다. 낙뢰가 관찰되면 변전소 차단기에서 회로를 떼어내어 피해를 막는 처리를 하지만 이 사이 0.07～3초 정도 전압강하 현상이 발생하는 경우가 있다. 이것이 순간정지를 유발하는 주요 원인이다.

순간정지를 정의하기가 곤란한 것은 순간정지 시에도 완전하게 전원이 꺼져버리는 것이 아니기 때문이다. 송전선 중에는 코일의 리액터에 해당하는 지연 저항성분이나 콘덴서에 해당하는 진행 저항성분이 포함되어 있기 때문에 완전하게 전원이 꺼져 버리지는 않고 전압이 저하되는 형태로 나타난다. 따라서 어느 정도 양의 전압저하가 어느 정도의 시간 동안 계속되었다는 관점이 필요하다. 이것이 순간정지에 대한 대책을 세우는 데 있어서 고민되는 부분이다.

6.10.2 UPS의 구조

UPS의 급전(給電)방식으로는 그림6.35(a)와 같이 상시(常時) 인버터 급전방식, 그림6.35(b)의 상시 상용 급전방식 및 라인 인터럽터 방식 등이 있다. 그림6.35(a)의 상시인버터급전방식은 평상시에 상용전원과 맞물려 있어, 전원트러블이 발생하였을 때 축전지에서 인버터를 경유하여 급전하는 형태이며 일반적으로 많이 이용된다. 또한, 사용조건에 따라 수명에 차이가 있으나 축전지는 소모품이므로 3~5년마다 교체한다.

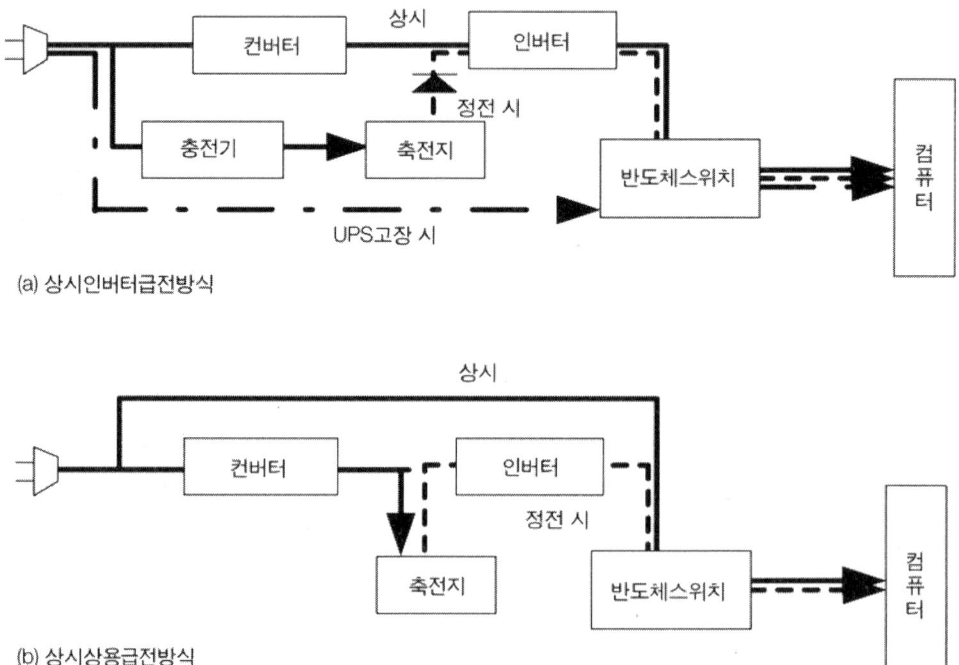

그림6.35 UPS의 급전방식

제7장 컴퓨터와 디지털제어의 기초

7.1 빌딩제어와 컴퓨터

이 장에서는 공조자동제어 범위 내에서 DDC(Direct Digital Control) 내부기구 및 컴퓨터의 기초에 대해 설명하기로 한다.

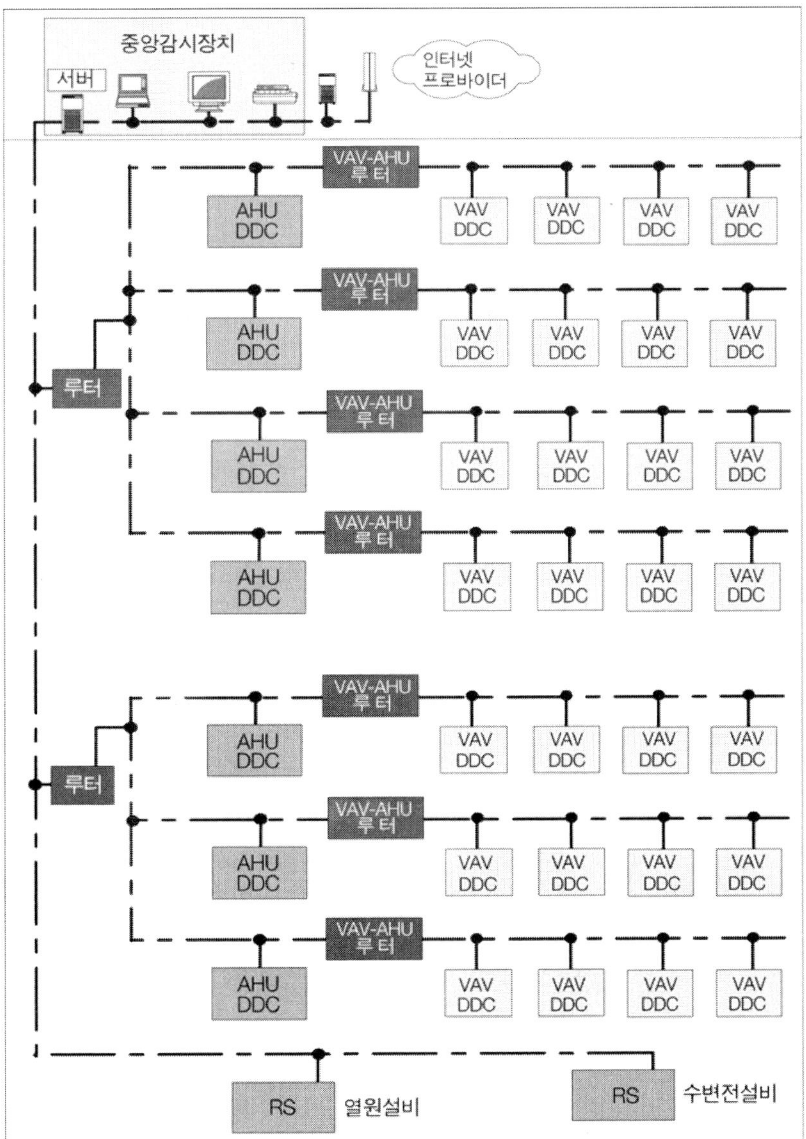

그림7.1 공조설비의 주요 디지털제어기기

제1장에서는 DDC만을 한정하여 설명이 주로 이루어졌으나, 빌딩 전체에 대한 컴퓨터 제어시스템은 그림7.1과 같다. VAV 제어기 등은 실내의 천장 내부에 설치되는 경우가 일반적이며 마이콤을 컴퓨터로 본다면, 실제로 빌딩에 설치된 컴퓨터는 굉장히 많다고 볼 수 있다. 이미 몇 년 전부터 유비쿼터스 컴퓨팅 세대가 도래하였고, 최근 대부분의 건물에서 컴퓨터를 이용한 인터넷 환경이 구축되어있다. 빌딩제어 분야에서도 현재와 같은 빌딩제어네트워크에 사무용 컴퓨터를 유기적으로 연결하는 방법도 몇 년 이내에 실현될 것으로 보인다.

7.1.1 빌딩관리 컴퓨터시스템의 변천

최근에는 DDC방식을 당연하게 사용하고 있지만 DDC라는 용어부터 살펴보자.

컴퓨터를 빌딩관리에 도입하기 시작한 1970년대에는 그림7.2와 같은 스타일의 시스템이었다.

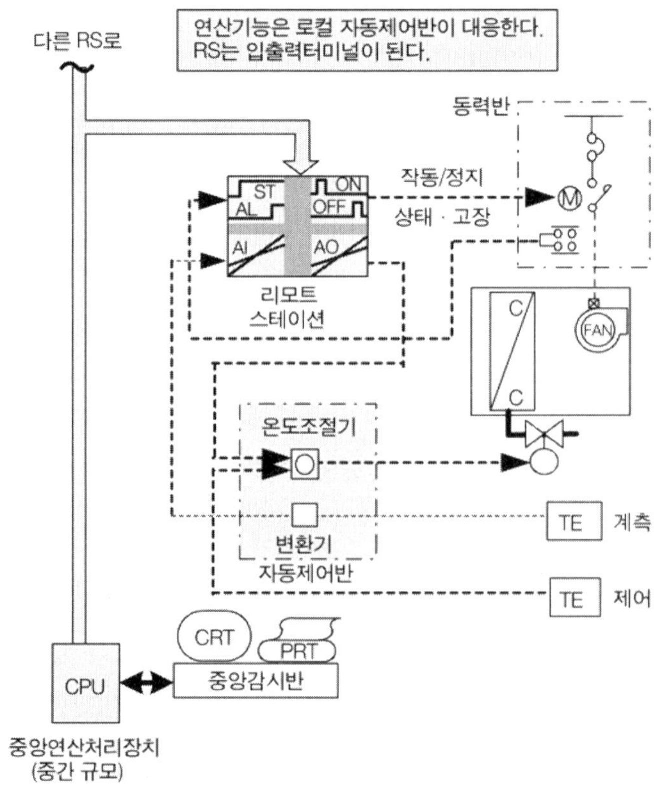

그림7.2 초기의 빌딩감시장치와 공조제어

자동제어반이 큼직하게 자리를 차지하고 있고 그 옆에 AI, AO, DI, DO, PI의 입출력만을 담당하는 리모트 스테이션(Remote Station)이 있었다. 단, 리모트 스테이션은 중앙 CPU 사이에서 중개역할만 담당하였다. 온도조절부분에서는 설정값 조정만 가능하였고 이런 이유로 세트 포인트 컨트롤(Set Point Control)로 불렸다. 실제로 DDC라는 말은 이 시대에 나오게 되었다.

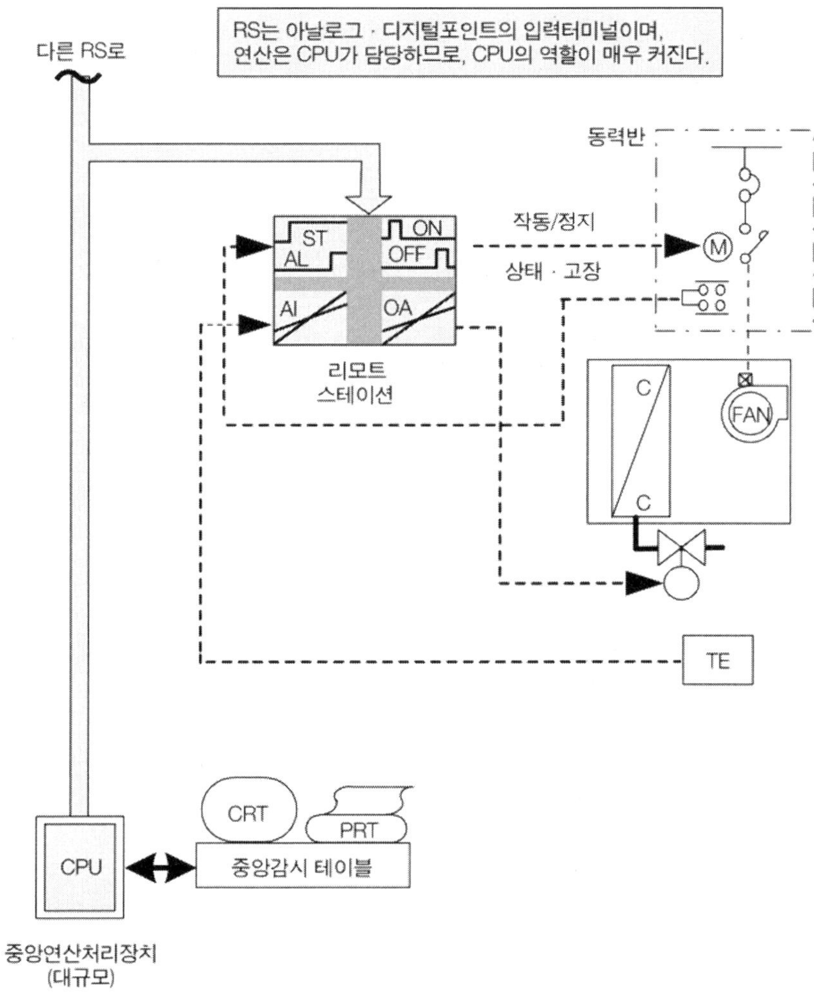

그림7.3 중앙방식의 DDC

그림7.3은 중앙방식 DDC이다. 리모트 스테이션은 세트 포인트 컨트롤 방식과 마찬가지로 CPU로 가는 중개역할만 한다. 온도 계측값(TE)을 읽어 자동제어 밸브에 아날로그 신호를 보내고 AO에서 출력되기까지의 연산종류는 모두 중앙 CPU가 처리한다. CPU는

문자 그대로 Central Processing Unit(중앙처리장치)이다. 이러한 방식에서는 중앙 CPU가 직접 디지털 처리를 한다는 이유로 DDC(Direct Digital Control)라는 명칭이 붙여지게 된 것이다. 하지만 이 방식은 중앙 CPU가 다운되면 모든 데이터가 사라지는 치명적인 결함을 가지고 있었다. 또한, 제어에 필요한 모든 것을 컴퓨터로 구성할 수 없었기 때문에 일반적인 공조제어 보급에는 이르지 못하였다.

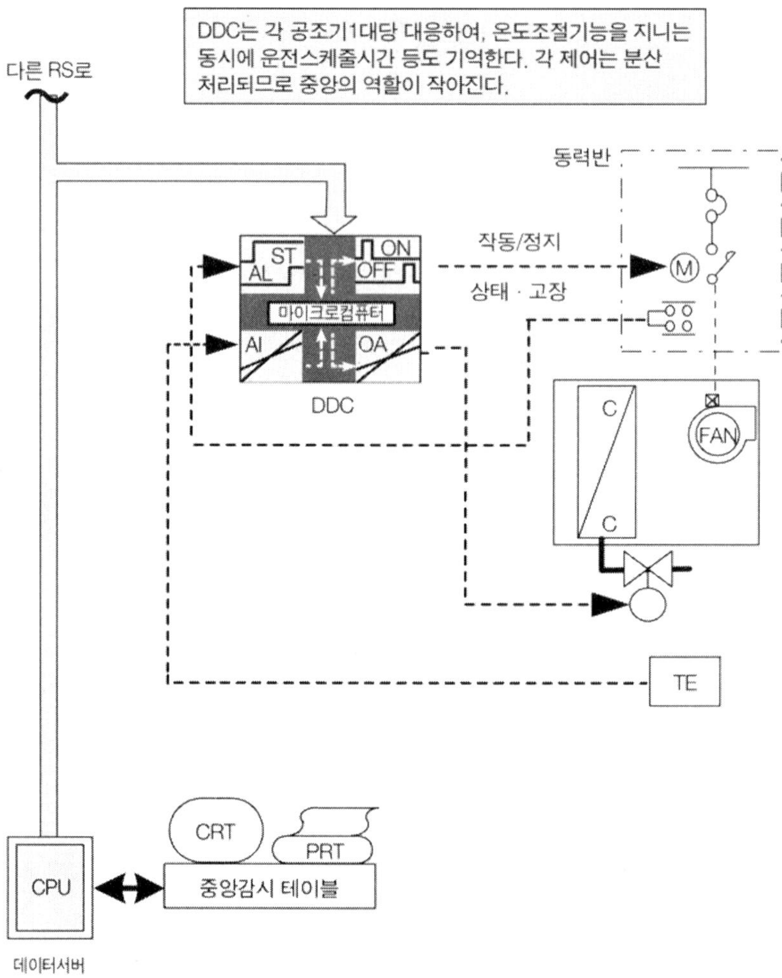

그림7.4 분산화 DDC방식

그림7.4는 현재 공조제어에서 주류가 되고 있는 분산형 DDC방식이다. 세트 포인트 컨트롤 방식 및 중앙방식 DDC시대는 중앙 CPU에 미니컴퓨터를 이용하였다. 하지만 마이크로컴퓨터가 보급되고 리모트 스테이션에 해당하는 부분도 마이크로 컴퓨터화가 되자

이 부분에 제어기구까지 포함시켜 구성하였고, 기존의 중앙방식 DDC가 목표로 했던 것이 조금씩 가능하게 되었다. 또한, 제어도 분산시킬 수 있어 시스템 안정성을 향상시키는 효과를 가져왔다. 공조기 등 제어 대상이 되는 기기측에 제어기기가 설치된다는 측면에서 본다면, 분산형 DDC방식은 그림7.2 「초기의 빌딩관리 장치」와 비슷한 점이 많다.

분산형 DDC라는 표현은 현재의 컴퓨터 시스템으로 관점에서 보면 적절하지 않지만, 이미 DDC라는 용어가 일반화되었기 크게 개의치 않아도 된다. 제어는 분산화되고 감시는 중앙에서 집중적으로 하는 것이 오늘날의 주된 구성이다. 또한 분산화 DDC시대에 접어들고 난 후, 소형 CPU는 MPU(Micro Processing Unit)로 불리게 되었다.

플랜트 분야에서는 이러한 방식을 DCS(Distributed Control System)라고 부르는데 동일한 것으로 해석해도 무방하다. 하지만 플랜트 분야에서는 분산화처리를 해도 동일한 제어루프에 속하는 것은 모두 한군데에서 관리한다. 공조용 DDC와 같이 공조기 및 각각의 VAV로 분산시키거나 하지는 않는다. 대상 시스템에 따라 컴퓨터시스템의 구성도 바뀌는 것이다.

7.1.2 2진법과 아스키코드

컴퓨터로 대표되는 디지털기기는 전류 ON/OFF라는 스위치 관점, 즉 2진법처리를 기본으로 한다. 이 "0"과 "1"의 최소단위를 "bit(비트)"라고 부른다. 이 bit를 8개 모은 것을 "1Byte(바이트)"라고 부르며, 32개 모은 것을 "1Word(워드)"라고 한다.

표7.1은 4비트를 이용한 16진법 표현이다. 0~F까지의 숫자와 영문자를 이용한 것으로, 23과 22위치에 "1"비트를 세우면 "C"가 되어, 즉 12를 나타낸다. 그림7.5는 입출력점의 어드레스를 2진법으로 표현한 것이다. DDC1의 6번째 입력점인 온도센서 Ⓣ는 0001(1)0110(6)으로 표현하게 된다.

컴퓨터 중에서 문자를 나타내는 방법으로 아스키코드 및 JIS코드 방식이 있다. 표7.2는 아스키(ASCII)코드 표이다. 영문자 및 숫자를 바이트단위로 표현할 수 있도록 정하고 있다.

예컨대 영대문자의 "A"는 앞의 16진수의 "4"와 뒤의 16진수 "1"을 합성하여 "41"이 되므로 비트표현으로 환산하면 "0100(4)0001(1)"이 된다.

표7.1 16진법 표시(10 이상의 숫자는 A~F로 대응한다.)

	2^3	2^2	2^1	2^0
0	0	0	0	0
1	0	0	0	1
2	0	0	1	0
3	0	0	1	1
4	0	1	0	0
5	0	1	0	1
6	0	1	1	0
7	1	1	1	1
8	1	0	0	0
9	1	0	0	1
A	1	0	1	0
B	1	0	1	1
C	1	1	0	0
D	1	1	0	1
E	1	1	1	0
F	1	1	1	1

표7.2 ASCII(아스키) 코드표

뒤의 16진수

<table>
<tr><th></th><th></th><th>0</th><th>1</th><th>2</th><th>3</th><th>4</th><th>5</th><th>6</th><th>7</th><th>8</th><th>9</th><th>A</th><th>B</th><th>C</th><th>D</th><th>E</th><th>F</th></tr>
<tr><td rowspan="8">앞의 16진수</td><td>0</td><td>NUL</td><td>SOH</td><td>STX</td><td>ETX</td><td>EOT</td><td>ENQ</td><td>ACK</td><td>DEL</td><td>BS</td><td>HT</td><td>LF</td><td>VT</td><td>FF</td><td>CR</td><td>SO</td><td>S1</td></tr>
<tr><td>1</td><td>DLE</td><td>DC1</td><td>DC2</td><td>DC3</td><td>DC4</td><td>NAC</td><td>SYN</td><td>ETB</td><td>CAN</td><td>EM</td><td>SUB</td><td>ESC</td><td>FS</td><td>GS</td><td>RS</td><td>US</td></tr>
<tr><td>2</td><td>SP</td><td>!</td><td>"</td><td>#</td><td>$</td><td>%</td><td>&</td><td>'</td><td>(</td><td>)</td><td>*</td><td>+</td><td>,</td><td>-</td><td>.</td><td></td></tr>
<tr><td>3</td><td>0</td><td>1</td><td>2</td><td>3</td><td>4</td><td>5</td><td>6</td><td>7</td><td>8</td><td>9</td><td>:</td><td>;</td><td><</td><td>=</td><td>></td><td>?</td></tr>
<tr><td>4</td><td>@</td><td>A</td><td>B</td><td>C</td><td>D</td><td>E</td><td>F</td><td>G</td><td>H</td><td>I</td><td>J</td><td>K</td><td>L</td><td>M</td><td>N</td><td>O</td></tr>
<tr><td>5</td><td>P</td><td>Q</td><td>R</td><td>S</td><td>T</td><td>U</td><td>V</td><td>W</td><td>X</td><td>Y</td><td>Z</td><td>i</td><td></td><td>j</td><td>↑</td><td>←</td></tr>
<tr><td>6</td><td>^</td><td>a</td><td>b</td><td>c</td><td>d</td><td>e</td><td>f</td><td>g</td><td>h</td><td>i</td><td>j</td><td>k</td><td>l</td><td>m</td><td>n</td><td>o</td></tr>
<tr><td>7</td><td>p</td><td>q</td><td>r</td><td>s</td><td>t</td><td>u</td><td>v</td><td>w</td><td>x</td><td>y</td><td>z</td><td>:</td><td>|</td><td>:</td><td>~</td><td>DEL</td></tr>
</table>

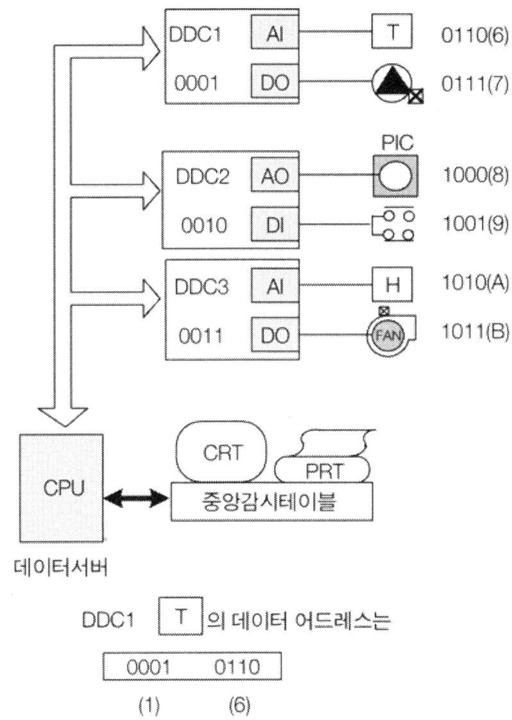

그림7.5 입출력점의 어드레스

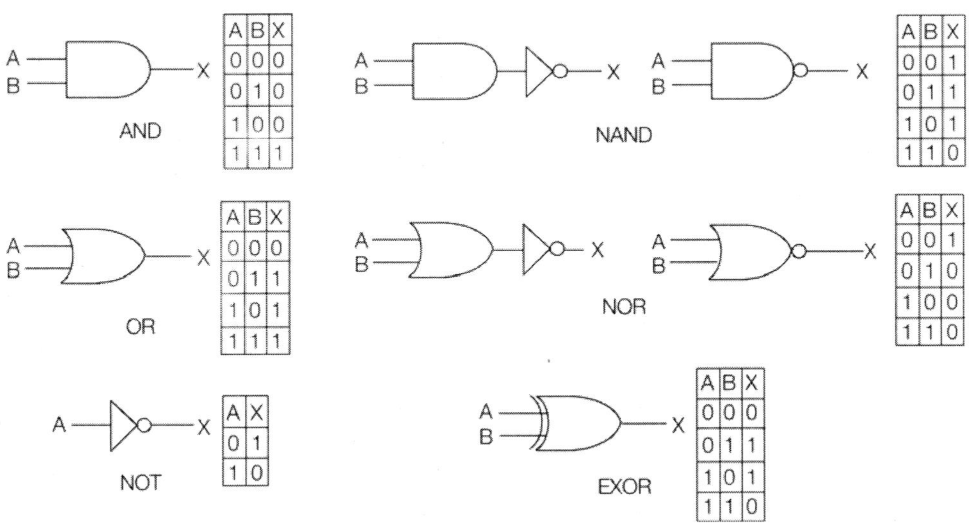

그림7.6 논리기호와 진리값표

7.1.3 논리회로와 진리값표

디지털회로는 2진수에 따라 "0"과 "1"로 모든 것을 나타내는데 0과 1을 이용하여 입력 정보를 처리하는 회로를 논리회로(Logic Circuit)라고 한다.

① AND(논리곱)

AND회로는 모든 입력이 "1"일 때만 출력이 "1"이 되며, 다른 조건에서는 "0"이 된다.

② OR(논리합)

OR회로는 여러 개의 입력 중 하나 이상의 입력이 "1"일 때 출력이 "1"이 되며, 모든 입력이 "0"일 때만 출력이 "0"이 된다.

③ NOT(논리부정)

NOT은 입력이 "0"일 때 출력은 "1"이 되며, 입력이 "1"일 때 출력이 "0"이 된다. 입력 신호에 대하여 출력이 역(NOT)이 되는 것이다. 반전이라는 의미에서 인버터(inverter)라고도 불린다.

④ NAND(배타적 부정 + 논리곱)

여기에서는 설명을 생략하지만 실제 전자회로에서는 회로구성 상의 이유로 AND를 이용하는 것보다도 NOT를 조합한 NAND를 이용하는 경우가 많다.

⑤ NOR(논리부정 + 논리합)

마찬가지로 OR도 NOR를 이용하는 경우가 많다.

⑥ EXOR(배타적 논리합)

앞에서 설명한 어느 것에도 해당되지 않는 논리식으로 동일한 신호입력에는 "0"을 부여하고 다른 신호입력에는 "1"을 부여하는 배타적 논리합(EXOR, Exclusive OR)이다. 논리식으로는 자주 들어보지 못했을지도 모르지만 실제 전자회로 중에서는 많이 사용하는 회로이다.

7.2 DDC 하드웨어

7.2.1 클 럭

마이크로컴퓨터를 비롯하여 대부분의 반도체회로는 클럭(Clock) 하에서 일정 주기로 움직인다. 딥스위치로 부여된 포인트 어드레스 등의 병렬 신호를 직렬신호로 변환하는 예로 나타내면 그림7.7과 같이 된다. 클럭 펄스를 만들어 내기 위해 수정(Crystal) 진동자를 사용한다. 컴퓨터도 클럭을 기초로 하여 CPU와 ROM 등의 컴퓨터를 구성하는 각 유닛과 타이밍을 맞추어 동작한다.

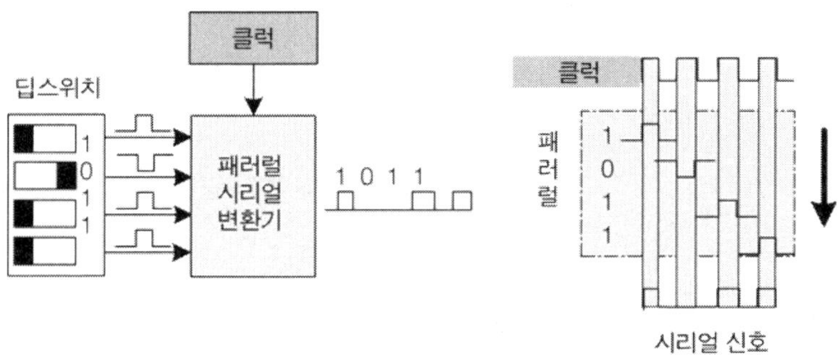

그림7.7 클럭회로 사용 예

7.2.2 하드웨어의 구조

그림7.8의 DDC컴퓨터처리를 예로 들어 설명한다.

① I/O와 MPX

AI, AO, DI, DO, PI 등의 입출력은 DDC로 연결되며, MPX(멀티플렉서. 다점선택회로)를 거쳐 컴퓨터 내로 들어가게 된다.

② ROM(Read Only Memory)

이 메모리는 읽기 전용이므로 제조 단계에서 쓰여진 것은 수정이 불가능하지만 전원이 꺼지더라도 내용은 저장된다. 이러한 특징 때문에 ROM의 역할은 컴퓨터에서 실시하는 처리순서(이른바 프로그램) 등 변하지 않는 정보를 저장하는 부분을 담당한다.

〈DDC에서의 ROM의 주요 처리내용〉

① I/O데이터 처리순서
② 전송 본체와의 데이터처리 순서
③ 핸디터미널과의 통신 순서
④ AND、OR、NOT、PID 등의 제어툴
⑤ 공통 소프트웨어(프로그램)
⑥ 입출력점의 통신용 변환 테이블
⑦ 각 입출력 장치고유특성 테이블

③ RAM(Random Access Memory)

읽기도 쓰기도 자유로이 할 수 있지만 전원이 꺼지면 메모리 내의 기억은 잃게 된다. 따라서 RAM은 컴퓨터의 처리결과 데이터를 저장하는 역할을 한다.

〈DDC에서의 RAM의 주요 처리내용〉

① 센서입력값
② 제어밸브 등으로의 출력값
③ 소프트웨어(프로그램) 변수
④ 멀티태스크 소프트웨어(프로그램)의 컨트롤 테이블
⑤ 다른 DDC와의 통신에 의한 정보

④ EPROM(Erasable Programmable ROM)

입력한 프로그램을 적외선 조사(照射) 등의 수단으로 소거, 그리고 다시 써넣을 수 있도록 한 ROM이다. 어느 특정 건물에서만 적용할 수 있는 어플리케이션적인 소프트웨어(프로그램) 및 어플리케이션 소프트웨어(프로그램)의 개발단계에서 이용한다.

⑤ EEPROM[Electrically Erasable(E Square) Programmable ROM]

ROM에 비교하여 전원이 꺼지는 경우에도 대응할 수 있으며 읽기와 쓰기가 자유로운 메모리이다. 제어정수 및 온라인상의 데이터를 대상으로 마지막 써 넣은 데이터 저장 등에 이용한다.

〈DDC에서의 EEPROM의 주요 처리내용〉

① DDC instruction(사용자 고유의 필요사항)
② Variation Table(대상이 되는 장치구성)
③ PID 정수
④ 중앙컴퓨터에서의 설정값

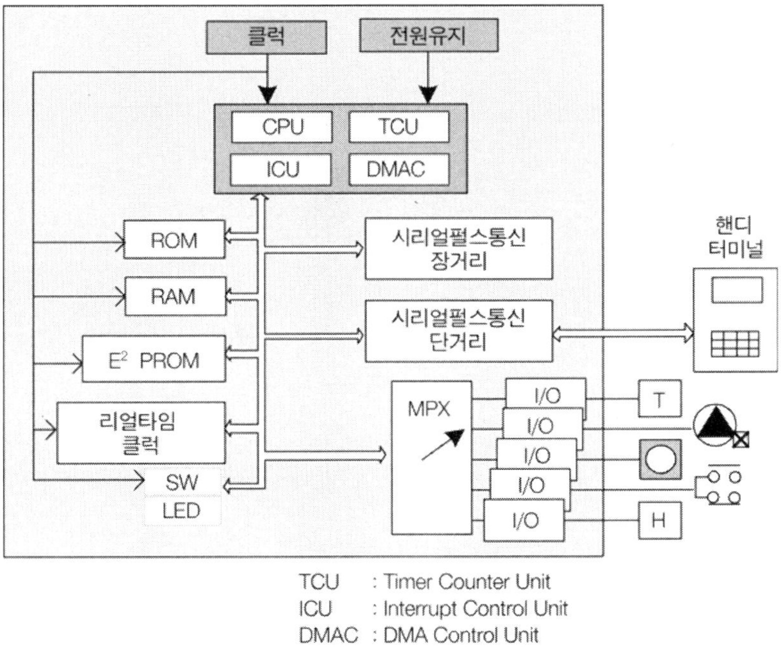

그림7.8 DDC의 내부구조

7.3 컴퓨터 처리

CPU의 명령의 ROM 및 RAM의 송수신과 관련, 그림7.9의 온도입력부터 제어밸브의 출력 처리를 설명한다. 설명 중에 언급되는 TASK라는 단어는 "작업"을 의미한다. 예를 들어 작업 번호가 TASK1～TASK4까지라면 다음과 같이 된다.

① TASK1(온도설정값 읽기)

실내온도 설정값은 미리 중앙감시반으로부터 시리얼 펄스통신(장거리)을 통해 RAM 내부의 "#2"에 들어간다.

② TASK2(온도계측 데이터 수집)

- ROM 내부에서 로컬데이터 수집 순서를 읽는다.
- MPX(멀티플렉서)회로를 사용하여 순서에 따라 실내온도 계측값 27℃를 읽어 낸다.
- 실내온도 계측값을 RAM 내부 #1에 저장한다.

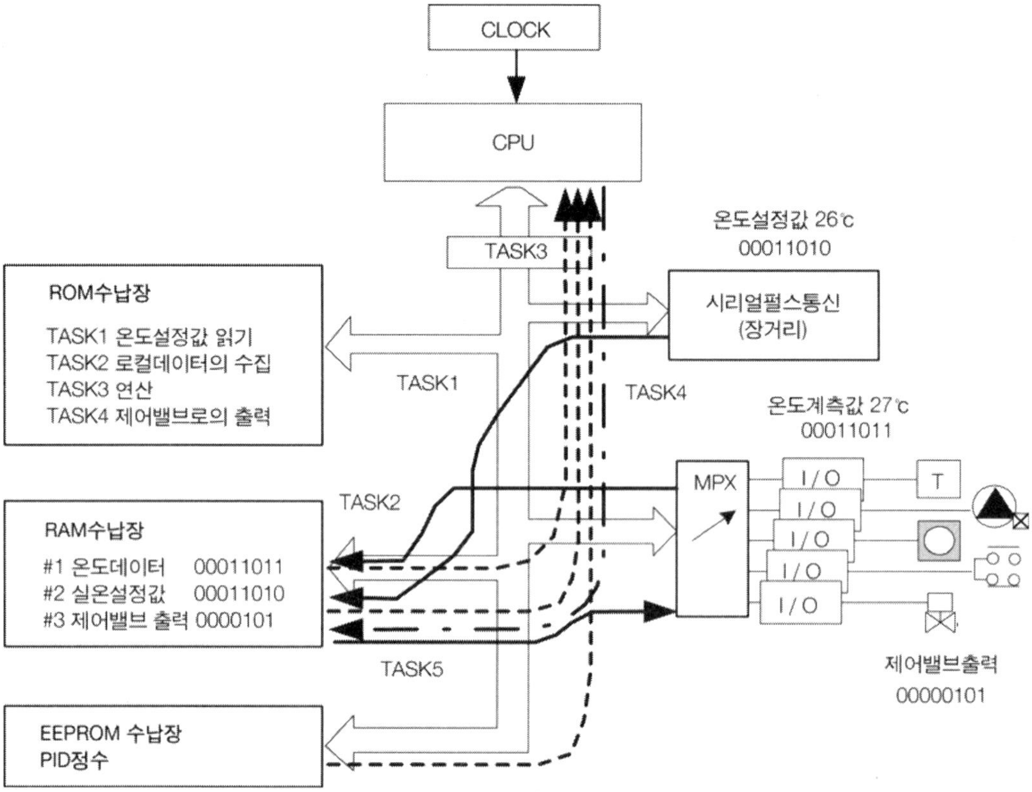

그림7.9 CPU 처리

③ TASK3(연산)

- ROM 내부에 저장된 연산 순서를 읽는다.
- RAM 내부에 저장된 #1에서 실내온도 계측값(PV)을 CPU레지스터에 넣는다.
- RAM 내부의 #2에서 실내온도 설정값(SV)을 CPU레지스터에 넣고, Z = PV -SV 를 실행한 후 그 결과를 CPU레지스터에 임시로 보관한다.
- ROM 내부의 PID식을 CPU로 보내어 넣는다.

$$Y = kp\left(Z + \frac{1}{T_i}\int Zdt + Td\frac{dZ}{dt}\right)$$

- EEPROM의 내부에 저장된 PID정수를 CPU레지스터로 보낸다.
- 제어밸브로 출력되는 값(Y)을 계산한다.
- 출력값(Y)을 RAM의 수납장 #3에 저장한다.

④ TASK4(제어밸브로 출력)

- ROM의 내부에 저장된 제어밸브 출력 순서를 읽는다.
- MPX회로를 사용하여 순서에 따라 제어밸브 주소를 선택한다.
- 각 제어밸브 주소로 출력값 데이터(Y)를 보낸다.

상기의 TASK1～TASK4 처리가 일정주기별로 반복하여 이루어진다.

제8장 오픈 프로토콜

8.1 데이터통신의 기초

서로 다른 제조사, 또는 대형ㆍ소형의 차이, 형식번호 차이 등과 같은 조건에 상관없이 컴퓨터 간에 데이터를 송수신하고자 할 때 서로 공통된 언어를 사용해야 상호간의 커뮤니케이션이 가능해진다. 이를 위해 프로토콜(통신규약)을 통일해서 공개하는데 이를 "오픈 프로토콜"이라 한다. 디지털 펄스통신 전송분야에서도 전원콘센트에 전기기기를 연결하면 제조사에 상관없이 전기제품이 기능을 수행하는 것과 같은 일이 실현되었으면 한다.

8.1.1 빌딩 내부의 제어감시설비

빌딩 내부 설비의 펄스전송을 이용한 정보라인에는 그림8.1과 같이 빌딩관리 컴퓨터 계통, 방재설비계통, 방범설비계통의 빌딩제어관련과 전화 및 컴퓨터 네트워크를 포함하는 OA관련 등이 있으며, 향후 엘리베이터 등을 비롯하여 더욱 늘어날 것으로 보인다. 한편, 인터넷을 사용한 검색 기능 및 E-mail 이용으로 전 세계의 정보를 쉽게 얻을 수 있게 되었다. 또한 정보기술(IT)혁명 등의 형태로 통신기술의 발전은 산업구조까지 바꿔나갈 기세다. 그런데 여기에서 주목해야 할 것이 컴퓨터 전화회선 등을 사용한 디지털통신과 빌딩관리 컴퓨터통신 간의 관계가 조금씩 형성되고 있다는 것이다. 최근에는 빌딩관리 컴퓨터 분야에서도 통신 오픈화의 요구가 점점 커지고 있으며, 각 제조사도 이와 같은 방향으로 움직이고 있다. VAV 및 팬코일 등, 각 제조사가 동일한 통신선에 연결하여 사용할 수 있게 된 것도 통신의 오픈화가 이루어낸 것이다. 이러한 통신 오픈화를 기반으로 빌딩관리 컴퓨터에서 채택되는 펄스통신방식의 일부는 인터넷에서 이루어지는 방식과 동일하다. 이 장에서는 펄스를 이용한 디지털통신의 기초적인 내용을 설명할 것이다.

8.1.2 펄스에 의한 디지털 통신

기본적으로 컴퓨터 처리는 그림8.2와 같은 "0"과 "1"의 신호로 이루어지며 이는 펄스를 나열하는 방법에 대한 약속이다. 디지털통신 분야도 동일하며 펄스를 나열하는 방법에 대한 룰을 정하는 것에서 시작된다.

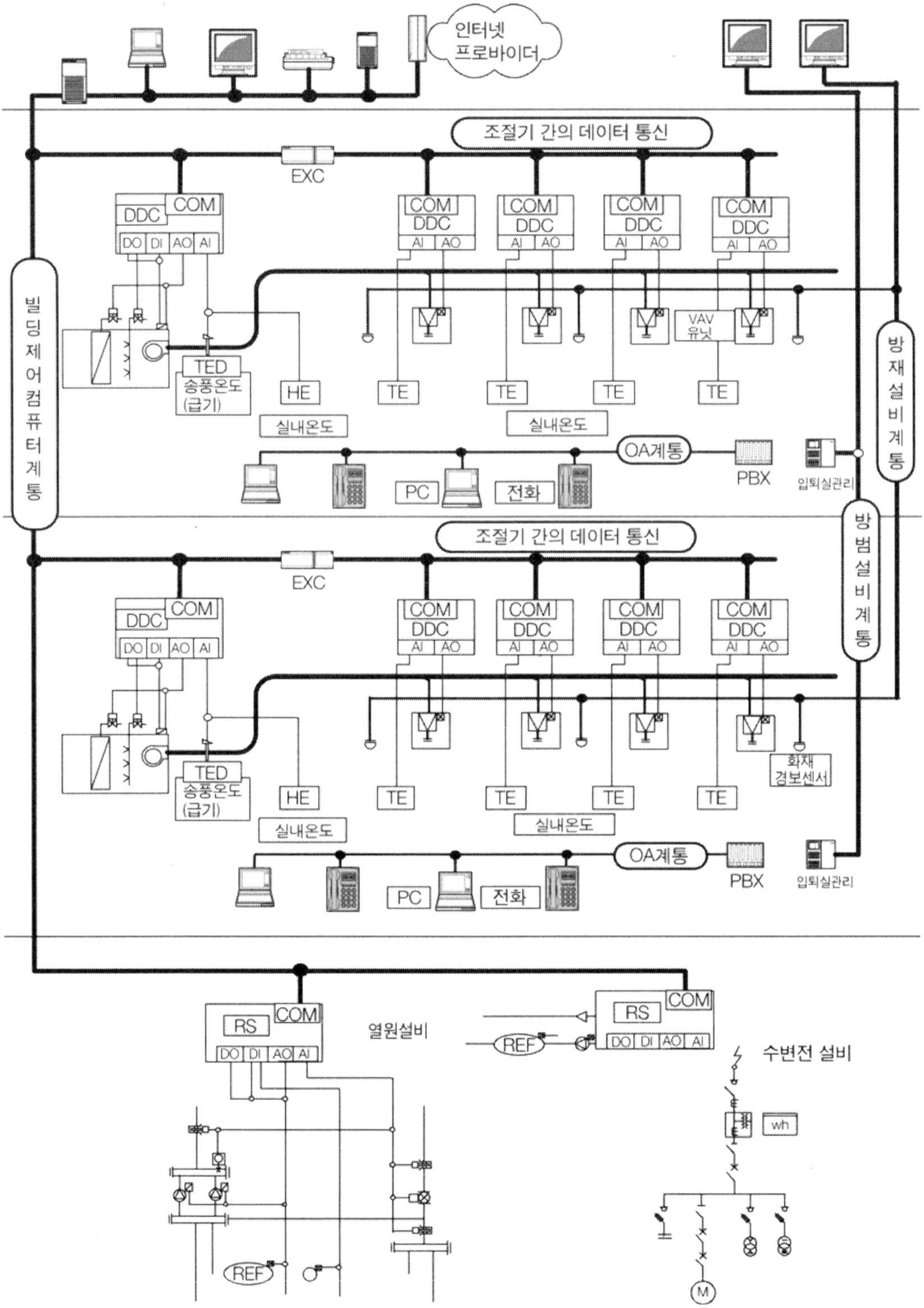

그림8.1 빌딩 내의 정보전송라인

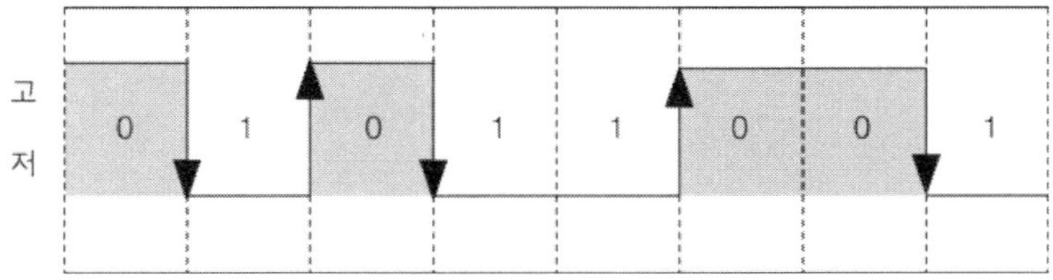

그림8.2 신호방식 부호화의 예

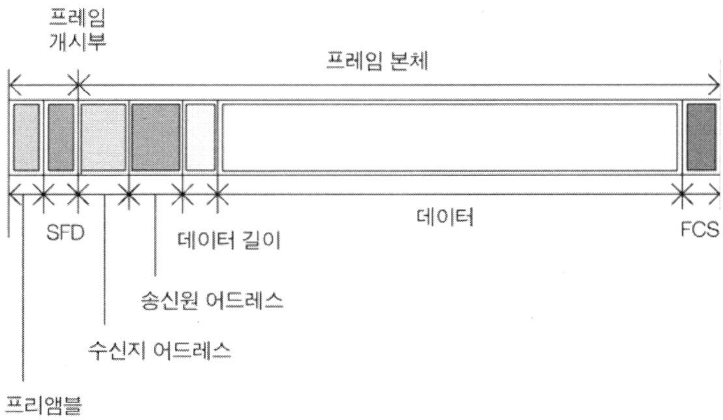

그림8.3 펄스프레임의 예

예를 들어 그림8.3과 같이 펄스를 블록화한 프레임이라는 개념을 이용하고 컴퓨터 간에 수치 및 화상(영상) 등의 데이터를 송수신하는 통신상의 룰을 정한다. 이러한 예는 이더넷(IEEE 802.3)으로 많이 알려져 있는 프레임구조이다. 룰에는 아래와 같은 것이 있다.

① 프리앰블(Preamble)

지금부터 펄스신호를 내보낸다는 의미이며 프레임 시작을 예고하기 위한 정보이다. "1"과 "0"이 교대로 나열된다.

② SFD(Start Frame Delimiter)

실제 프레임 개시를 나타내는 것으로 "1 0 1 0 1 0 1 1"로 정해져 있다.

③ 수신 주소(Destination Address)

프레임 송신 목적지의 통신기기 주소

④ 송신 주소(Source Address)

프레임 송신원의 통신기기 주소

⑤ **데이터길이**

데이터의 길이를 나타내는 정보가 들어있다.

⑥ **데이터**

통신문의 내용 및 뒤에서 설명할 통신문의 속성을 나타내는 정보가 들어간다.

⑦ FCS(Frame Check Sequence)

프레임 정보가 올바르게 들어가 있는지를 확인하기 위한 정보가 들어있다. 기본적인 룰을 이용하면 단순한 펄스 나열이 어떠한 내용인지를 알 수 있게 되며, 이러한 룰을 "통신규약(프로토콜)"이라고 부른다. 하지만 여기에서 제시한 IEEE 802.3의 예는 프로토콜 중에서도 시작 단계에 지나지 않는다. 문장이나 화상(영상) 및 음성 등의 복잡하고 대량의 데이터를 정확히, 그리고 얼마나 빨리 통신할 것인지를 고려하여 다음에 설명할 보다 많은 룰 정립이 필요하다.

8.2 LAN의 기초

같은 직장이나 조직에 컴퓨터가 보급되면 여러 컴퓨터 간에 정보를 교환하거나 파일을 공유해야 하는 상황이 발생한다.

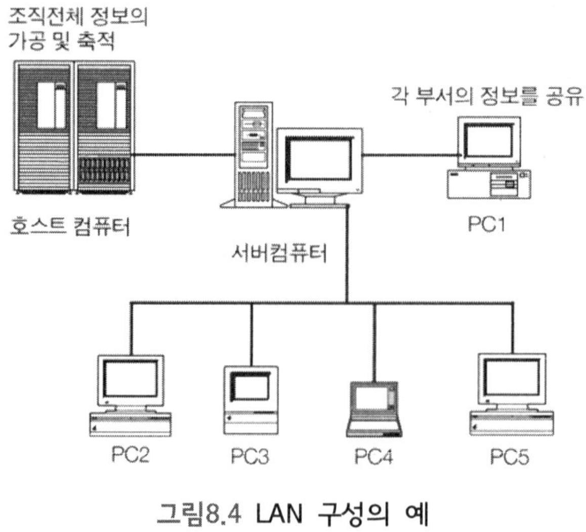

그림8.4 LAN 구성의 예

이러한 필요성에 의해 이더넷 등의 회선을 이용한 LAN(Local Area Network)이 도입되었고 호스트컴퓨터 및 서버컴퓨터를 구성하는 컴퓨터도 추가되면서 다양한 컴퓨터를 병렬로 접속할 수 있게 되었다.

이러한 이용 형태를 수평분산형이라 한다. 서버컴퓨터는 네트워크상에 있는 클라이언트(단말 컴퓨터)에 대하여 서비스를 제공하는 컴퓨터이다(그림8.4). 접속 형태로는 그림 8.5와 같은 것이 있다.

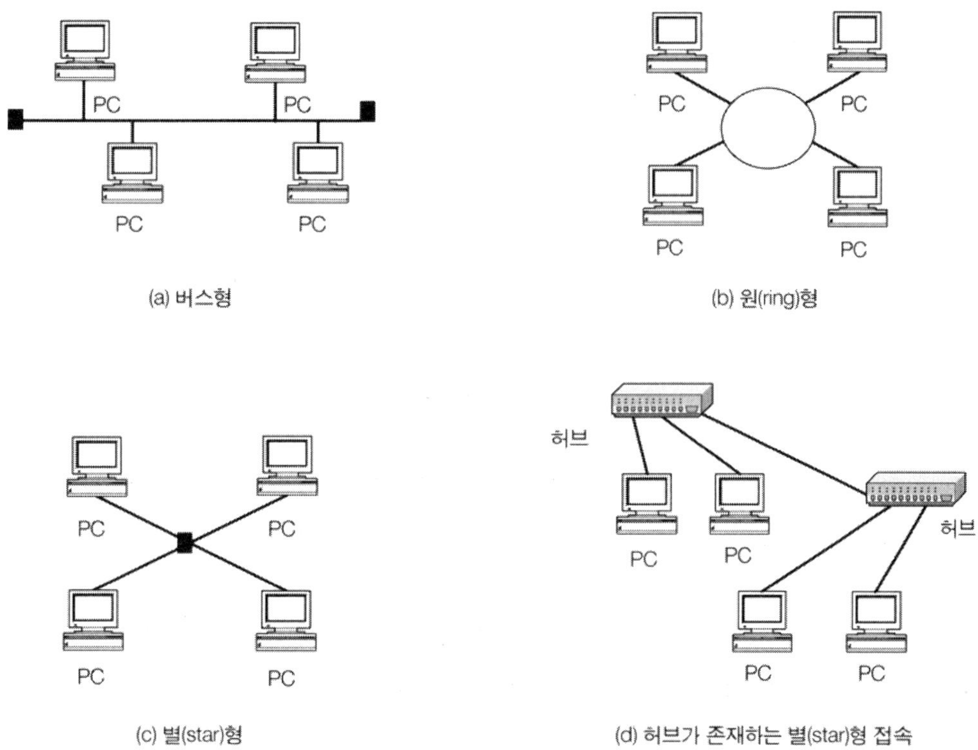

그림8.5 LAN의 접속형태

8.3 프로토콜(통신규약)의 표준화와 OSI 참조모델

우편물을 예로 들어 설명하면 그림8.6과 같다. 발신자는 우편물의 내용을 쓰고 겉봉투에 상대방과 자신의 주소, 이름을 기재한 다음에 우체통에 넣는다. 그리고 나면 우편배달부가 우편물을 배송한다. 수신자의 우체국에서는 받을 사람의 주소를 토대로 배달을 준비되고 최종적으로 수신자가 내용물을 읽는다. 만일 수신자 정보가 잘못되어 있다면 배달을 준비하는 단계에서 되돌려 보내면 된다.

집배원은 주소이름만 인식하면 되고 문장 내용까지 알 필요는 없다. 펄스전송도 이와 마찬가지이며, 여러 개의 레이어를 사용하여 합리적이고도 정확히 신호를 주고받을 수 있도록 되어 있다.

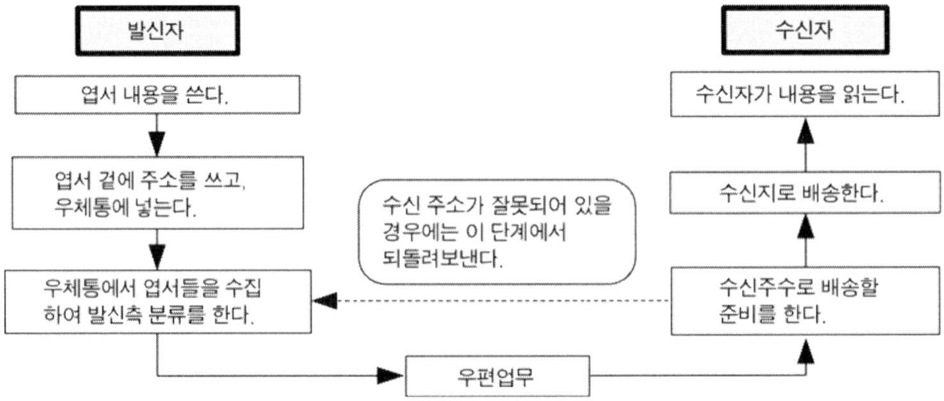

그림8.6 계층화 이미지

국제표준화기구(ISO)는 신호전송의 표준으로 OSI(Open Systems Interconnection. 개방형 시스템간 상호접속)을 개발하였으나 표준자체가 너무 복잡해서 그다지 일반화되지는 못했다.

하지만 그림8.7의 지표처럼 프로토콜을 7개의 레이어로 분할하여 설계한 OSI 참조모델은 통신프로토콜의 네트워크 설계 시 반드시 이용되고 있다. 여기서는 우리에게 친숙한 E-mail을 예로 들어 설명한다.

(1) 제7층 : 어플리케이션 층

일반적으로 E-mail을 작성하는 프로토콜은 수많은 어플리케이션 프로그램 중 하나를 이용한다. 주요 포털사이트에서 제공되는 메일계정을 생각하면 된다. 발신자는 여기에 본문내용인 "Hello"를 입력한다. 동시에 상대의 수신 주소를 기입한다.

(2) 제6층 : 프리젠테이션층

이 "Hello" 정보는 먼저 그림8.2와 같이 "0"과 "1"로 구성되는 펄스 데이터로 만들어야 하는데 이러한 처리를 부호화라고 한다. 그리고는 신호전송에 알맞은 형태로 바꾸어야 한다.

문자정보는 컴퓨터 OS인 Windows와 UNIX의 차이에 따라 문자코드를 다르게 취급하므로 인터넷용 통일 부호의 코드를 사용하여 전송한다. 이렇게 전송데이터 표현을 관리하는 것이 프리젠테이션층의 역할이다.

7	어플리케이션층	E-mail 송수신을 위한 E-mail 프로토콜 등이 있다.
6	프리젠테이션층	문자코드를 회선으로 흘려 보낼 경우에는 규격 코드로 변환한다.
5	세션층	통신의 관리커넥션(데이터가 흐르는 논리적인 통신로)의 확립단절트랜스포트층 이하의 층을 관리
4	트랜스포트층	양쪽 단말노드 간의 데이터전송의 관리데이터전송의 신뢰성을 제공한다.(데이터를확실하게 상대방에게 전달하는 역할)
3	네트워크층	어드레스 관리와 경로 선택
2	데이터링크층	직접 접속된 기계간의 데이터 프레임 식별과 전송을 한다.
1	물리층	"0"과 "1"의 전압 고저 및 빛의 점멸로 변환하는 커넥터 및 케이블의 케이블 상정

그림8.7 OSI 참조모델

(3) 제5층 : 세션층

A라고 하는 컴퓨터가 B라고 하는 컴퓨터로 메일을 송신하고자 할 경우, A에서 B로의 통신로를 확보하고 데이터송신을 준비한다. 이것을 "커넥션(통신경로) 확립"이라고 한다. 여기에서 데이터 효율이 높은 송신방법이 결정된다. 예컨대 A가 B에 대하여 5통의 메일을 보낼 때 하나의 메일마다 커넥션 확립과 단절을 반복하는 방법과 하나의 커넥션에 5개의 메일을 순서대로 송출하는 방법, 커넥션을 동시에 5개 확보하여 평행하게 송출하는 방법 등을 생각할 수 있다. 이것을 판단하여 제어하거나 해당 타이밍을 관리하는 것이 세션층의 역할이다.

(4) 제4층 : 트랜스포트층

이번 항을 설명하기 전에 패킷에 의한 통신 이해가 필요하다. 큰 용량의 데이터를 보낼 경우에는 통신 전송선이 이러한 데이터만로 가득 차 다른 통신은 대기해야 하는 경우가 발생한다.

그림8.8과 같이 하나의 데이터는 패킷으로 분할되어 통신 전송선으로 보내진다. 다른 컴퓨터의 통신이 동시에 이루어지고 있는 경우에는 양쪽 데이터를 교대로 보내게 된다. 따라서 복수의 컴퓨터 데이터 송수신이 있다고 하더라도 하나의 데이터에 점유되어 버리는 것을 막을 수 있다.

여기에서는 "Hello"를 두 개의 패킷으로 나누어 예를 들었지만, 실제로는 화상(영상), 음성 및 장문의 글 등을 전송선으로 보내기 때문에 패킷화라는 수단이 효과적이다. 이 패킷이 순서대로 도착했는지 아닌지, 패킷 내의 데이터에 빠진 것은 없는지에 대한 관리를 트랜스포트층에서 실시한다.

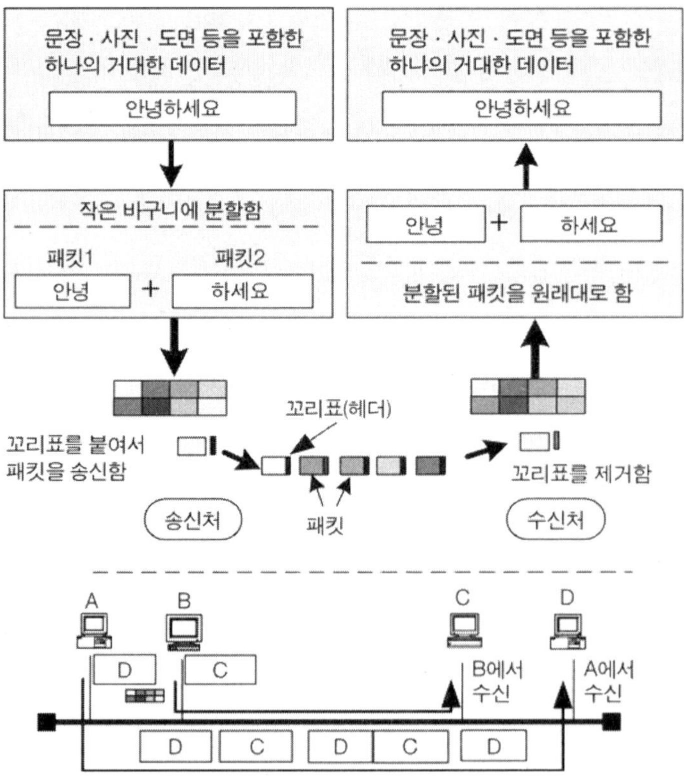

그림8.8 데이터의 패킷통신

패킷에는 헤더라고 하는 태그(꼬리표)가 붙는다. ISO 7계층에는 각각의 목적에 맞는 헤더가 설치된다. 트랜스포트층에서는 패킷의 순서 및 포트번호(뒤에서 설명할 네트워크층의 어드레스를 아파트 주소라고 한다면 포트번호는 방의 이름에 해당함) 및 데이터 길이 정보 등이 헤더에 저장된다. 헤더는 송신처에서 부여하고 수신처에서 확인되면 목적이 달성된 것이므로 삭제된다. 뒤에서 설명할 TCP는 트랜스포트층의 프로토콜 명칭이다.

(5) 제3층 : 네트워크층

그림8.9와 같이 수신처와 송신처의 어드레스가 헤더에 부여된다. 그림8.6에서 주소에 해당되는 부분이 이 네트워크층이다. 또한 송신자와 수신자 간에 복수의 전송루트가 있는 경우에는 어느 루트를 이용할 것인가에 대한 선택도 이 네트워크층이 관할한다. IP는 뒤에서 설명할 네트워크층의 프로토콜 명칭이다.

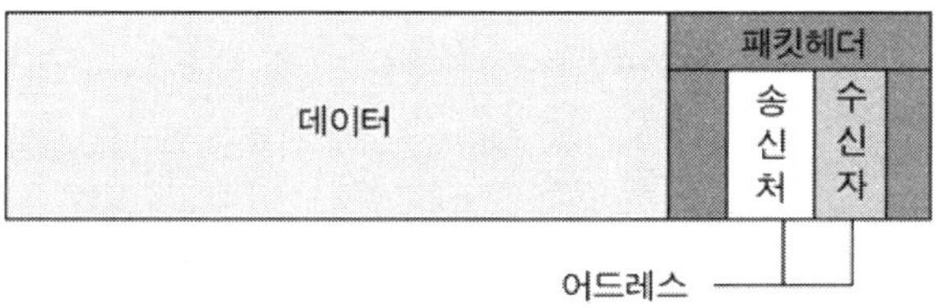

그림8.9 네트워크층의 패킷데이터와 헤더

(6) 제2층 : 데이터링크층

컴퓨터를 인터넷에 접속할 경우 그림8.10과 같이 모뎀을 매개로 한 전화회선을 이용한다. 컴퓨터와 모뎀 등과 같이 직접 접속되는 통신기기 간의 통신수단이 데이터링크층의 역할이다. 많은 통신기기가 직렬로 연결될 경우에는 각각 이웃하는 통신기기와의 송수신만을 관리한다.

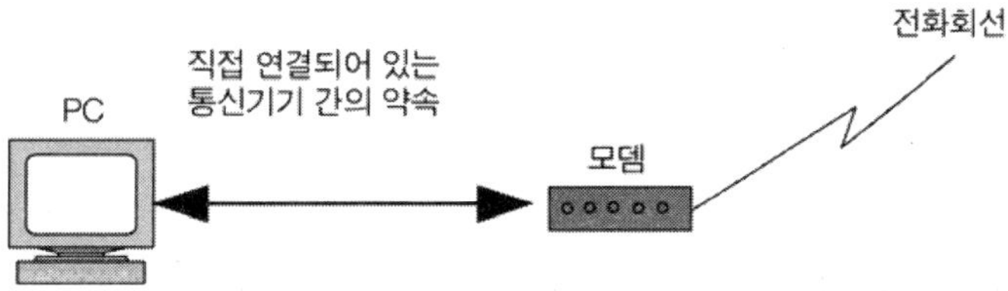

그림8.10 데이터링크층의 역할

(7) 제1층 : 물리층

그림8.11과 같이 물리층에서는 컴퓨터 내에서 취급되는 "0"과 "1"의 부호를 전기적인 펄스로 변환시킨다. 또한 케이블이나 커넥터 등의 규격(핀의 수나 형태)도 규정하고 있다.

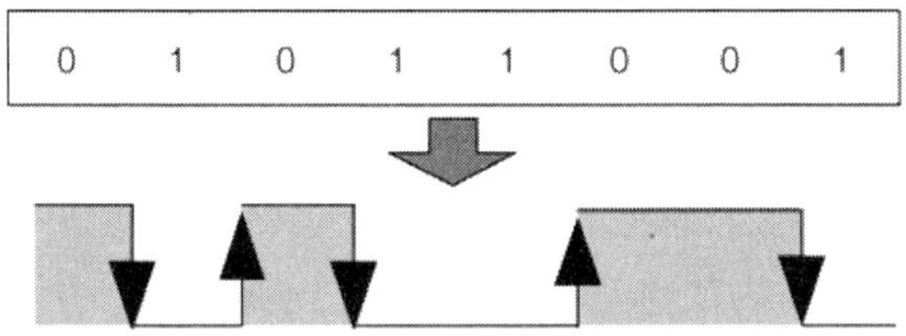

그림8.11 "0"과 "1"로 부호화

(8) 데이터의 흐름

이렇게 하여 그림8.12와 같이 각 층간에 대상으로 송신측은 순차적으로 헤더를 부여하고 수신측은 이를 확인한 후 헤더를 떼어내 원래의 데이터를 복원한다.

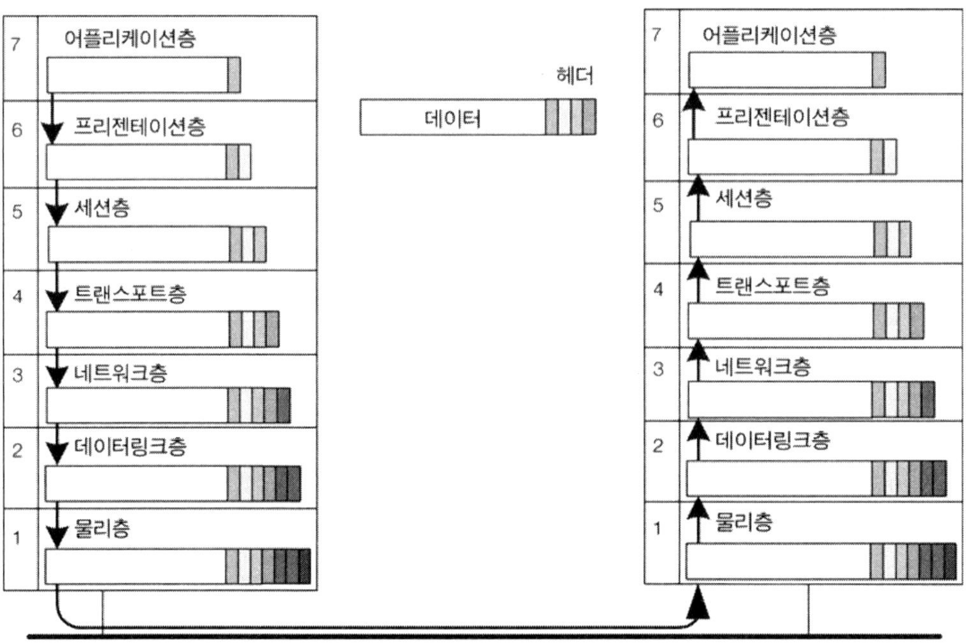

그림8.12 7계층의 데이터 흐름

8.4 TCP/IP

TCP/IP(Transmission Control Protocol / Internet Protocol)는 중대형 컴퓨터용 OS의 UNIX는 물론이거니와 Windows나 Mac 등 모든 컴퓨터 OS에 표준으로 지원되고 있는 프로토콜이다. TCP/IP는 네트워크의 일부가 파괴되더라도 컴퓨터 상호간의 통신은 별도의 경로를 통해 이루어질 수 있도록 한 패킷통신을 기본으로 하며, 미국방 관련조직에서 만든 것이다.

이는 ARPANet으로 불리던 네트워크로부터 시작되었다. UCLA를 포함한 4개 대학의 컴퓨터를 연결하는 네트워크를 만들었는데 1975～1982년 사이에 TCP/IP라는 사양으로 결정되었다. TCP/IP에 관한 구체적인 사양은 RFC(Request for Comments)라는 번호로 관리되며 인터넷 상에서 누구라도 참조할 수 있게 되었다. 이용자 증가로 인해 막대한 컴퓨터 대수가 접속될 경우에 효율적으로 대응할 수 있도록 계속해서 진화해 나가고 있는 시스템이다.

앞에서 설명한 대로 OSI 7개층 분류와 비교하면 다음과 같다. TCP는 트랜스포트층의 프로토콜이며 IP는 네트워크층의 프로토콜이지만, TCP/IP로서 IP로 통신하는 프로토콜군의 통합명칭으로 사용되는 경우가 많다. TCP/IP도 OSI 참조모델을 적용할 수 있다.

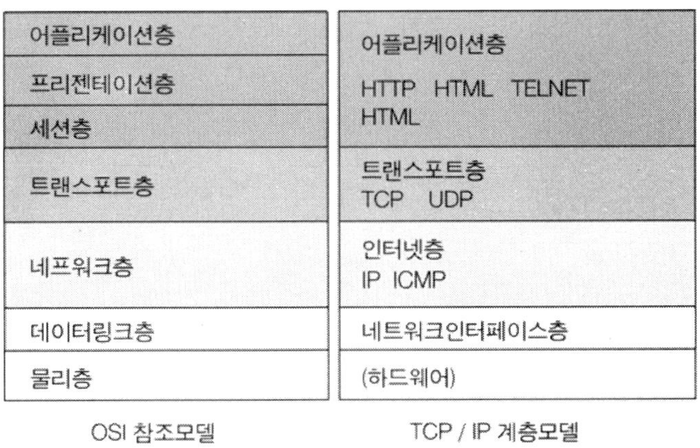

그림8.13 OSI 참조모델과 TCP/IP

단, 그림8.13과 같이 반드시 OSI 참조모델과 TCP/IP의 계층모델이 일치하지는 않는다. OSI 참조모델은 모든 상황을 고려하여 이에 대응할 수 있도록 만들어졌지만, 실제 이 참조모델에 충실한 프로토콜을 만들면 너무 복잡해지기 때문에 처리효율이 떨어진다. 따라서 제4층까지의 하위층은 OSI 참조모델과 동일하지만 5~7층의 상위층은 어플리케이션층으로 정리해 버린다. 이후 처리되는 어플리케이션 프로그램은 적은 네트워크 정보량으로 대응할 수 있도록 되어 있다.

(1) 어플리케이션층

TCP/IP케이블의 대표적인 어플리케이션으로는 Web브라우저, E-mail, 원격로그인, 파일전송, 네트워크관리 등이 있다.

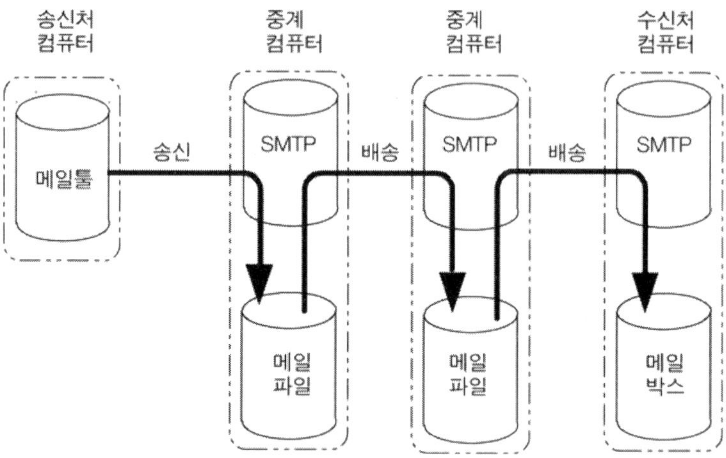

그림8.14 SMTP의 메일배송

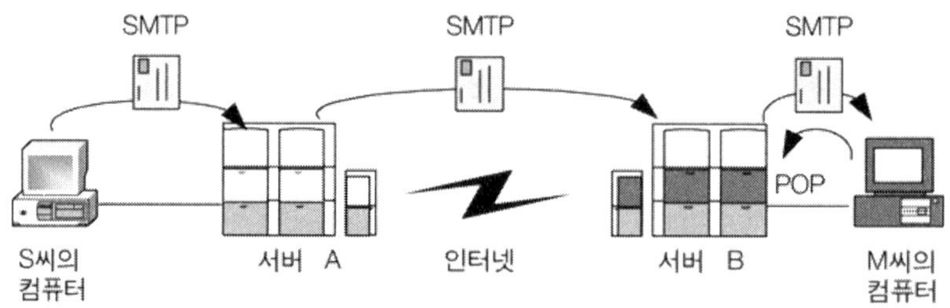

그림8.15 E-mail의 구조

E-mail에서는 그림8.14의 SMTP(Simple Mail Transfer Protocol, 간이 메일전송)시스템의 핵심인 프로토콜과 POP(Post Office Protocol : 메일서버로부터의 메일게이트) 서버로부터 메일을 받는 프로토콜이 이용된다. 보내진 메일은 수신지 어드레스에 도착하기 까지

bucket relay 방식 (여러 사람이 한 줄로 서서 양동이 물을 전달하는 형태)으로 전송된다. 그림8.15와 같이 A가 B에게 보낸 메일은 상대방 서버B가 이것을 저장한다. B는 틈틈이 서버B의 POP프로토콜을 이용하여 서버B메일 착신을 확인한다. 이 POP프로토콜 덕분에 수신자는 항상 컴퓨터를 ON으로 하여 대기해야 하는 번거로움을 피할 수 있고, 자신이 편한 시간에 서버B의 메일을 확인할 수 있는 것이다.

주요 어플리케이션 프로그램으로는 이외에도 FTP(File Transfer Protocol, 파일전송), HTTP(Hyper Text Transfer Protocol, HTML전송), DNS(Domain Name System) 등이 있다.

(2) TCP(Transmission Control Protocol)

TCP는 트랜스포트층의 프로토콜 명칭이다. TCP의 헤더에는 그림8.16의 정보가 기입된다. 여기에서는 TCP의 주요 역할인 포트번호 및 시퀀스번호와 확인응답번호에 대해 설명한다.

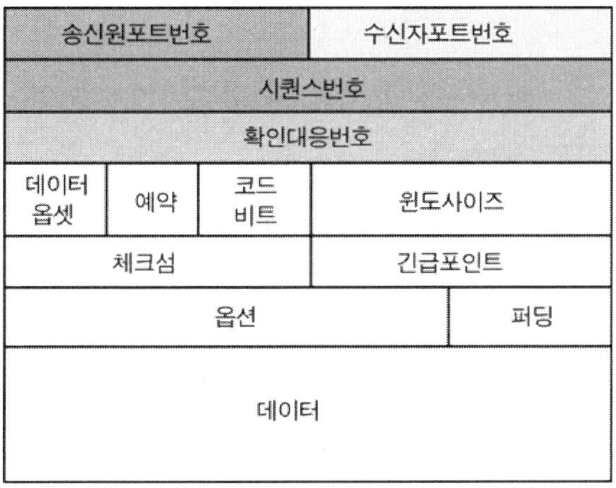

그림8.16 TCP 헤더포맷

① 포트번호

뒤에서 설명할 IP어드레스를 주소로 생각해보면 포트번호는 아파트의 방 번호에 해당하며, 어플리케이션 프로그램 번호를 의미한다.

여기에서 말하는 어플리케이션 프로그램이란 앞에서 설명한 프로그램에 번호가 할당된 것이다. SMTP 25, FTP 21과 같이 고정된 방식과 그때그때 임시로 할당되어 사용하는 방식이 있다.

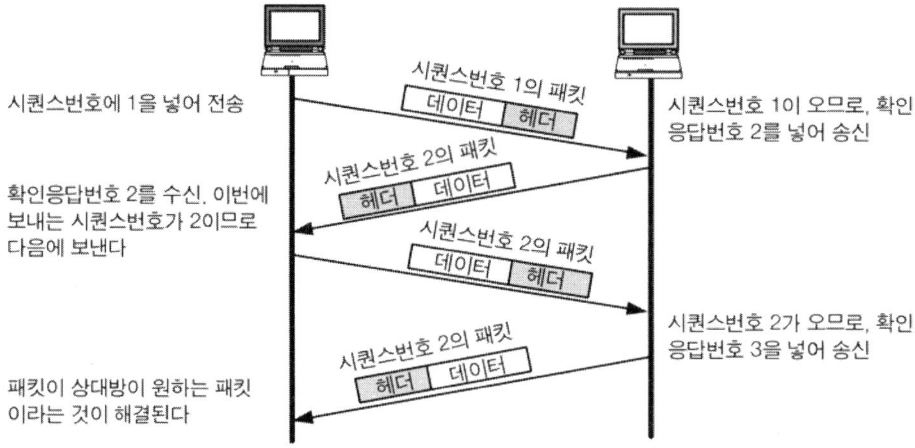

그림8.17 **확인대응번호에 따른 시퀀스제어**

② 시퀀스 번호

트랜스포트층의 중요한 역할 중의 하나로 패킷 누락방지가 있다. 그림8.17과 같이 시퀀스번호와 확인응답번호에 의한 단순한 작업으로 이루어진다.

실제로는 이러한 방법에 시간이 너무 많이 걸린다는 문제가 있어 조금 더 효율적인 방법을 선택하기도 한다.

(3) UDP(User Datagram Protocol)

TCP/IP 그룹의 트랜스포트층의 프로토콜에는 또 다른 UDP가 있다. TCP는 패킷이 누락되지 않도록 관리하지만 그림8.18의 헤더포맷에서와 같이 시퀀스번호와 확인응답번호가 없다. 인터넷과 같이 복잡한 네트워크가 아니라 폐회로 네트워크의 경우에는 UDP를 채택하는 편이 속도가 빠르다. 이러한 방식을 커넥션리스형이라 하며 TCP 같은 방식을 커넥션형이라 한다. 빌딩제어에서는 제한된 기기 간의 통신이므로 UDP를 이용하는 경우가 많다.

(4) IP(Internet Protocol)

IP는 네트워크층의 프로토콜이다. 트랜스포트층의 TCP 및 UDP가 아파트의 방 번호라면 IP는 주소에 해당된다. 그림8.19와 같이 IP헤더에는 송신지의 IP어드레스와 수신지의 IP어드레스가 기재된다. TCP 등에서 만들어진 헤더는 IP에서는 데이터로 취급된다.

송신원 포트번호	수신자 포트번호
헤더길이	체크섬
데이터	

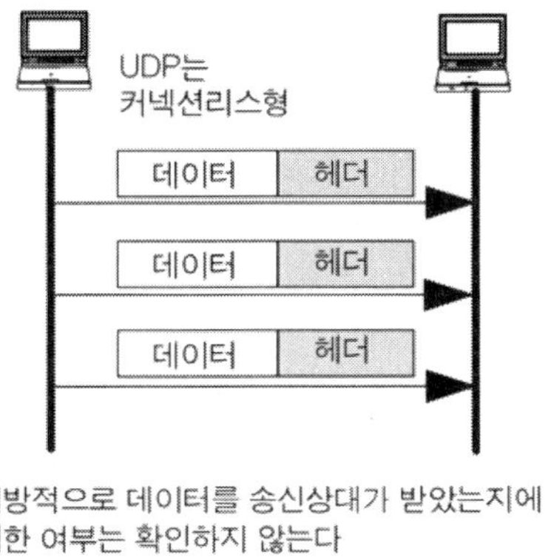

그림8.18 IP헤더포맷

<table>
<tr><td>버전</td><td colspan="2">헤더길이</td><td>서비스 타입</td><td colspan="3">패킷길이</td></tr>
<tr><td colspan="4">식별자</td><td>플러그</td><td colspan="2">플러그먼트 옵셋</td></tr>
<tr><td colspan="2">생존시간</td><td colspan="2">프로토콜</td><td colspan="3">헤더체크섬</td></tr>
<tr><td colspan="7">송신처IP어드레스</td></tr>
<tr><td colspan="7">수신자IP어드레스</td></tr>
<tr><td colspan="6">옵션</td><td>퍼딩</td></tr>
<tr><td colspan="7">데이터(TCP UDP 등의 헤더)</td></tr>
<tr><td colspan="7">데이터</td></tr>
</table>

그림8.19 UDP포맷

(5) 네트워크 액세스층

OSI 분류 중 데이터링크층과 물리층을 하나로 모은 것에 해당된다. 대표적인 것으로는 그림8.3에서 펄스구조의 예로 소개한 "이더넷" 등이 이 층에 위치한다. 이더넷은 미국의 제록스사가 개발하였고 DEC 및 Intel사도 가담하여 작성한 것으로 IEEE(미국전기전자기술자협회)가 개량하였다. 이후 10Mbps의 전송속도, IEEE802로 널리 이용되고 하게 되었고 ISO802로서도 규격화되어 있다. 이더넷에서 사용되는 케이블도 여기에서 정하고 있다. 이더넷에는 다양한 종류가 있지만 현 시점에서는 10BASE5 및 10BASE-T 등이 많이 이용된다. 여기서 10은 전송속도가 10 Mbps이라는 것을 나타내며 마지막의 5 및 T는 전선종류 및 광파이버 등의 매체의 차이를 나타낸다. 이더넷을 사용할 종류를 정하면 케이블의 종류 및 커넥터, 접속기기의 타입도 결정되는 시스템으로 되어 있다. 또한 전송속도는 100 Mbps 및 1 Gbps도 보급되어 있다(그림8.20).

	최대케이블 길이	최대접속수	케이블 종류	특 징
10BASES	500m/세그먼트	100/노드	1/2인치 동축(同軸)	비교적 노이즈에 강함
10BASE-T	100m/개	HUB에 의존	트위스트페어케이블	노이즈에 약함. 저렴함

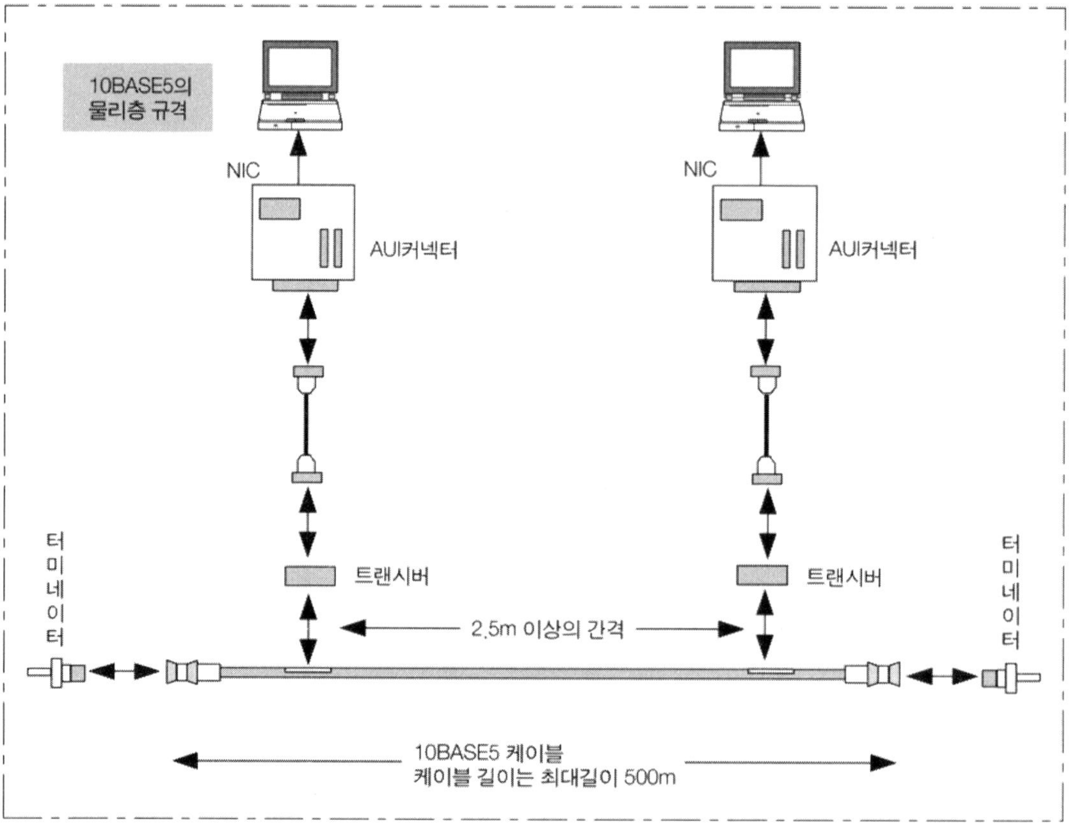

그림8.20 이더넷규격과 물리층의 예

8.5 BACnet

BACnet(A Data Communication Protocol for Building Automation Control Network)은 ASHRAE(미국냉동공조공학회)에서 작성한 빌딩오토메이션 통신프로토콜이다. 이 프로토콜은 ANSI(미국규격국)이 규격을 준수하며 ISO 위원회안건으로 해당 규격을 검토하고 있다.

8.5.1 BACnet과 OSI 참조모델

BACnet을 OSI 참조모델에 적용하면 표8.1이 된다. 7개 층의 어플리케이션의 오브젝트와 서비스가 최대의 특징이다. 최초의 BACnet은 2개 층의 데이터링크층과 1개 층의 물리층에 이더넷 및 EIA232(RS-232C) 등을 폭넓게 사용할 수 있는 방식을 선택할 수 있도록 되어 있었지만, 인터넷과 공통부분이 많은 BACnet/IP가 Addendum135a로 채택되어 양상이 변하였다. 이에 앞에서 언급한 TCP/IP와 관련된 부분이 생겨났다.

표8.1 OSI 참조모델과 BACnet

OSI 참조모델	BACnet
7층 : 어플리케이션층	BACnet 오브젝트
	BACnet 서비스
	BACnet Network Layer
	BACnet Virtual Link Layer
6층 : 프리젠테이션층	NULL
5층 : 세션층	
4층 : 트랜스포트층	UDP
3층 : 네트워크층	IP
2층 : 데이터링크층	이더넷
1층 : 물리층	

8.5.2 BACnet의 구성

BACnet을 구성하는 말단기기는 공조기용 DDC, VAV용 DDC, 밸브 및 센서까지 단말기로 취급하도록 되어 있지만, 실제로는 i Cont라 불리는 어댑터를 경유하여 BACnet 라인을 구성하는 경우가 많다. 본서에서는 그림8.21과 같이 DDC 레벨이 BACnet 라인에 연결되어 있는 것으로 간주하여 설명한다. 각 DDC 오브젝트는 속성(Property)을 가지고 있다. 이러한 속성들을 연결하는 역할을 서비스라는 기법이 담당한다.

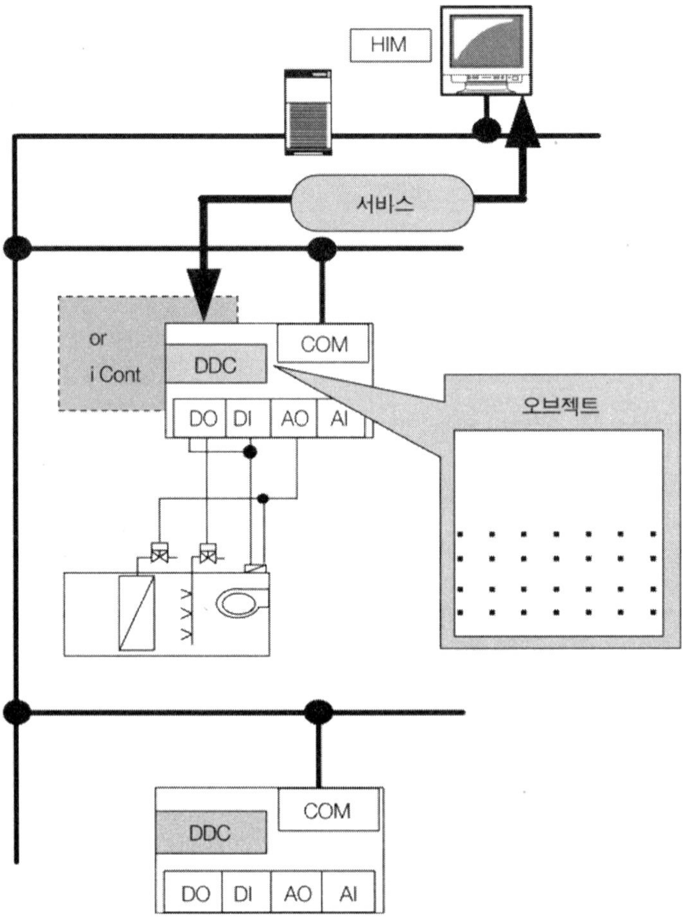

그림8.21 BACnet의 오브젝트와 서비스

8.5.3 오브젝트

BACnet 오브젝트는 표8.2와 같은 18개 항목으로 이루어진다. 현재 보급되어 있는 빌딩관리 컴퓨터 I/O와 비교하여 생각할 수 있는 부분과 Device 및 File 등 프로그램 구성에 영향을 미치는 정보도 있다. 표8.2 중에서 어둡게 처리 되어 있는 부분이 기존의 감시반에서도 사용하고 있는 항목이다.

여기에서 분류된 오브젝트그룹 중 실무자에게 생소한 부분이 있을 수 있다. 서로 다른 제조사 간에 신호전송선을 통한 범용성을 확보하고자 할 경우 다소 복잡해지기도 한다.

표8.2 표준BACnet 오브젝트

오브젝트	사용 예	BA중앙감시반과의 대비
Analog Input Object	센서입력	AI(아날로그 입력)
Analog Output Object	제어출력	AO(아날로그 출력)
Analog Value Object	설정값이나 아날로그값의 파라미터	데이터설정기 입력
Binary Input Object	스위치 입력	DI(디지털 입력)
Binary Output Object	릴레이 출력	DO(디지털 출력)
Binary Value Object	디지털값의 파라미터	데이터설정기입력
Calender Object	캘린더	
Command Object	동시에 다수의 항목(point)을 제어하는 경우	
Device Object	BACnet디바이스 내의 오브젝트의 종류와 수, 기능의 제약	
Event Enrollment Object	필요한 이벤트 등록	
File Object	BACnet 디바이스가 읽고 쓸 수 있는 데이터파일	
Group Object	일괄적으로 읽어내는 프로파티 등록	
Loop Object	제어루프, 조절기	
Multi-state Input Object	3상태 이상을 취하는 입력, 냉동기의 ON, OFF, 성애제거 등	
Multi-state Output Object	3가지 이상인 경우 지정을 동반하는 출력	
Notification Class Object	이벤트 발생 시에 통지할 곳 등록	
Program Object	디바이스 상에서 프로그램 실행	
Schedule Object	디바이스에 대한 스케줄 등록	

표8.3은 실내온도센서 등의 아날로그입력 오브젝트의 예를 나타낸 것이다. 여기에서 적합란의 "R"은 필수항목을 나타내며, "O"는 옵션을 나타낸다. 각각의 감시시스템에서 신호전송이 필요가 없다고 판단한 경우, 옵션을 별도로 처리하지 않도록 되어 있다.

이렇게 하나의 센서에도 속성을 정해두면 제조사가 다른 감시 시스템에서도 정보를 공유할 수 있다.

표8.3 아날로그 입력오브젝트의 예

프로파티	적합	데이터 예
오브젝트 식별자 오브젝트 명칭 오브젝트 타입 현재값	R R R R	Analog Input # "AI01" Analog Input 26.0
기술 장치타입	O O	"6층 북쪽온도" "Pt100"
상태플러그 이벤트상태	R R	{In_Alsrm,Fault, Overriden, Out_og_Service}의 상태 Normal
신뢰성	O	No_Fault_Detected
아웃서비스	R	False
갱신인터벌	O	10초
단위	R	℃
최소값 최대값 분해능 COV증가분 시간지연 Notification class 상한 하한 불감대 limit enable event enable acked transitions Notify type	O O O O O O O O O O O O O	1 100 0.1 .1 30 15 1.0 — — — —

8.5.4 서비스

BACnet 디바이스가 서로 정보를 교환할 때 표8.4의 6분류 35종류의 "서비스"라는 절차를 이용한다. 알람을 통지하는 서비스 및 센서값 등의 속성을 읽어내는 서비스 등이 있다. 예를 들어 표8.3의 아날로그입력 오브젝트 중, 현재값을 읽고 싶을 때는 "Read Property" 서비스를 이용한다.

표8.4 BACnet의 표준서비스

서비스 분류	표준서비스명
알람, 이벤트	Acknowledge Alarm Confirmed COV notification Unconfirmed COV Notification Confirmed Event Notification Unconfirmed Event Notification Get Alarm Summary Get Enrollment Summary Subscribe COV
파일 액세스	Atomic Read File Atomic Write File
오브젝트 액세스	Add List Element Create Object Delete Object
리모트 디바이스 관리	Read Property Read Property Conditional Read Property Multiple Write Property Write Property Multiple Device Communication Control Confirmed Private Transfer Reinitialize Device Confirmed Text Message Time Synchronization Who-Has/I-Have Who-Is/I-Am
가상 단말	VT-Open VT-Close VT-Data
네트워크 보안(security)	Request Key Service Authenticate Service

8.5.5 BACnet의 기술상 운용

BACnet에서 오브젝트와 서비스를 적절하게 연결하기 위해 컨포먼스 클래스 기법 및 OSI 참조모델의 6층(프리젠테이션층)에 해당하는 APDU(Application Protocol Data Unit)를 이용하여 운용한다.

8.6 LON(Local Operating Network) WORKS

LON은 미국 Echelon사가 개발한 네트워크시스템이다. 이 시스템 전체를 통합하여 LONWORKS라 한다. LON도 표8.5와 같이 OSI 참조모델을 적용할 수 있다. LON시스템의 최대 특징은 뉴런칩이라는 마이크로컴퓨터에 1층부터 7층까지 전체가 패키지로 되어 있다는 것이며, SNVT(표준네트워크 변수)로 미리 정의된 오브젝트를 이용하여 통신에 관한 기술상의 개발부하를 줄이는 것에 있다.

표8.5 OSI 참조모델과 비교한 LONTalk와 SNVT

레이어	LONTalk
7층 : 어플리케이션층	표준네트워크 변수 타입(SNVT)
6층 : 프리젠테이션층	네트워크 변수 、폴인 、프레임 전송
5층 : 세션층	요구/응답 、인증 、네트워크 관리
4층 : 트랜스포트층	확인응답(ACKD) 、비확인응답(NACKD) 、인증
3층 : 네트워크층	어드레스지정 、루팅정보
2층 : 데이터링크층	플레이밍 、데이터해독 、CRC체크 、예측CSMA 、충돌검출
1층 : 물리층	각종 트랜시버

SNVT(표준네트워크 변수)의 예

측정항목	SNVT 명칭	측정범위	단위	증가분	SNVT#
길이	SNVT_length	0～6,553.5	m	0.1m	17
온도	SNVT_temp	−274～6,279.5	℃	0.1℃	39
전압	SNVT_volt	−3276.8～3,276.7	V	0.1V	44
플로우	SNVT_fipw	0～65,534	리터/초	1L/sec	15
레벨(연속)	SNVT_lev_cont	0～100	%	0.5%	21
레벨(불연속)	SNVT_lev_disc	0 1 2 3 4	OFF LOW MED HIGH ON	–	22

따라서 지금까지 펄스에 의한 통신전송시스템 개발은 컴퓨터기기 제조사에 의존할 수 밖에 없었지만, 더욱더 최종 사용자(end user)와 가까운 분야의 사람이 감시제어를 할 수 있는 시스템을 구축할 수 있게 되었다. VAV 제조사 등 기계 중심의 제조사가 LON을 탑재한 기기를 판매하고 있는 것도 최근에는 당연한 현상이 되는 등 제어환경에도 많은 변화가 일어나고 있다.

8.7 오픈 프로토콜의 전망

빌딩 내의 오픈 프로토콜로는 여기에서 설명한 BACnet과 LON이 주류를 이루고 있지만, 이외에도 PA(Plant Automation) 및 FA(Factory Automation) 분야에서는 독일의 Profibus(지멘스사 개발), 미국의 DeviceNet(A/B사 개발), 일본의 CC-Link(미츠비시전기) 등이 있다.

BACnet은 통신분야에 특화된 제조사에서 주로 활용하고 있으며 LON은 칩화되어 있어 활용은 쉽지만, 칩에 들어가는 비용만큼 코스트 면에서 불리하다. PA 및 FA의 분야의 시퀀스 및 인버터 기기류의 오픈 프로토콜 표준 장비화는 상식화되어 있는 것에 반해 공조분야의 오픈 프로토콜은 아직 보급률이 낮다.

여하튼 오픈 프로토콜로 인한 메리트는 사용자(user)에게 돌아오기 마련이나, 제조사 주체로 개발이 이루어지는 단계에서는 오픈 프로토콜 발전에 한계가 있기 마련이다. 그렇다고 사용자가 오픈 프로토콜 기술 발전을 주도로 하는 것은 한계가 있으므로 네트워크 업무라는 새로운 산업이 발생할 것으로 보인다.

한편 전송계통이 오픈화 되면서 전기 및 기계 등 모든 영역에서 계측된 모든 것을 체크할 수 있게 되었다. 기존의 감시 시스템에서도 자주 발생하는 것이지만, 수변전 설비 등은 만일의 경우를 위해서라도 이상 신호를 회피하는 것이 좋으므로 오픈된 라인상에는 구축하지 않는 경우가 있다. 이 경우는 전기 관계자가 독단으로 판단을 내리므로 다른 공조업자 및 방재업자 등은 관여하지 않는다. 따라서 업자 간의 사정 등을 고려하지 않고, 오픈되어 있으므로 수전 전력량 등의 데이터를 당연히 볼 수 있을 것이라는 계획을 세우지 말기를 바란다.

8.8 주요 네트워크 용어

네트워크에서 자주 사용하는 용어에 대해 설명한다.

(1) 디팩토 스탠더드(de facto standard)

관련분야 표준이라는 뜻이며 "KS" 등과 같이 국가에서 만들어진 표준과 달리, 특정 기업 및 그룹 등이 채택한 규격 또는 제품사양 등이 해당 산업계에서 표준적인 것으로 받아들여진 것을 말한다. "이더넷" 등이 대표적인 예이다. 미국에서는 이러한 예가 많으며, 일본의 "JIS"에 상당하는 "UL(Underwriter's Laboratories Ins., 미국화재보험협회)"은 미국 보험업계가 만든 전기설비의 화재 및 도난에 대한 "지불기준"이다. 이것을 미국의 대부분의 주(州)가 기술규격으로 채택하고 있으므로 사실 상의 표준규격이 되었다.

또한 본문에서 소개한 BACnet은 ASHRAE(미국냉동공조공업계)에서 작성된 것이 ANSI(미국규격국)규격에 의해 인증화 된 것이며, 이것 역시 ANSI에서 인정하기 이전에는 사실 상의 표준이었다고 할 수 있다.

(2) 오브젝트 지향

워드프로세스 프로그램에서 "서식"→"폰트"를 선택하면 그림8.22와 같은 폰트에 대한 정보가 표시된다. 이 문서에 작성된 문자는 이러한 조건으로 구성된다는 뜻이다. 글꼴이나 크기를 변경하면 해당 조건이 같이 바뀐다. 이렇게 실체가 없는 대상에 대하여 연필이나 컵처럼 형태가 있는 것과 동등하게 취급하는 것을 오브젝트 지향이라고 부른다. 이 때 주어진 모든 조건의 집합을 속성으로 표현한다. BACnet에서 사용되는 오브젝트는 역시 같은 맥락이다. 이러한 것이 규격화됨에 따라 어느 특정 제어기기 제조사가 또 다른 기기 제조사의 항목데이터(point data)를 읽을 수 있게 되는 것이다.

(3) Interoperability

상호운용성이라는 의미로 사용된다. 동일 통신선상에 다른 제조사 및 기종이 다른 컴퓨터가 접속되었을 때, 각 컴퓨터 간에 데이터 및 송수신을 할 수 있도록 구축된 시스템을 Interoperability가 가능한 시스템이라 한다. 원래는 중대형 컴퓨터들을 연결하기 위해 이용하였던 것인데 공조기의 DDC 및 VAV 제어기 등을 비롯하여 대부분의 빌딩 내 단말제어기가 마이크로 컴퓨터화되었고, 이러한 것이 동일 통신선상에서 기능한 것도 Interoperability가 성립한다고 표현한다.

(4) 게이트웨이와 루터

게이트웨이는 인터넷 분야 등에서 LAN 및 그룹웨어 등의 네트워크를 다른 네트워크에 접속하여 데이터를 상호 송수신할 수 있는 하드웨어 및 소프트웨어 프로그램을 의미한다. 메시지 포맷 및 어드레스, 프로토콜을 접속처의 네트워크용으로 변환하는 기능을 지닌다. E-mail에서 게이트웨이의 기능은 특별히 중요해진다. 원격지의 LAN 상호간 또는 LAN과 인터넷 및 컴퓨터 통신서비스 간에 E-mail 송수신을 하기 위해서는 게이트웨이가 반드시 필요하기 때문이다.

한편, 빌딩제어 분야에서도 게이트웨이가 자주 등장한다. 공조감시와 방재감시 컴퓨터 시스템들을 연결하여 데이터 송수신을 하기 위한 인터페이스를 통칭하여 게이트웨이라고 부르는 경우도 있다(또는 어플리케이션 레벨의 역할을 기대하는 의미로 채널 컨트롤러 등으로 부르는 경우도 있다). OSI 참조모델과 비교하면, 트랜스포트층에서 어플리케이션층으로의, 즉 상위층 레벨 연결을 담당한다고 볼 수 있다.

어떤 경우에는 데이터의 내용을 분석하여 적절한 상대방에게 전송하거나 데이터 내용을 번역하여 컴퓨터 간 통역 역할을 수행하기도 한다. 게이트웨이 자체가 컴퓨터 시스템으로 구성되어 있는 경우가 많다.

루터는 서로 다른 네트워크를 상호 접속하는 기기이다. 사내 LAN의 경우 각층 간은 LAN으로 연결하고, 다이얼업 루터를 인터넷과 LAN을 연결하는 식으로 네트워크 간에 데이터를 전송한다. 단순히 데이터를 전송하는 것이 아니라 데이터의 수신지정보 및 프로토콜을 판단하여 적절하게 전송한다. 수신지에 따라 전송가부 판단을 하거나 복수의 경로가 있을 경우에는 어느 경로로 보내면 좋을지 같은 경로제어도 한다.

빌딩제어용 오픈 프로토콜 분야에서는 이더넷과 LON 접속 등에도 루터가 이용된다.

(5) 브릿지, 허브, 리피터

OSI 참조모델의 2층에 위치하는 데이터링크층의 LAN들을 접속시키는 통신장치를 브릿지라고 하며, 각 컴퓨터 등에 접속한 케이블을 한꺼번에 접속하기 위한 집선장치를 허브(HUB)라고 부른다. 1층의 물리층에 해당하는 통신장치는 리피터라고 부른다. 이렇게 각각 소속되는 OSI 모델계층에 따라 통신장치의 정의 및 부르는 방법도 다른데, IC 등의 기능향상에 따라 구분하는 위치도 변하므로 혼동해서 사용되는 경우가 많다.

(6) 인트라넷

인터넷기술의 TCP/IP 프로토콜 및 Web서버 등을 사용하여 구축한 사내시스템을 말한다. Intra(내부)와 Internet의 합성어이다. 일반적으로 사외와 사내 네트워크 중, 사외에서 들어오는 부정 진입을 막기 위해 파이어월(방화벽)을 설치하고 그 안쪽을 인트라넷, 바깥쪽을 인터넷으로 구별한다. 인트라넷의 메리트는 비교적 낮은 비용으로 문서공유 및 전자게시판 등의 서비스를 구축할 수 있다는 점이다. 사용자는 Web 브라우저만 준비하면 되고 설치 및 교육에 관한 비용이 많이 들어가지 않는다는 점이 메리트이다.

(7) 멀티헤더

원래는 컴퓨터 조달 및 이용형태의 하나를 의미하는 것이다. 특정 제조사의 컴퓨터만을 연결하여 사용하는 싱글헤더방식과 비교하여 복수 제조사의 컴퓨터를 연결하여 사용하는 형태를 멀티헤더 방식이라고 한다. 멀티헤더 방식의 메리트는 두 가지가 있다. 첫째, 싱글벤더 방식으로 사용하는 경우에 비해 복수의 제조사를 경쟁시킬 수 있기 때문에 구입가격을 낮출 수 있다. 다른 한 가지는 목적이나 용도에 따라 최적의 컴퓨터 및 주변기기, 소프트웨어를 갖출 수 있는 점이다.

빌딩 오토메이션 분야에서는 복수의 공조기 제조사 및 VAV 제조사 등이 공통되는 통신 전송선을 통해 공존하는 것을 멀티헤더화 한다는 표현을 쓴다. 각 층 및 임대 상태에 따라 제어기기 제조사를 변경하더라도 감시시스템은 하나만으로 할 수 있는 메리트가 있다.

(8) IP 어드레스를 정하는 방법

개인이 브라우저와 계약을 하고 인터넷을 활용하고 있는 경우 IP어드레스는 어떻게 정해지는 것일까? IP어드레스는 전 세계적으로 ICANN(Internet Corporation for Assigned Names and Numbers)을 이용하여 일원화로 관리되고 있다. ISP(Internet Service Provider. 단순히 프로바이더로 불리는 경우가 많다. 개인, 회사, 교육기관 등에 인터넷 접속을 제공하는 회사)에 인터넷접속을 의뢰하면 IP어드레스를 신청하는 셈이 된다. 하지만 실제로 전화회선을 통한 다이얼업 서비스의 경우, IP어드레스는 고정으로 할당되지 않는다.

프로바이더와 개인 계약자의 경우, 개인 계약자가 인터넷에 접속되어 있을 때에만 연결하면 되고, 연결되어 있을 때만 프로바이더와 개인계약자의 일시적인 어드레스를 가지면 되므로 개인계약자는 고유어드레스를 가질 필요가 없다.

BACnet/IP와 같이 빌딩 내의 설비에서 IP어드레스를 정할 때에는 해당 빌딩의 관리자가 파악하고 있는 것이 일반적이다.

(9) 도메인(Domain)명

기업이나 단체, 학교 등 인터넷 상에서 자신의 조직을 식별하기 위해 정하는 이름이다. 우선, 기업이나 단체 등의 조직명을 이용하고 점(.)으로 구분하여 속성을 붙인 후, 다시 점으로 구별하여 국가를 표기한다. 일반적으로 기업은 co, 대학은 ac, 정부기관은 go 등을 사용한다.

제9장 데이터수집과 해석

9.1 데이터수집의 의미

손으로 그래프를 직접 그리던 시절에는 그래프 데이터에 빗금을 그리거나 음영을 넣거나 하여 복사된 서류라도 잘 보일 수 있게 하였다. Excel이나 Word 자료는 모니터상으로 선명하게 보이나, 회의 자료용으로 배포된 서류는 대부분 흑백으로 출력되며, 그래프 데이터는 전부 동일한 색이어서 내용이 쉽사리 판단되지 않는다.

현재와 같이 DDC 방식이 일상화되고 신호전송 오픈도 일반화된 상황에서는 데이터를 얻기 위해 펜 레코더(Pen Recorder)를 세팅하거나 열전대(thermocouple)를 여러 곳에 붙이지 않아도 쉽게 데이터를 얻을 수 있다.

9.1.1 제어결과 확인

수집한 데이터를 표현하는 일반적인 방법은 그래프로 나타내는 것이다. 여기에서는 어느 그래프가 어떤 확인에 도움이 되는지 생각해 보기로 하자. 대표적인 기록기능으로 매정시에 데이터를 기록한 일보(Day Data), 1일별 데이터를 기록한 월보(Monthly Data)가 있다. 전력량 및 열량 등의 적산데이터가 이런 정보의 중심이 된다.

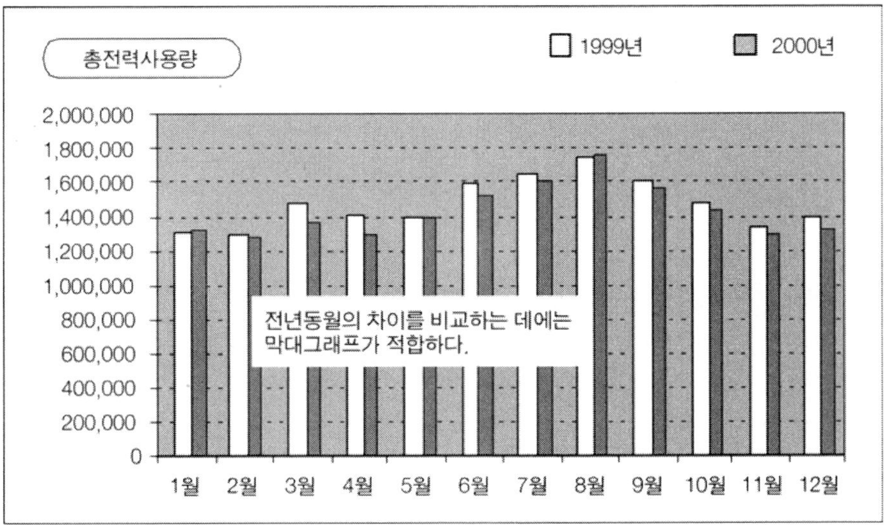

그림9.1 막대그래프의 예

그림9.1과 같이 전년대비 월별 전력소비량과 같은 경우에는 막대그래프로 표현하는 것이 적절하다. 이러한 표현방법은 제어결과가 많거나 적은지에 대한 판단을 할 때 도움이 된다. 하지만 제어 대상이 제어 프로세스가 계획한 대로 작동을 하고 있는지에 대한 동향(트렌드)을 확인할 때는 꺾은선 그래프가 적절하다.

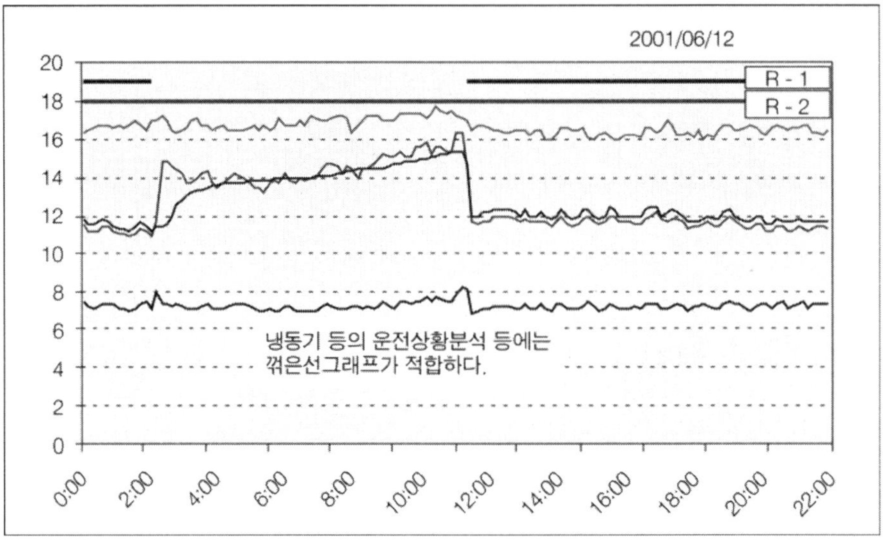

그림9.2 꺾은선그래프의 예

그림9.2와 같이 냉동기 등의 운전 상태를 나타내거나 온도 계측값 등도 운전 시에만 표시하도록 하여 해석 내용의 수준을 높일 수 있다. 현장에서 특정 순간만 보고 판단하는 데에는 한계가 있기 때문이다. 이번 장에서 설명하는 바와 같이 데이터는 꺾은선그래프의 형태의 선(트렌드)으로 파악하는 것이 바람직하다.

9.1.2 데이터수집기능에 대한 문제점

일반적으로 빌딩관리 컴퓨터에는 항목 데이터(point data)를 검증하기 위한 용도로 트렌드 그래프 기능이 포함되어 있다. 하지만 현재 보급되어 있는 많은 그래프의 기능에는 다음과 같은 결점들이 보인다.

(1) 그래프를 등록하고 나서 데이터를 모으기 시작

설비기기의 문제점을 해석할 경우 해당 트러블이 발생한 전후의 데이터는 이미 없어진다.

(2) 데이터 저장기간

일반적으로 48시간 정도이며 과거 데이터와의 비교 해석이 불가능하다. 데이터 수집주기를 길게 하면 1주일 정도까지 가능한 것도 있지만 대체적으로 중앙감시 시스템 내의 데이터 저장량은 작다.

(3) 데이터 기록방법

자기기억 매체 등, 외부기억 매체로 데이터를 저장하는 기능은 대부분의 빌딩관리 컴퓨터가 갖추고 있다. 하지만 외부매체로 전송 처리하는 기능할 때, 인력이 필요하므로 계속적인 데이터 처리에는 적당하지 않다.

9.2 수집방법

실시간 제어처리를 최대목표로 하는 빌딩관리컴퓨터의 호스트 감시반에 해석기능을 구축하는 무리이다. 이러한 문제점을 해결하기 위해 본 장에서는 그림9.3과 같이 데이터를 1년 동안 장기 저장한 다음 컴퓨터상에서 꺾은선 그래프와 막대그래프로 활용하는 방식을 생각해 본다.

호스트 감시반이 취급하는 관리항목(point) 모두가 에너지절약 검토 등에 이용하는 것은 아니다. 통신이 개방되면 온도감시의 상하한값 등의 초기설정 정보항목까지 관리하게 된다. 그러나 이런 정보나 경보점 등까지 일률적으로 장기간 저장할 필요는 없다. 보통은 계측값이나 동력의 실제항목만 표시대상으로 하는데 송풍온도 설정값 등 DDC 내부의 연산항목 역시 표시 및 데이터 저장의 대상으로 하는 것이 바람직하다. 이러한 목적을 위해 필요한 항목만 호스트감시반에서 데이터해석용 컴퓨터로 옮기는 방식을 취한다. 따라서 호스트 감시반은 이를 위한 관리 항목데이터(point data)를 수집하여 일시적으로만 저장하는 역할을 하면 된다.

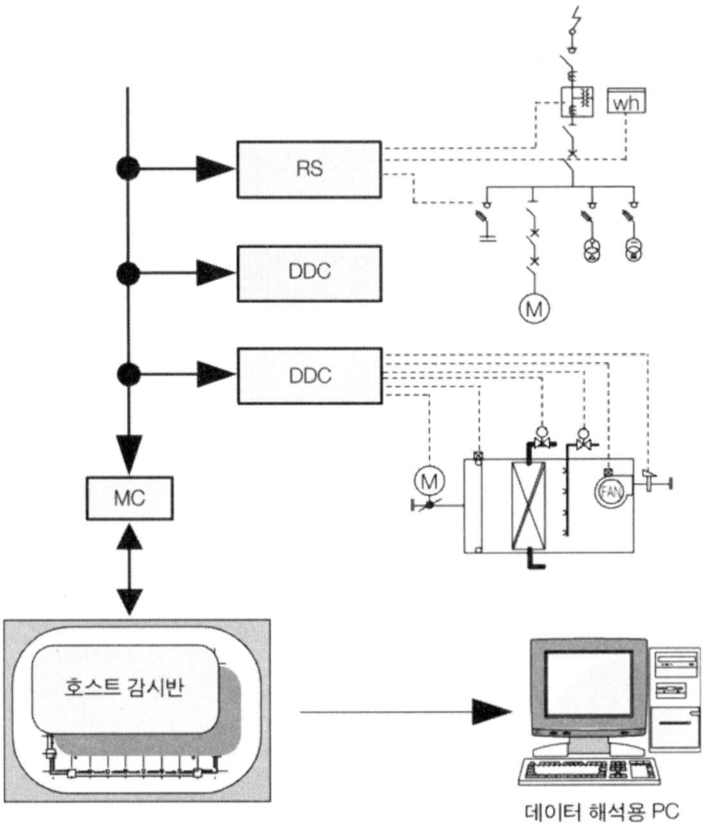

그림9.3 **호스트감시반과 해석용PC**

9.3 꺾은선 그래프의 데이터수집

앞에서 언급한 문제점을 개선하여 트렌드 그래프용 데이터 수집방법을 설명한다.

9.3.1 호스트 컴퓨터에서 수집할 항목 선택

호스트감시반에서 데이터수집 컴퓨터에서 따로 보관할 데이터를 정한다. 수집파일은 열원설비 등 항상 체크해야 하는 항목과 공조기 등과 같이 상황에 따라 체크가 필요한 것으로 분할하여 작성한다. 공조기 관련 파일은 호스트감시반의 관리항목에서 가변수집 파일로 하고 수집항목을 자유롭게 선택할 수 있는 구조로 만들어 두면 호스트 감시반과의 전송부하를 경감시킬 수 있다. 호스트 감시반의 시스템을 어떻게 구성하느냐도 중요한 문제이다. 처음부터 호스트 감시반의 시스템 구성이 데이터를 외부로 보내는 것을 감안하여 만들어져 있다면 문제가 없지만, 제조사에 따라서는 그렇지 못한 것 경우도 있다. 앞장에서 설명한 오픈 프로토콜을 도입하면 이러한 문제가 해결되지만, 컴퓨터의 성능을 무한정으로 올리는 것도 비용적인 면에서 부담이 된다. 따라서 무엇을 위해 데이터해석이 필요한 지 설계단계에서 명확하게 해 두지 않으면 원하는 시스템을 만들 수가 없다. 데이터 수집 컴퓨터 시스템을 구비하더라도 일단 데이터수집시스템을 만들어 놓고 나중에 필요한 것을 구축하면 불필요한 투자가 늘어날 수 있다.

9.3.2 계측주기

계측주기는 10분이 적절하다. 10분 주기로 계측을 하면 1일당 144번 계측하게 된다. 해석을 할 때 계측수가 적은 편이 다루기가 쉽다.

하지만 데이터가 너무 적어도 해석을 할 수 없다. 실내 온도변화를 파악하는 경우 1분 간격으로 하면 데이터가 너무 많아지기 때문에 계측 시간을 10분 단위로 하면 좋다.

냉동기 트러블 등을 해석하는 경우 1시간 주기는 데이터양이 적으므로 계측 시간을 좀 더 줄여야 한다.

제어 상황에 이상 조짐이 보일 때에는 적어도 10분 간격의 데이터가 필요하다. 데이터양이 많아지면 그래프로 표시하는 데 시간이 걸리고, 정작 분석해야 할 곳을 놓칠 수 있다.

가장 이상적인 것은 1분 간격으로 Law Data를 작성하고, 분석에 필요한 그래프는 10분 간격을 이용하는 것이다. 문제점을 검토할 때에는 필요에 따라 1분 데이터를 사용하고 상세표시를 하는 방법이 좋다.

하지만 100개의 데이터를 10분 간격으로 1개월간 수집할 경우, 1데이터를 4바이트로 치며 4바이트 $\times 6 \times 24 \times 31 \times 100 = 1{,}785{,}600$바이트의 기록용량이 필요하게 된다. 1분 간격으로 5,000 포인트 규모의 데이터를 고려하면 4바이트 $\times 60 \times 24 \times 31 \times 5{,}000 = 892.8$M바이트가 되어 용량이 너무 커진다.

따라서 수집항목 설계라는 개념이 처음부터 없으면 제대로 된 데이터해석을 할 수가 없다. 호스트 컴퓨터의 능력도 간과해서는 안 된다. 호스트 컴퓨터의 제조사가 어디냐에 따라 500점의 데이터를 받는데 5분이나 걸리는 경우도 있다. 이런 측면에서라도 수집주기를 한정시키는 것이다.

9.3.3 하드디스크에 데이터 저장

(1) 저장기간

수집된 데이터는 1개월 단위의 파일 명칭을 붙여서 전월을 포함한 1년분의 데이터 + 당월 분을 저장한다. 당월 파일은 날짜가 바뀔 때에 매일 내용이 기재된다. 당월과 기타 월은 월 단위로 작성되므로 13개월 이후의 데이터는 새로운 데이터로 덧쓰기를 해도 된다.

(2) 데이터파일의 양식

10분 주기로 수집된 트렌드 그래프용 데이터는 그림9.4와 같은 1일당 1시트의 구성과 양식으로 수록된다.

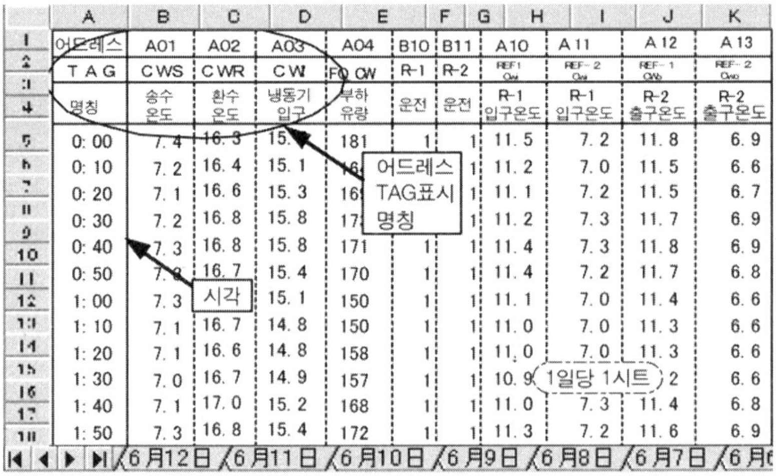

	A	B	C	D	E	F	G	H	I	J	K
1	어드레스	A01	A02	A03	A04	B10	B11	A10	A11	A12	A13
2	TAG	CWS	CWR	CW	FO CW	R-1	R-2	REF1 Cwi	REF-2 Cwi	REF-1 CWo	REF-2 Cwo
3-4	명칭	송수 온도	환수 온도	냉동기 입구	부하 유량	운전	운전	R-1 입구온도	R-1 입구온도	R-2 출구온도	R-2 출구온도
5	0:00	7.4	16.3	15.[illegible]	181	1	1	11.5	7.2	11.8	6.9
6	0:10	7.2	16.4	15.1	[illegible]	[illegible]	1	11.2	7.0	11.5	6.6
7	0:20	7.1	16.6	15.3	[illegible]	[illegible]	1	11.1	7.2	11.5	6.7
8	0:30	7.2	16.8	15.8	[illegible]	[illegible]	1	11.2	7.3	11.7	6.9
9-10	0:40	7.3	16.8	15.8	171	1	1	11.4	7.3	11.8	6.9
11	0:50	[illegible]	16.7	15.4	170	1	1	11.4	7.2	11.7	6.8
12	1:00	7.3	[illegible]	15.1	150	1	1	11.1	7.0	11.4	6.6
13	1:10	7.1	16.7	14.8	150	1	1	11.0	7.0	11.3	6.6
14	1:20	7.1	16.6	14.8	158	1	1	11.0	7.0	11.3	6.6
15-16	1:30	7.0	16.7	14.9	157	1	1	10.9	[illegible]	[illegible]2	6.6
17	1:40	7.1	17.0	15.2	168	1	1	11.0	7.3	11.4	6.8
18	1:50	7.3	16.8	15.4	172	1	1	11.3	7.2	11.6	6.9

그림9.4 파일시트 구성의 예

9.3.4 데이터의 종류

일반적으로 적산량은 아날로그량으로 취급한다. 앞에서도 설명하였지만 아날로그량은 온도 등의 계측데이터로 이용하고 꺾은선 그래프로 표현하는 것이 적합하다. 적산량은 막대그래프에 의한 표현이 바람직하다. Excel 등의 범용 프로그램은 상기의 표현 이외에도 다른 표현방법을 적용할 수 있다. 범용 프로그램은 엑셀 정도로 충분하지만 빌딩관리 컴퓨터와 같이 사용목적이 한정되는 경우에는 사용목적에 적합한 형태로 편집하는 것이 사용하기 편하다.

9.4 막대그래프의 데이터수집

9.4.1 대상 데이터

전력 적산량、부하 적산열량、왕복온도 차이에 유량을 곱하여 열량을 얻고 적산화한 값은 막대그래프를 작성하여 이용하는 것이 바람직하다.

9.4.2 하드디스크를 이용한 데이터 저장

(1) 주기와 기간

1시간 단위로, 1년 데이터 + 당월 데이터를 저장한다.

(2) 데이터파일 양식 예

그림9.5와 같이 일보、월보로 표현하는 형식이 무방하다.

	A B	C	D	E	F
22	1998년				
23		총사용량	전등부하	열원·동력	일반동력
24	1월	1, 457, 640	693, 240	163, 180	601, 220
25	2월	1, 383, 840	666, 180	154, 990	562, 670
26	3월	1, 556, 400	726, 600	192, 230	637, 570
27	4월	1, 484, 040	660, 230	232, 410	591, 400
28	5월	1, 493, 040	631, 140	262, 640	599, 260
29	6월	1, 619, 160	668, 820	306, 030	644, 310
30	7월	1, 772, 520	680, 630	414, 470	677, 420
31	8월	1, 776, 480	648, 250	434, 680	693, 550
32	9월	1, 644, 840	636, 970	371, 700	636, 170
33	10월	1, 601, 760	663, 930	297, 900	639, 930
34	11월	1, 355, 520	598, 510	202, 280	554, 730
35	12월	1, 372, 820	613, 320	175, 540	583, 960
36		18, 518, 060	7, 887, 820	3. 208, 050	7, 422, 190
37					

38					
39	1998년				
40		총사용량	전등부하	열원·동력	일반동력
41	1월	1, 311, 510	590, 060	155, 790	565, 660
42	2월	1, 284, 650	585, 860	155, 190	543, 600
43	3월	1, 470, 180	651, 070	198, 500	620, 610
44	4월	1, 409, 640	610, 280	217, 310	582, 050
45	5월	1, 389, 230	568, 010	246, 760	574, 460
46	6월	1, 584, 660	620, 090	333, 740	630, 830
47	7월	1, 652, 170	619, 610	392, 780	639, 780
48	8월	1, 753, 050	615, 970	461, 450	675, 630
49	9월	1, 596, 510	595, 830	383, 310	617, 370
50	10월	1, 470, 930	608, 980	273, 210	588, 740
51	11월	1, 338, 910	584, 790	205, 190	548, 930
52	12월	1, 397, 570	632, 620	174, 360	590, 590
53		17, 659, 010	7, 283, 170	3, 197, 590	7, 178, 250

그림9.5 적산데이터파일시트의 구성 예

9.5 외부데이터 저장

하드디스크에 저장된 파일을 오프라인에서 처리할 때, USB나 외장 하드 등을 이용하여 옮긴다.

저장형태는 데이터베이스로 관리하기 쉬운 형태로 저장하는 동시에 별도의 컴퓨터에서 해석할 경우도 대비하여 CSV 등의 범용 어플리케이션 프로그램에서 읽을 수 있는 형태로 적용한다.

날짜가 바뀔 때의 n분 후와 같이 1일분의 데이터를 자동적으로 하드디스크에 일괄적으로 수록하도록 하고, 담당자가 데이터를 저장하기 위한 별도의 작업이 발생하지 않도록 한다.

9.6 트렌드 그래프의 데이터 해석기법

데이터를 해석 사례를 소개한다. 이 사례에서 제2장에서 설명한「폐회로 시스템 열원의 제어」중, 냉동기 대수제어를 검증하기로 한다. 데이터(그림9.6)와 Excel을 이용해 그래프를 작성하고 검증해 본다.

어드레스	A01	A02	A03	A04	B10	B11	A10	A11	A12	A13
TAG	CWS	CWR	CWI	FQ_CW	R-1	R-2	REF-1 Cwi	REF-1 Cwo	REF-2 Cwi	REF-2 Cwo
명칭	승수 온도	환수 온도	냉동기 입구	부하 유량	운전	운전	R-1 입구온도	R-1 출구온도	R-2 입구온도	R-2 출구온도
0:00	7.4	16.3	15.7	181	1	1	11.5	7.2	11.8	6.9
0:10	7.2	16.4	15.1	164	1	1	11.2	7.0	11.5	6.6
0:20	7.1	16.6	15.3	169	1	1	11.1	7.2	11.5	6.7
0:30	7.2	16.8	15.8	173	1	1	11.2	7.3	11.7	6.9
0:40	7.3	16.8	15.8	171	1	1	11.4	7.3	11.8	6.9
0:50	7.3	16.7	15.4	170	1	1	11.4	7.2	11.7	6.8
1:00	7.3	16.6	15.1	150	1	1	11.1	7.0	11.4	6.6
1:10	7.1	16.7	14.8	150	1	1	11.0	7.0	11.3	6.6
1:20	7.1	16.6	14.8	158	1	1	11.0	7.0	11.3	6.6
1:30	7.0	16.7	14.9	157	1	1	10.9	7.0	11.2	6.6
1:40	7.1	17.0	15.2	168	1	1	11.0	7.3	11.4	6.8
1:50	7.3	16.8	15.4	172	1	1	11.3	7.2	11.6	6.9
2:00	7.4	16.4	14.7	150	1	1	11.1	7.1	11.4	6.7
2:10	7.1	16.9	14.9	142	1	1	10.9	7.1	11.2	6.6
2:20	8.0	16.9	16.0	132	1	0	11.7	7.6	11.4	10.4
2:30	7.3	17.2	17.0	170	1	0	14.8	7.3	11.4	10.7
2:40	7.3	16.9	16.7	164	1	0	14.8	7.2	11.5	10.7
2:50	7.2	16.5	16.3	162	1	0	14.6	7.0	12.0	10.7
3:00	7.3	16.3	16.2	156	1	0	14.4	7.0	12.6	10.7
3:10	7.2	16.5	16.1	146	1	0	14.2	7.0	12.8	10.7
3:20	7.1	16.6	16.2	132	1	0	13.6	7.0	13.1	10.8
3:30	7.1	17.0	16.5	141	1	0	13.7	7.2	13.2	10.8
3:40	7.1	17.1	16.6	154	1	0	13.9	7.2	13.3	10.8
3:50	7.2	16.8	16.5	159	1	0	14.2	7.1	13.3	10.8
4:00	7.3	16.7	16.2	151	1	0	14.3	7.0	13.4	10.8
4:10	7.1	16.5	16.2	137	1	0	13.6	7.0	13.5	10.8
4:20	7.1	16.6	16.0	141	1	0	13.4	7.0	13.5	10.9
4:30	7.1	16.8	16.4	144	1	0	13.6	7.1	13.6	10.9
4:40	7.2	16.5	16.3	142	1	0	13.9	7.0	13.6	10.9
4:50	7.3	16.5	16.2	158	1	0	14.2	7.0	13.6	10.9
5:00	7.3	16.5	16.3	149	1	0	14.1	7.0	13.7	10.9
5:10	7.3	16.5	16.2	150	1	0	13.9	7.0	13.7	11.0
5:20	7.2	16.6	16.0	145	1	0	13.7	7.0	13.8	11.0
5:30	7.1	16.7	16.2	143	1	0	13.4	7.0	13.8	11.0
5:40	7.0	16.5	16.4	139	1	0	13.4	7.0	13.8	11.0
5:50	7.0	16.8	16.4	134	1	0	13.2	7.0	13.8	11.0
6:00	7.1	16.5	16.1	140	1	0	13.7	7.0	13.8	11.1
6:10	7.0	16.6	16.1	157	1	0	13.8	7.1	13.9	11.1
6:20	7.0	17.1	16.5	160	1	0	13.6	7.2	13.9	11.1
6:30	7.2	16.8	16.4	157	1	0	14.2	7.1	13.9	11.1
6:40	7.2	16.7	16.2	145	1	0	13.8	7.0	13.9	11.1
6:50	7.0	16.8	16.4	152	1	0	13.7	7.1	13.9	11.2
7:00	7.0	16.9	16.6	159	1	0	13.9	7.2	14.0	11.2
7:10	7.0	16.8	16.5	158	1	0	13.8	7.2	14.0	11.2
7:20	7.0	17.2	16.6	150	1	0	13.9	7.2	14.0	11.2
7:30	7.0	17.1	16.7	145	1	0	13.9	7.2	14.1	11.2
7:40	7.2	17.0	16.6	157	1	0	14.4	7.1	14.1	11.3
7:50	7.3	17.0	16.8	154	1	0	14.7	7.0	14.1	11.3
8:00	7.2	17.1	16.9	161	1	0	14.7	7.1	14.1	11.3
8:10	7.1	17.2	16.8	165	1	0	14.6	7.2	14.2	11.3
8:20	7.1	17.2	16.7	158	1	0	14.2	7.2	14.2	11.3
8:30	7.1	17.1	16.7	167	1	0	14.6	7.2	14.3	11.4
8:40	7.2	16.3	16.0	163	1	0	14.5	7.1	14.3	11.4
8:50	7.2	16.8	16.5	153	1	0	14.0	7.0	14.4	11.4
9:00	7.1	17.0	16.7	149	1	0	14.5	7.0	14.4	11.4
9:10	7.2	17.2	16.7	153	1	0	14.5	7.2	14.4	11.4
9:20	7.1	17.2	16.9	178	1	0	14.7	7.2	14.5	11.4
9:30	7.2	17.2	16.9	176	1	0	14.9	7.2	14.5	11.5
9:40	7.4	17.0	16.8	162	1	0	15.2	7.2	14.5	11.5
9:50	7.2	16.9	16.5	171	1	0	15.1	7.2	14.6	11.5
10:00	7.1	17.0	16.6	174	1	0	15.1	7.1	14.7	11.5
10:10	7.4	17.3	17.2	172	1	0	15.4	7.4	14.7	11.5
10:20	7.5	17.3	16.9	153	1	0	15.1	7.3	14.8	11.6
10:30	7.3	17.4	17.0	167	1	0	15.1	7.3	14.8	11.6
10:40	7.5	17.3	17.0	186	1	0	15.6	7.6	14.8	11.6
10:50	7.5	17.3	17.0	187	1	0	15.6	7.6	14.9	11.6
11:00	7.8	17.1	16.8	174	1	0	15.8	7.5	14.9	11.6
11:10	7.5	17.3	16.9	154	1	0	15.2	7.4	15.0	11.7
11:20	7.7	17.7	17.2	165	1	0	15.6	7.6	15.1	11.7
11:30	7.6	17.5	17.1	174	1	0	15.6	7.6	15.2	11.7
11:40	7.4	17.3	17.1	167	1	0	15.3	7.5	15.2	11.7

어드레스	A01	A02	A03	A04	B10	B11	A10	A11	A12	A13
TAG	CWS	CWR	CWI	FQ_CW	R-1	R-2	REF-1 Cwi	REF-1 Cwo	REF-2 Cwi	REF-2 Cwo
명칭	승수 온도	환수 온도	냉동기 입구	부하 유량	운전	운전	R-1 입구온도	R-1 출구온도	R-2 입구온도	R-2 출구온도
11:50	7.4	17.5	17.2	181	1	0	15.3	7.6	15.3	11.7
12:00	7.9	17.2	17.0	189	1	0	16.3	7.9	15.4	11.8
12:10	8.2	17.1	16.8	176	1	0	16.3	7.9	15.4	11.8
12:20	8.1	17.0	16.7	200	1	1	14.5	7.1	14.7	12.8
12:30	6.9	16.5	16.0	188	1	1	11.7	6.9	12.0	6.5
12:40	7.0	16.7	16.3	191	1	1	11.5	7.1	11.9	6.6
12:50	7.1	16.8	16.4	193	1	1	11.7	7.2	12.1	6.7
13:00	7.1	16.6	16.3	196	1	1	11.7	7.2	12.1	6.7
13:10	7.2	16.4	16.2	209	1	1	11.9	7.1	12.2	6.8
13:20	7.2	16.4	16.1	207	1	1	12.0	7.0	12.2	6.7
13:30	7.2	16.3	15.9	221	1	1	11.9	7.0	12.3	6.7
13:40	7.2	16.3	15.9	208	1	1	11.9	7.0	12.2	6.6
13:50	7.1	16.5	16.1	189	1	1	11.8	7.1	12.1	6.6
14:00	7.1	16.5	16.1	194	1	1	11.6	7.2	11.9	6.6
14:10	7.3	16.5	16.2	197	1	1	11.8	7.0	12.2	6.7
14:20	7.1	16.2	15.7	203	1	1	11.6	7.1	12.0	6.6
14:30	7.1	16.5	16.2	185	1	1	11.7	7.1	12.0	6.7
14:40	7.3	16.5	16.2	195	1	1	11.7	7.2	12.1	6.8
14:50	7.1	15.9	15.7	203	1	1	11.7	7.0	12.0	6.6
15:00	7.0	15.9	15.5	197	1	1	11.4	7.0	11.8	6.5
15:10	7.3	16.2	16.0	196	1	1	11.7	7.1	12.0	6.7
15:20	7.3	16.6	16.3	199	1	1	12.0	7.1	12.3	6.9
15:30	7.1	16.6	16.1	177	1	1	11.5	7.2	11.9	6.6
15:40	7.1	16.5	15.9	181	1	1	11.4	7.1	11.8	6.5
15:50	7.1	16.5	16.1	188	1	1	11.5	7.2	11.9	6.7
16:00	7.2	16.6	16.1	205	1	1	11.8	7.1	12.2	6.8
16:10	7.4	16.1	15.9	205	1	1	11.9	7.1	12.2	6.8
16:20	7.2	16.0	15.6	186	1	1	11.7	7.0	11.9	6.6
16:30	7.0	16.2	15.8	182	1	1	11.5	7.0	11.8	6.5
16:40	7.1	16.3	16.0	194	1	1	11.6	7.2	12.0	6.7
16:50	7.3	16.2	15.9	206	1	1	12.0	7.1	12.4	6.8
17:00	7.2	16.0	15.7	206	1	1	12.0	7.0	12.3	6.8
17:10	7.1	16.0	15.5	190	1	1	11.7	6.9	12.0	6.5
17:20	7.1	16.2	15.8	189	1	1	11.6	7.0	11.9	6.5
17:30	7.1	16.2	15.9	190	1	1	11.7	7.0	11.9	6.6
17:40	7.2	16.2	16.0	194	1	1	11.5	7.2	11.9	6.7
17:50	7.1	16.1	15.9	212	1	1	11.5	7.1	11.9	6.7
18:00	7.3	16.6	16.2	208	1	1	11.8	7.1	12.2	6.8
18:10	7.3	16.6	16.3	213	1	1	11.9	7.2	12.4	6.8
18:20	7.3	16.3	16.1	213	1	1	12.1	7.0	12.4	6.7
18:30	7.1	16.4	16.0	189	1	1	11.8	7.0	12.0	6.6
18:40	7.1	16.9	16.4	195	1	1	11.7	7.2	12.1	6.7
18:50	7.2	16.8	16.6	199	1	1	11.8	7.2	12.2	6.8
19:00	7.3	16.2	16.0	203	1	1	11.8	7.0	12.1	6.7
19:10	7.2	16.2	15.9	200	1	1	11.6	7.0	11.9	6.7
19:20	7.0	16.3	15.5	181	1	1	11.3	7.0	11.6	6.5
19:30	7.2	16.1	15.5	175	1	1	11.4	7.0	11.7	6.6
19:40	7.2	16.5	15.7	171	1	1	11.4	7.0	11.7	6.6
19:50	7.3	16.0	15.6	178	1	1	11.5	7.0	11.8	6.6
20:00	7.2	16.2	15.6	191	1	1	11.6	7.0	11.9	6.6
20:10	7.1	16.1	15.6	180	1	1	11.4	7.0	11.8	6.5
20:20	7.1	16.5	16.0	190	1	1	11.4	7.2	11.8	6.7
20:30	7.3	16.8	16.3	203	1	1	11.7	7.2	12.1	6.8
20:40	7.4	16.8	16.4	201	1	1	11.9	7.1	12.2	6.8
20:50	7.3	16.5	15.7	185	1	1	11.7	7.0	11.9	6.7
21:00	7.3	16.5	15.8	179	1	1	11.5	7.0	11.8	6.6
21:10	7.1	16.6	15.5	168	1	1	11.3	7.0	11.6	6.5
21:20	7.0	16.7	16.0	184	1	1	11.3	7.2	11.7	6.7
21:30	7.2	16.6	16.1	186	1	1	11.5	7.2	11.9	6.8
21:40	7.3	16.3	15.7	182	1	1	11.5	7.1	11.9	6.8
21:50	7.3	16.2	15.1	167	1	1	11.2	7.0	11.5	6.6
22:00	7.1	16.6	15.5	167	1	1	11.2	7.2	11.5	6.7
22:10	7.3	16.8	15.9	183	1	1	11.4	7.3	11.8	6.9
22:20	7.4	16.6	15.3	178	1	1	11.4	7.0	11.7	6.7
22:30	7.1	16.5	15.6	179	1	1	11.2	7.1	11.6	6.6
22:40	7.2	16.6	15.7	176	1	1	11.2	7.2	11.6	6.8
22:50	7.3	16.6	16.0	181	1	1	11.4	7.2	11.8	6.9
23:00	7.4	16.7	15.6	178	1	1	11.3	7.3	11.7	6.9
23:10	7.1	16.7	15.7	177	1	1	11.2	7.2	11.6	6.8
23:20	7.3	16.3	15.3	174	1	1	11.3	7.0	11.6	6.7
23:30	7.3	16.3	15.4	174	1	1	11.4	7.1	11.7	6.8
23:40	7.3	16.2	15.0	156	1	1	11.4	7.0	11.6	6.7
23:50	7.3	16.4	15.0	155	1	1	11.3	7.0	11.6	6.6

그림9.6 검증용 데이터

9.6.1 온도 · 유량의 그래프 작성

그림9.7의 냉동기 대수제어에 관련된 냉동기 입구온도 · 열원송수온도와 부하를 가지고 냉수 환수온도 그래프와 부하유량의 그래프를 만든다.

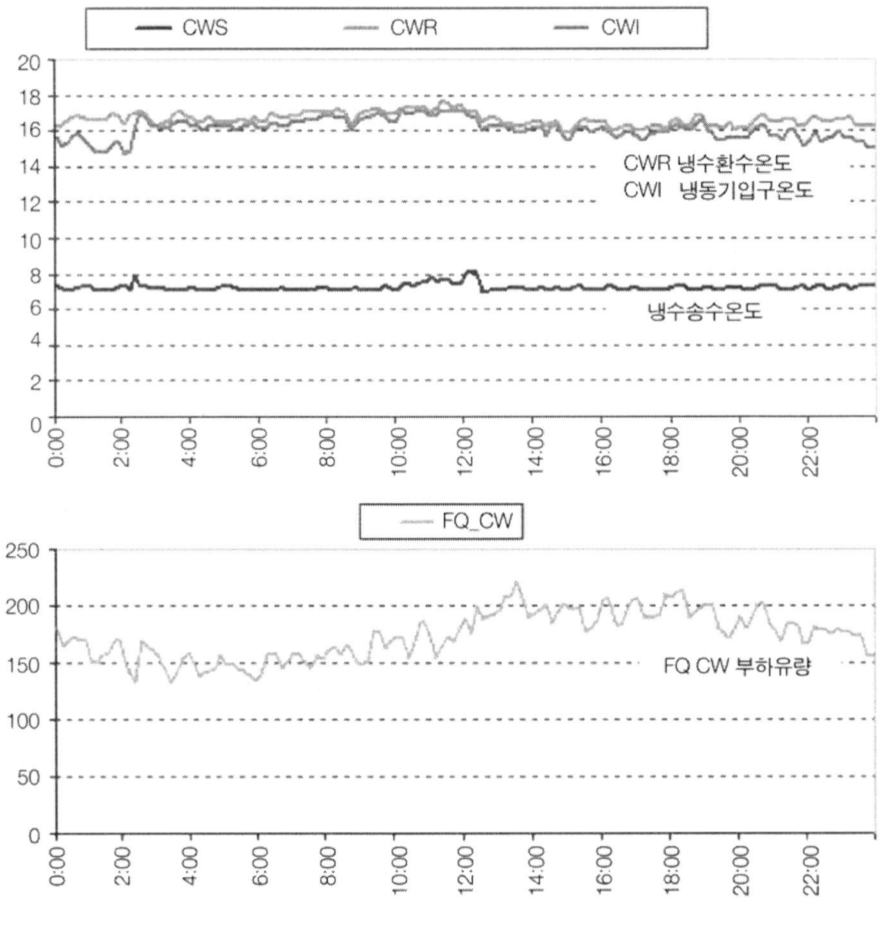

그림9.7 그래프화의 예

9.6.2 데이터 해석(1)

이 그래프만으로는 대수 제어 여부를 판단하기가 충분치 않다. 그래서 약간의 테크닉을 이용하여 냉동기 운전 상태를 그래프로 그린다. 데이터상에서 기기의 운전 상태는 0과 1로 표현되어 있으며, 온도 그래프의 Y축은 0~20℃의 범위이므로 같은 그래프상에 표시하기 위해 R-1의 운전신호 "1"에 18을 더하여 19를 사용하는 형태를 취한다. 그래프에 온도와 유량의 증가 및 감소 조건을 추가하면 그림9.8과 같이 냉동기 R-1이 유량조건에서 감소단계 대상이 되는 것을 알 수 있다.

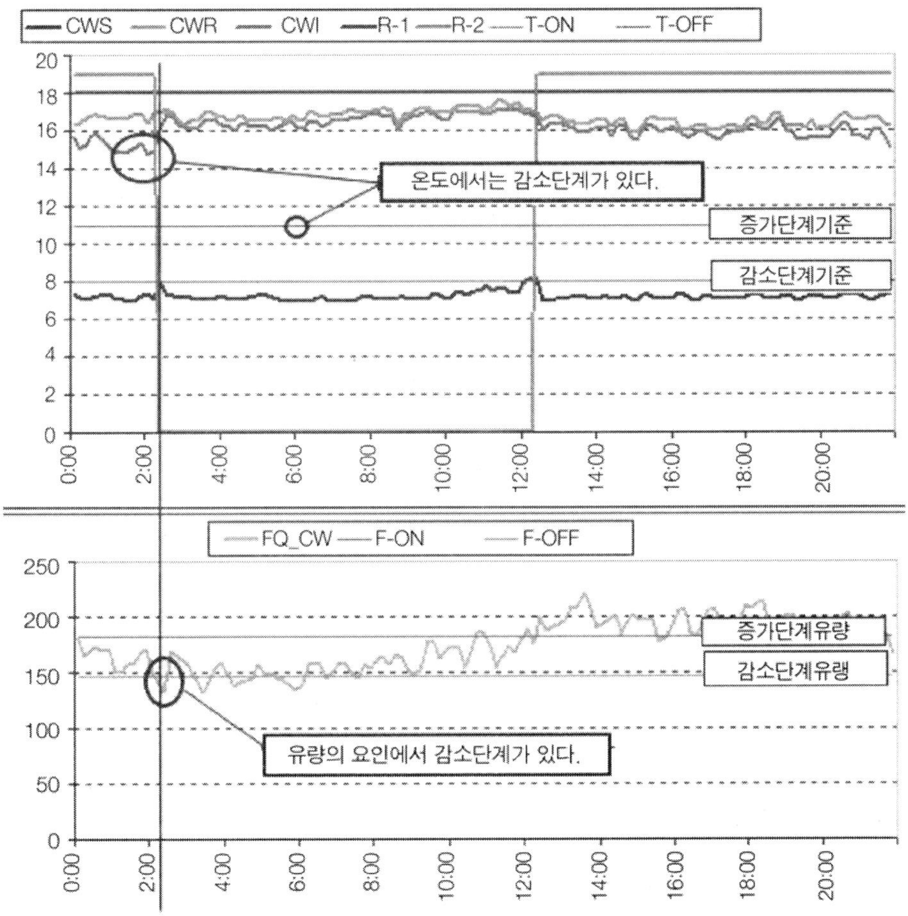

그림9.8 냉동기의 감소단계 확인

9.6.3 데이터 해석(2)

그림9.8과 제2장「폐회로 시스템 열원의 제어」2.2항 중의 그림2.15의 로직 내용을 비교하면 냉수 환수온도와 냉동기 입구온도의 선이 매우 근접해 있음을 알 수 있다. 송수헤더와 환수 헤더 간의 바이패스가 정상적으로 기능을 하고 있다면 냉동기의 운전상황에 따라 선들이 더욱 벌어지거나 붙어야 한다.

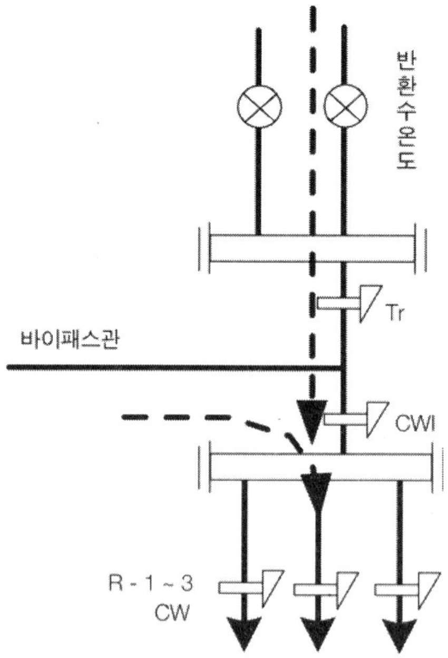

그림9.9 냉동기입구온도

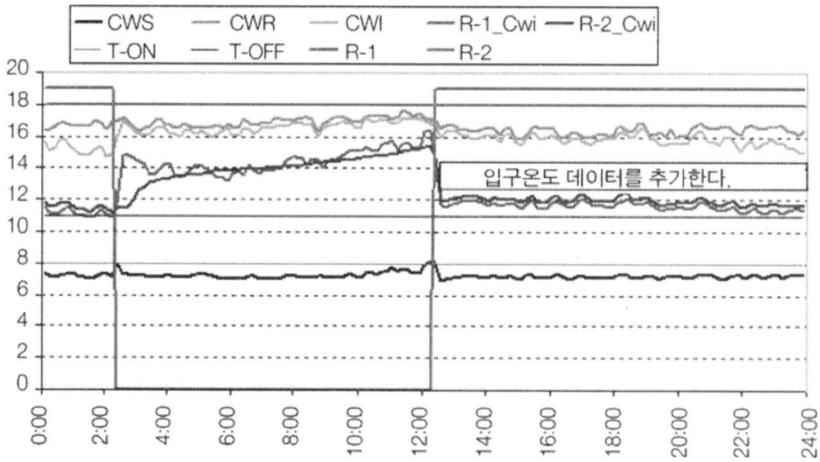

그림9.10 입구온도데이터를 추가한다.

원래대로라면 냉동기 입구온도(CWI)와 각 냉동기 R-1, R-2의 입구온도는 그림9.9에서 판단되는 것과 같이 동일한 궤적을 그리게 된다. 이로써, 냉동기 입구온도 센서의 위치가 좋지 않다는 것을 추정할 수 있는데 각 냉동기의 입구온도 센서를 그래프 데이터에 추가하여 그림9.10을 얻는다. 역시 냉동기 입구온도(CWI)와 각 냉동기 입구온도(R-1_CWI 、

R-2_CWI)가 완전히 다른 궤적으로 되어 있어 센서CWI의 설치 위치가 좋지 않음을 알 수 있다.

헤더를 설치하는 첫 번째 목적은 배관을 정리정돈하는 것이므로, 적정한 센서 위치까지 고려하는 경우는 적다. 또한 이것을 검증하기 위해서는 실제로 냉동기를 운전하지 않으면 안 된다. 한편 배관 구성이 완료된 후 효과적인 센서위치를 위해 운전되고 있는 시스템의 배관을 수정하는 것도 힘들다.

이번 사례에서는 센서(CWI)를 대신하여 각 냉동기 입구온도센서를 이용하는 것으로 대체하였지만, 정지하고 있는 냉동기 센서를 선택하는 로직을 추가하지 않으면 이 대안은 성립되지 않는다. 냉동기 입구온도 및 송수온도 등과 같이 헤더에 삽입형 온도 검출단말기를 설치하는 경우에는 해당 위치에 대한 주의가 필요하다.

9.6.4 VBA의 코드 쓰기

심도 깊은 해석을 위해서는 그래프 업데이트가 필요하다. 그림9.10에 냉동기 운전상태 그래프를 추가하였다. 정지 시에는 0으로 표시되고 운전 상태와 정지 상태를 연결하는 불필요한 세로선도 표시되어 있다. 또한 아날로그 데이터의 경우, 운전되고 있지 않은 냉동기의 온도선이 그래프 위에 있으면 그래프가 매우 복잡해진다. 이것을 방지하기 위해 Excel의 기능인 VBA(Visual Basic for Applications)를 이용하여 코드를 써 넣는다.

(1) VBA 여는 방법

메뉴 바에서 "툴(T)" → "매크로"를 선택하면 매크로 팝업화면이 나오는데, "데이터 편집"과 타이틀명을 입력하고 "작성(C)"를 누르면 프로그램코드 쓰기용 에디터가 나온다. End Sub 앞에서 커서가 깜빡이고 있으므로 Enter키를 눌러 스페이스를 삽입하고 써넣을 공간을 확보한다.

(2) VBA 코드를 쓰는 순서(그림9.11)

N88 BASIC 등의 프로그램을 작성해 본 경험이 있는 사람이라면 VBA코드를 써 넣는 것은 쉬울 것이다. 단, N88 BASIC 등에서는 문자 기입 시 Enter키를 누르지만, VBA에서는 화살표 키 등을 이용하는 등 약간의 차이가 있다.

Cells(i, 8)와 같은 표현에서, i는 "행"의 반복 동작을 하는 변수를 나타내고, "8"은 "열"

의 순서를 번호로 나타내는 것이다. 알파벳 순서로 "8"은 "H열", "10"은 "J열"을 의미한다. 이 프로그램의 내용은 R-1、2의 냉수입구온도와 운전 상태를 읽어서, R-1이 "ON"이면 "열S"에 18, R-2가 "ON"이면 "열T"에 19를 기입하고, "OFF"면 아무것도 쓰지 않는 것이다. 마찬가지로 "열V、W"에는 온도데이터를 써 넣고, "OFF"면 아무것도 쓰지 않는다.

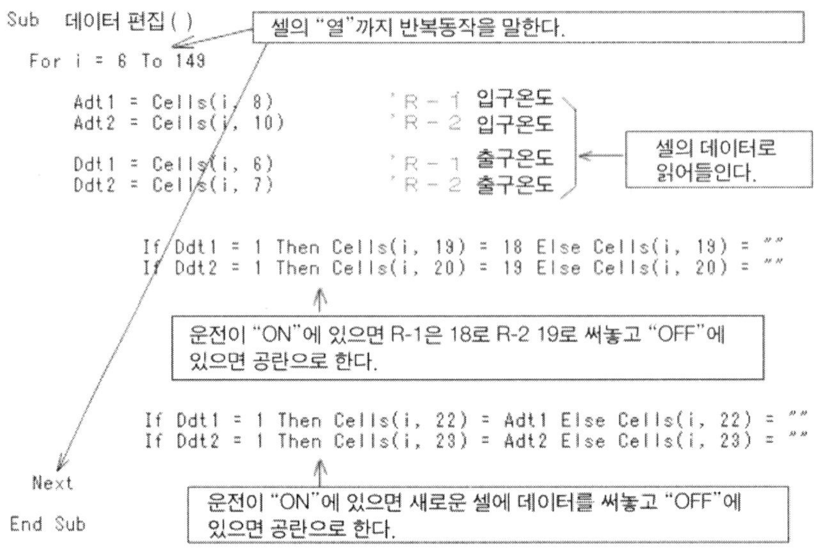

그림9.11 VBA매크로의 코드쓰기

9.6.5 데이터 해석(3)

그림9.8 단계에서 유량 변화요인이 냉동기의 대수 감소인 것을 파악하였다. 그림9.12의 R-2입구온도를 보면, 2대로 운전할 때는 정지조건에 가까우며 1대로 운전할 때는 건물 부하로부터 반환되는 온도에 가까워지고 있다. 그리고 12시쯤 지나 다시 2대 운전이 되면 정지온도에 가까워지고 있다. 이런 그래프를 보고 제2장 2.15항에서 설명한 로직대로의 결과가 제대로 반영되고 있음을 알 수 있다.

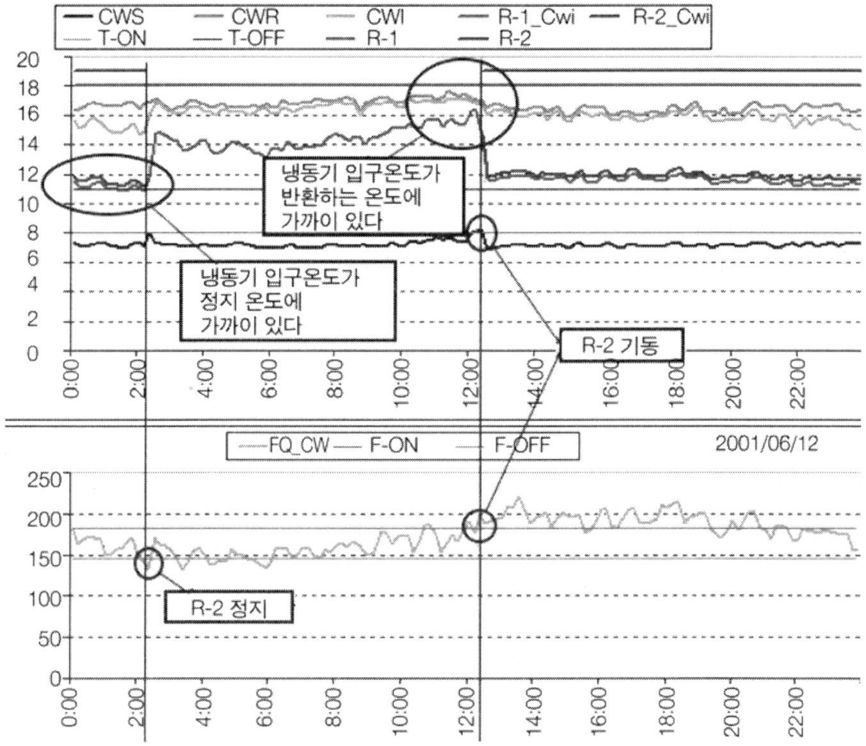

그림9.12 대수제어 해석

9.6.6 대수제어 로직에 대한 평가

(1) 추가운전

송수온도와 유량의 AND조건이라는 냉동기 추가운전 판단은 그림9.12를 통해 알 수 있다. 12시가 지나서 우연히 온도가 높아진 것처럼 보이지만 이러한 움직임은 냉동기 1대가 공급할 수 있는 한계에 다다른 것으로, 이 시점에서 추가운전을 하는 것은 적절하다. 이 추가운전을 판단하는 방식은 냉각수온도조건 등의 변화에 대응하면서 냉동기 능력을 최대치로 유도하는 것이다. 즉, 그림9.13과 같이 냉동기제어능력은 출구온도를 유지하도록 에너지 입력량을 컨트롤하므로 냉동기의 출구온도설정값보다 1℃ 정도 높게 추가운전 설정온도를 부여한다는 것은 냉동기의 최대능력까지는 다음 냉동기를 추가 운전 하지 않는다는 것이다.

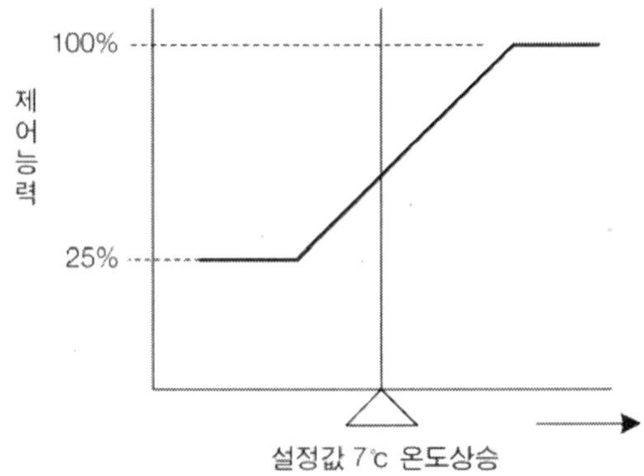

그림9.13 냉동기출구온도 제어

(2) 냉동기 대수 감소

냉동기 대수감소는 전항에서 설명한 바와 같이 온도와 유량의 OR조건이라는 이론으로 생각할 수 있다. 온도조건만을 고려하면 더욱 빨리 정지해야 하지만, 데이터의 변동폭을 고려하면 이 정도는 무방한 것으로 봐야 한다.

(3) 건물 부하로부터의 환수온도

공조기기 부하의 왕복온도 차이가 설계값대로 되지 않는 예를 자주 보게 된다. 이 로직은 환수온도가 설계값대로 환수되는 것을 전제로 하므로 이러한 조건 하에서 제대로 작동하지 않는다. 공조설비 종류에 따라서는 외기조건의 영향을 받아 환수온도에 차이가 생기기도 하므로 열원부분만 봐서는 해결할 수 없는 외적인 요인에 좌우되는 경우도 있다. 하지만 본 글에서 언급한 예에서 환수온도는 문제로 삼을 만큼 낮지 않다. 제4장 「DHC편」 1.2항 「열교환기 제어」는 앞서 설명한 캐스케이드제어를 채택하고 있으므로 여름、겨울에 상관없이 환수온도는 비교적 안정되어 있기 때문이다.

9.7 트렌드 그래프의 기능사양

중앙감시반을 설계할 때의 트렌드 그래프가 지니는 기능사양의 예를 기재한다. 단, 여기에서 설명하는 화면 개수 등의 숫자는 어디까지나 대략적인 기준이다.

9.7.1 메뉴화면(그림9.14)

메뉴화면은 그래프의 그룹을 나타내는 익스플로러(explorer)부분과 그래프 항목표시부분으로 나누어 기능성을 높인다. 익스플로러부분은 그룹별로 정리할 수 있다. 그룹 수는 20개 정도로 하고, 하나의 그룹당 그래프 수는 20개 정도로 하면 화면도 안정된다.

그래프 하나당 선으로 표시되는 아날로그점과 범례를 나타내는 디지털점의 표시는 각각 6개 정도씩 하면 그래프 표시가 복잡해지는 것을 피할 수 있으며, 그래프 등록화면의 구성도 보기 좋게 정리된다.

그림9.14 그래프메뉴화면

9.7.2 그래프 화면(그림9.15)

그래프는 모니터상에서 가능한 크게 표시할 수 있도록 하기 위해 다음에서 설명하는 표현방법으로 한다.

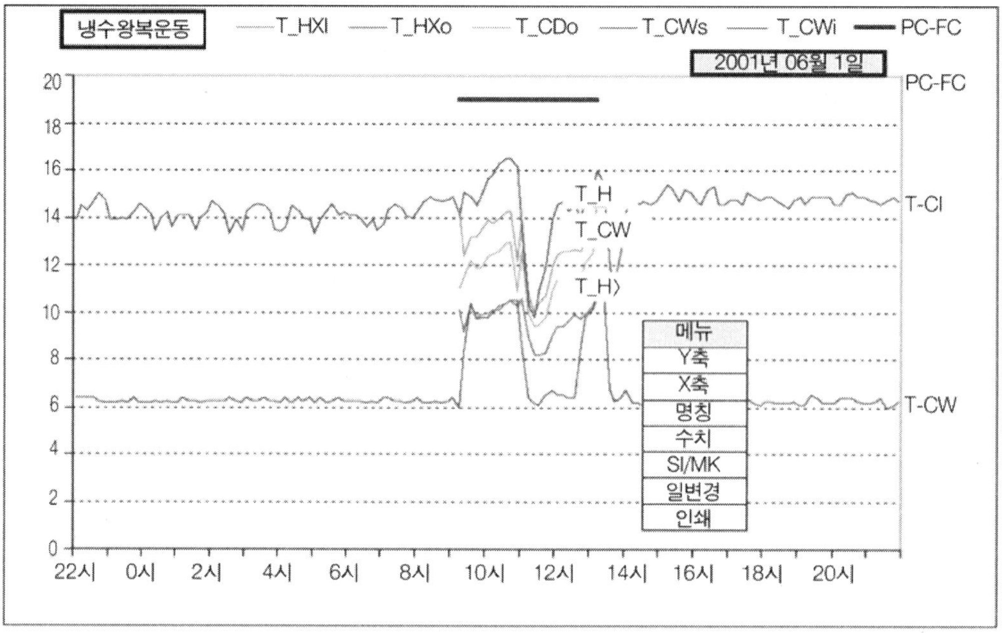

그림9.15 트렌드그래프 화면

(1) 범례는 화면 상부에 등록하는 것으로 운전 중에만 바(bar)로 표시한다.

(2) 그래프 상부에 아날로그 데이터인 TAG와 선의 색상을 식별할 수 있게 표시한다.

(3) 아날로그점은 선의 종료점에 TAG를 표시한다.

(4) 디지털점은 화면 상부의 디지털점 표시부분 오른쪽 옆에 TAG로 나타낸다.

(5) 디지털점과 링크된 아날로그점은 디지털데이터가 운전 중일 때만 나타낸다.

(6) 마우스 오른쪽 버튼을 클릭하여 기능을 불러낸다.

- 명칭 : 통상적으로 TAG만 표시하므로 "명칭"이 지정되었을 때에만 명칭을 나타낸다.
- 수치 : 그래프를 수치로 보고 싶을 때에 표시한다.
- SI/MKS : 한번 클릭으로 단위를 전환한다.
- 날짜변경 : 12개월 + 당월분의 축적된 과거 데이터를 불러낸다.

9.7.3 2단 표시

온도와 유량 등 단위 및 스케일이 다른 데이터를 동일한 그래프에 표시하는 것은 바람직하지 않다. 그렇다고 해서 이러한 것들을 별도의 그래프로 표시하면 상호 비교가 곤란해진다. 이러한 문제에 대한 해결책으로 동일화면 상에 2장의 그래프를 표시하는 2단 모드를 만든다. 이렇게 하면 유량과 온도 등 성격이 다른 데이터를 쉽게 비교할 수 있다. 마찬가지로 계측점이 다른 날짜를 2단으로 표시하면 다른 날짜간의 데이터를 쉽게 비교할 수 있다(그림9.16).

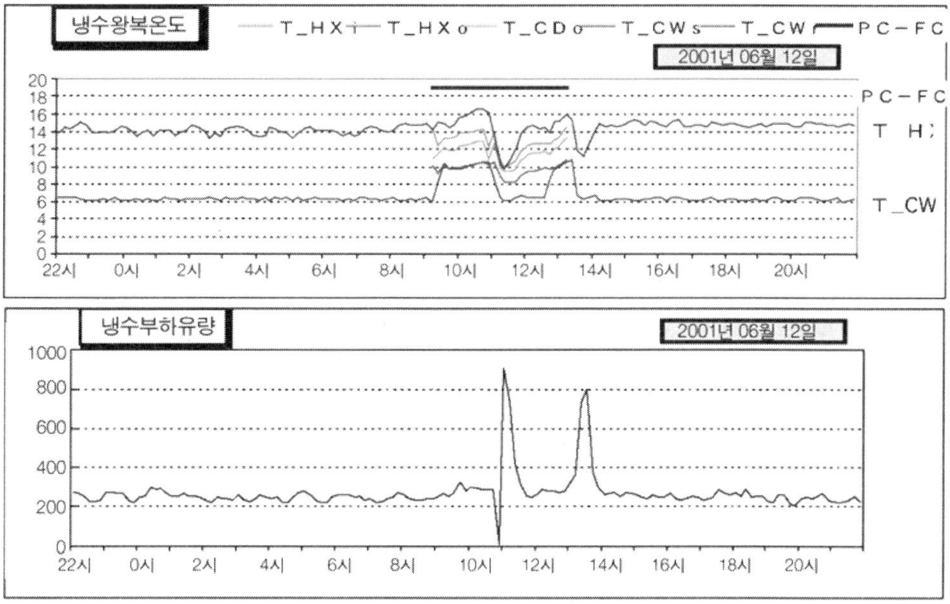

그림9.16 2단표시

9.7.4 주간/월간 동향(트렌드)

기기 고장에 대하여 해석하거나 시스템 설정 값을 변경할 때는 변경 전후의 차이점에 대하여 검증해야 한다.

이런 때에는 넓은 범위의 주간 및 월간데이터를 먼저 체크하고 변화가 있는 부분을 1일 데이터로 변환하여 원인을 규명하면 된다. 그림9.17은 축열량의 추이를 나타낸 주간트렌드 그래프이다. 축열조의 평가를 1일 단위 그래프로 보면 움직임에 대한 전체모습을 확인할 수는 없다. 일주일 단위 정도로 보면 판단이 용이해진다. 그림9.18은 부하열량의 변화를 나타내는 월간 트렌드 그래프이다. 이 그래프와 외기조건 그래프를 조합하여 상황의 추이를 보면 냉동기의 운전계획을 세우거나 할 때 유용한 참고자료가 된다.

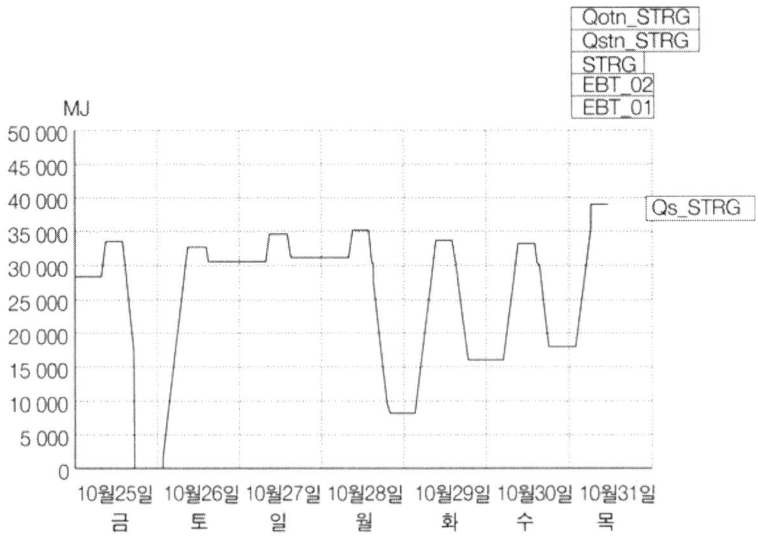

그림9.17 주간 트렌드

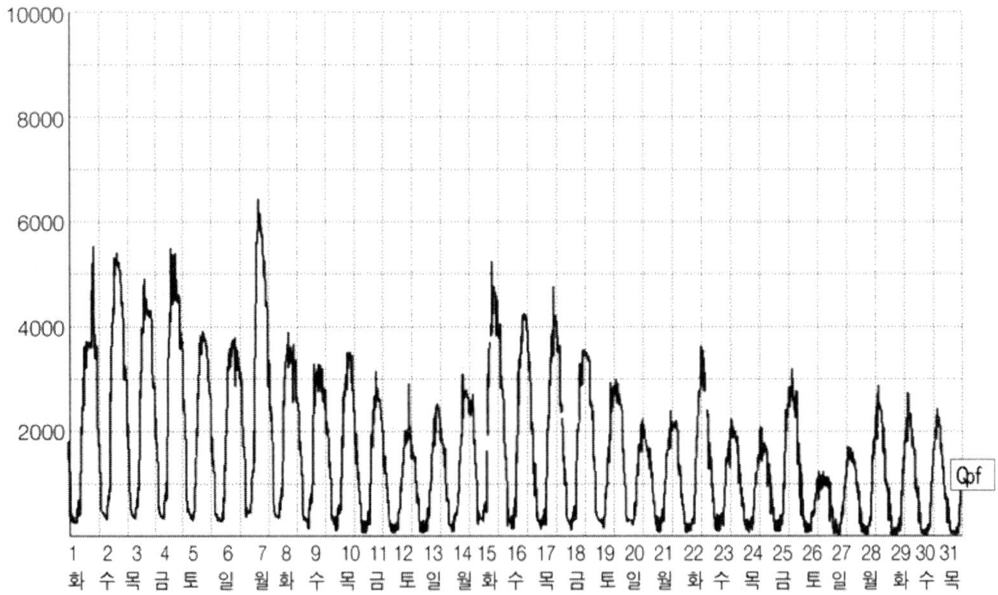

그림9.18 월간 트렌드

9.8 막대그래프의 표시형태

빌딩설비용 감시반의 관리항목 중에서 막대그래프는 전력량 및 부하열량 등의 적산 데이터를 처리할 때 효과적이다.

한 장당 복수의 항목의 데이터가 등록된 경우, 나열 표시방식과 누적형 표시(stacked Bar Chart)방식의 2종류 표현방식을 사용할 수 있다.

그림9.19와 같이 병렬표시는 연간 비교를 할 때 도움이 된다. 그림9.20의 누적형 그래프(Stacked Bar Chart)는 경향을 분석할 때 도움이 된다.

9.8.1 막대그래프의 기능사양

(1) 그래프 매수와 항목수

그래프 매수는 100매 정도면 된다. 그래프 하나당 데이터 항목 수는 5개 정도가 적절하다.

(2) 일간 · 월간 · 연간

일간은 24시간별 그래프, 월간은 최대 31일 그래프, 연간은 12개월 그래프. 3월 기점(연도별)과 1월 기점(년별)을 선택할 수 있도록 하면 실용적이다.

(3) 복수 년도(월 · 일) 표시

최대 5년으로 선택된 복수 년도(월 · 일) 표시를 만들어 놓는다.

9.8.2 그래프 표시

그래프 상부에 표시하는 데이터 항목 TAG와 선의 색상으로 식별표시, Y축 및 X축의 변경, 데이터 수치표시에 의한 기능 등을 한다.

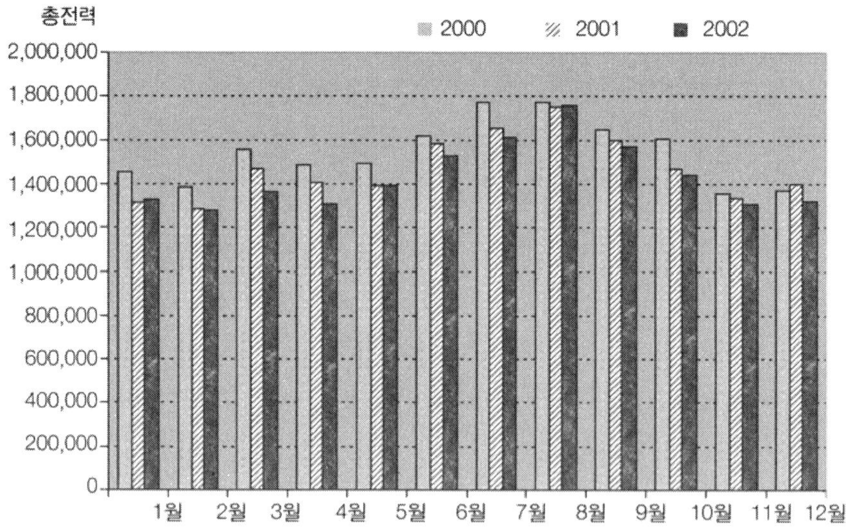

그림9.19 병렬표시

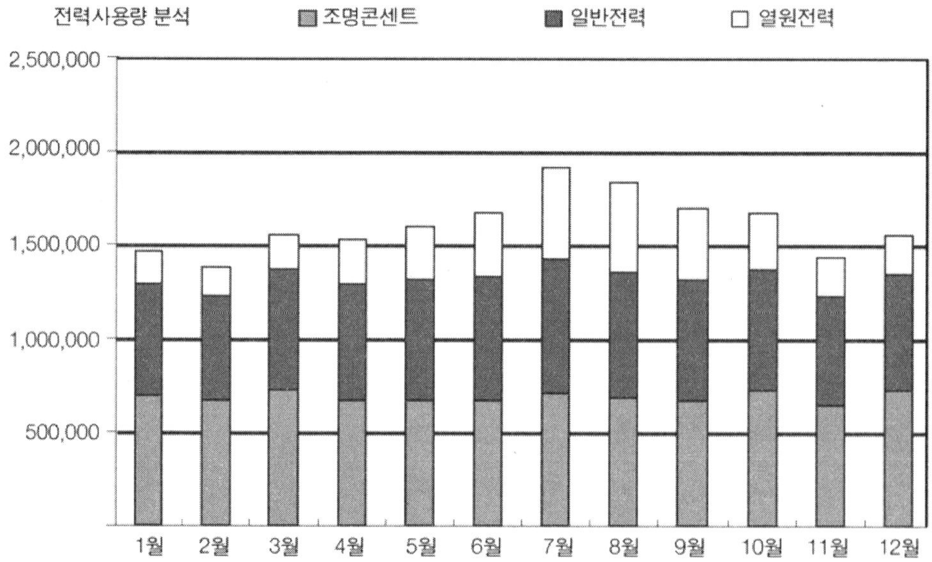

그림9.20 쌓아올린 그래프(Stacked Bar Chart)

9.9 데이터 해석을 이용한 건물 커미셔닝 예

9.6항에서 설명한 해석사례와 동일한 로직으로 운용되고 있는 사례를 소개한다. 지금까지 소개한 로직은 냉동기 대수제어가 잘 되지 않았던 예이다. 그림9.21을 보면, 개선하기 전에는 냉동기 송수온도가 상승하여 2대째, 3대째의 냉동기가 운전되고 있다. 하지만 베인(Vane) 개도 그래프를 보면 극히 낮은 수준에서 움직이고 있으므로 원래대로라면 추가운전이 일어나지 않아야 한다.

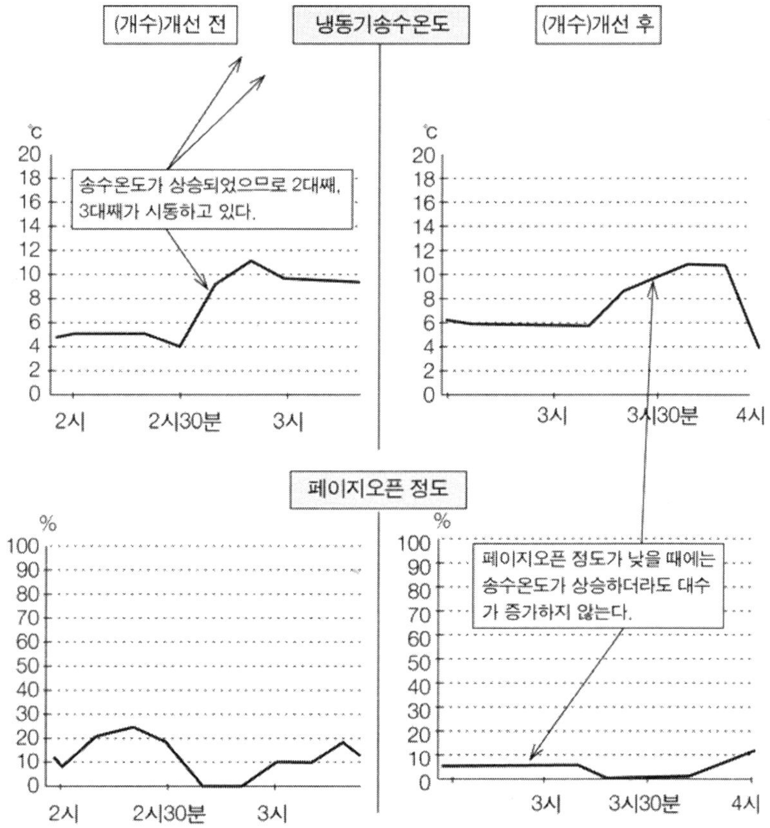

그림9.21 송수온도와 페이지오픈정도

이것은 송수온도가 로직의 상한온도를 넘었기 때문에 냉동기가 추가 운전된 것이다. 원인은 냉동기의 베인(Vane)제어가 불가능할 정도로 부하가 적은 상태가 되었기 때문에 Hot Gas 바이패스 기능이 작동하였고 이로 인해 부하가 더욱더 작아졌기 때문이다. 이로 인해 자동 운전 · 정지 기능이 실시되어 송수온도가 상승하였고 그 결과 대수 제어로직이 반응하였다. 따라서 냉동기 베인의 오픈 정도가 낮을 때에는 추가운전을 하지 않도록 하는 로직을 삽입하였고, 그 결과 변경 후의 데이터에서 보듯 냉동기의 과잉운전을 피할 수 있게 되었다.

과거에는 냉동기 베인의 오픈신호를 받는 것이 매우 특수한 경우로 여겨졌지만, 요즘에는 냉동기 내부제어도 마이크로 컴퓨터화되어 있어 이러한 정보취득이 그다지 어려운 일이 아니다. 대수 제어 로직 및 트렌드 그래프를 이용한 해석도 기술 환경의 발전에 따라 계속해서 발전해 나갈 것이다.

참고문헌

- 猪尾武達.「空調設備の自動制御」, 日刊工業新聞社. 1967.
- 稲葉正太郎.「自動制御入門」. 丸善. 1967.
- 空気調和・衛生工学会 編.「空気線図の読み方・使い方」.
- 竹下隆史.「マスタリングTCP/IP入門 編」. オーム社.
- 若林 宏.「TCP/IPハンドブック」. オーム社.
- 小泉 修.「データ通信のすべて」. 日本実業出版社.
- 月刊「設備と管理」. 1991年 9月号; 1997年8～1998年1月号; 2000年 1, 2月号, 9月号; 2001年 8, 9月号; 2002年 3月号. オーム社.
- 雑誌「空気調和・衛生工学」. 空気調和・衛生工学会. 1986年 8月号.
- 雑誌「計装工事」. 2000年 9月号. 日本計装学会.
- 雑誌「計装士」. 2002年 2月 제10号, 11号計装士会

찾아보기

(ㅌ)

(ㅍ)

(ㅎ)

(A)

(B)

(C)

(D)

(E)

(F)

(H)

(I)

(L)

(M)

(O)

(P)

❑ 약 력 ❑

■ 저 자

다카하시 다카오(高橋隆勇)
東京電気大学工学部 電気工学科 졸업
현) 省エネルギーセンター

■ 역 자

송영학 일본 규슈대학교 졸업
LG전자
현) 한국건설기술연구원

이건호 독일 베를린 공과대학 졸업
현) 한국건설기술연구원

이정재 일본 동경대학교 졸업
삼성건설
현) 동아대학교 건축공학과 교수

건물공조제어의 이해와 응용

정가 20,000원

역 자	송	영	학
	이	건	호
	이	정	재
발행인	문	형	진

판 권
검 인

2012년 3월 5일 제1판 제1인쇄
2012년 3월 10일 제1판 제1발행

발행처 도서출판 세 진 사

136-087 서울특별시 성북구 보문동 7가 112-8(세진빌딩)
TEL : 922-6371~3, 923-3422 · 7224 / FAX : 927-2462
〈1976. 9. 21 / 등록·서울 제6-28호 / 등록번호〉